JN220010

待ち行列と短過程

中塚利直 著

松香堂

発行支援者御芳名

本書は以下の方々の支援金によって発行されました。順不同。

門脇強・育代ご夫妻様 　　　　　宮岡浩介・明子ご夫妻様
宮本恒明様　　鈴木武様　　　紀一誠様　　　後藤信様
海老沼誠二様　中島純三様　　滝川政教様　　岩崎裕彌様
水谷修紀様　　飯田康夫様　　石川明彦様　　浅野朋広様
石坂啓様　　　金澤雄一郎様　藤原善人・美智子ご夫妻様
大森裕浩様　　椎名洋様　　　塚越保祐様　　国友直人様
門脇正尊様　　木方元治様　　横山雄一様　　伊東映仁様
藤田俊郎様　　佐藤正一様　　桑田耕太郎様　猿谷高幸様
柏熊治様　　　原峯生様　　　美添泰人様　　中川保様
向井卓様　　　宮川彰様　　　山下英明様　　山冨二郎様
有松精二様　　中塚重行・陽子ご夫妻様
中塚道也・加奈子ご夫妻様

両親へ

はしがき

　応用確率過程論、最初の勉強としても本書をお薦めします。本書は、確率論の初歩の知識を前提にして、待ち行列論の知識なしに読めるようにしています。

　お昼時に繁華街を歩くと、店の前に行列を見かけることがある。銀行や病院での待ちも日常茶飯である。20 世紀初頭、このような待ちや混雑に数学モデルを立てて論じ始めて以来この分野は待ち行列論と呼ばれ、いくつもの数学モデルが発案されてきた。M/G/1 もその一つで、確率を使ったモデルである。本書は M/G/1 を基本に、作業員が休憩を取ったり、特別な客に優先権を与えたり、様々な変形を施したモデルを分析する。

　混雑に関わる人々の関心事は、どの程度の混雑になるかの予測であろう。この観点から、分析目的は、系内客数の分布を求めることを主にし、筆者が開発した短過程 (再生サイクル) 法を展開する。現実分析への貢献のために確率や積率の数値計算にも力を注ぐ。

　症状に合わせて薬を自動的に生み出す夢のような機械、短過程法はそのようなもので、モデルを与えれば、その分布を出せる。残念ながら、モデルには強い制限があるが、突発事件の発生モデル等もあって、読者は本書が描くモデルの豊富さ、意外な特性、計算手続きの構造、そして結果の豊富さから見えてくる大局観なども楽しんでいただきたい。

　待ち行列論には、丁寧に書かれた本が少ない。参入しやすくするためにも、わかりやすく、厳密で、常識に頼らず本質を追求し、研究史と実務を考慮した本が必要である。特殊な研究課題であっても、広い議論に思いを馳せられるようにするのも大事である。これらの思想を抱いて、読める専門書を目標に書いた。

平成 30(2018) 年　　　　　　　　　　　　　　　　　　　　　　　　　　著者

目　　　次

第一章　基礎概念

　短過程法は M/G/1 変形モデルの研究から生まれた。そのため M/G/1 変形モデルに関する言葉の説明から入るのが穏やかな導入であろう。続いて 1.2 節では本書の目的とそれを達成するための論理展開上の方針を述べる。

　一方、数学論理に基づいて整然と進めていくには、細々した準備を一か所に固めたくなる。1.3 節からそれを行う。

　本論は第二章からであり、全体で見ると次の四つに分類される。

第一章　　　　　基礎概念、導入と準備の章

第二章　　　　　短過程とその μ 平均分布の結合式

第三〜十二章　基本技術とその基本モデルへの応用

第十三章〜　　特殊モデルへの応用

　本章は準備ではあるが、待ち行列論への入門として役立つように心がけた。また他書に書かれていない事柄や短過程法の萌芽とも言える考えもある。それゆえ" 準備 "の語から" 勉強しなくてよい。"などと連想しないでほしい。他の応用確率論を学ぶ際にも役立つので、完全に理解していただきたい。

　筆者もこの雑多さに驚いている。短過程法の思想は単純なのに長く発見されなかったのは、これら多岐にわたる予備知識を必要とし、それらが必ずしも明快に説明されていなかったからでもあろう。

1.1　待ち行列モデル

　郵便局、銀行、役所等での窓口を思い浮かべてみよう。そこでは、お客さんが来て、窓口で用件を述べ、係りの人はそれに応じて仕事をする。お客は用事が終われば去る。多くのお客が来れば、窓口の前に列ができ、客は長く待つ。反対に、客が時々しか来なければ、窓口係りは手持ち無沙汰になる。このような混雑の研究は**待ち行列論** (Queueing Theory) と呼ばれている。

　類似した混雑は、港湾での物資の積み下ろし、工場での作業、エレベーターの混雑、遊園地での混雑、高速道路での自動車混雑等がある。これらの混雑は肉眼で見えるものである。一方、電話回線、インターネットの回線、計算機内部等で

→ ○ ○ ○ ○ ○ ▢　　　図 1.1.1　単純な
　　　　　　　　　　　　　　　　　　待ち行列モデル

も、肉眼では見えないが混雑が起きていて、しかも大量、高速で、自動処理が不可欠である。特殊なものとしては、いくつかの注文を抱えている事業所では、これらの注文残を混雑と見なせる。同様のことは、貯水池に入り込む水と出て行く水の関係についても言える。

　日常生活においても、企業活動においても、混雑の情報を得るのは有益である。新製品を手に入れたい者にとって、混雑が予想されるならば、早めに店に行こうとするであろう。また混雑に巻き込まれても、その理由がわかれば、落ち着いて対応できるであろう。一方、混雑は時に大事故を引き起こす。また待ちが発生する。待ちは時間の損失である。人々の待ち時間を国民全体で集計すると膨大なものとなる。このようなことから、混雑の正しい原因をつきとめ、混雑の計量化をすることは無意味なことではないのである。

　待ち行列研究はこれらの混雑状況を分析するものであるが、実験設備を設置して調べるのは、資金的にも物理的にも困難を伴いやすい。また現場観察は有益であるが、現場固有の条件に依存し、混雑一般の特徴を見つけにくい。そこで、数学を使って、現実を**模型 (モデル)** 化し、その特徴を明らかにしようとする研究が多く、本書もその方向で記述する。

　そのモデルであるが、図 1.1.1 は、一人の**サーバー** (係り、扱い者) がいて、外部から到着する**客**一人ずつに応対している。その対応時間を**サービス時間**と呼ぶ。四角は**窓口**、丸は一人の客を表す。待合室の容量は無限であって、客はサービスを受け終わるまで帰らない。客が退去するとサーバーはただちに次の客に取り掛かる。この図の先頭の客はサービスを受けていて、4 人が後ろに並んでいる。客は、到着時に先客がいないならば、**待ち時間 0** でサービスを受けられる。先客がいれば、彼らが全て去るまで待たなければならない。

　混雑の最も基本的なモデルが図 1.1.1 であると言えば、疑問を持たれるかもしれない。通勤電車の混雑、高速道路の混雑、エレベーターの混雑、貯水池の水量、花火大会の混雑、どれも図 1.1.1 とは本質的に異なっているように見える。確かに

そうである。しかし、20 世紀において、このモデルは通信など、多くの分野に応用を見出し、しかも数学論理に耐えるものを持っている。現実モデルの勉強には、待ち行列の基本モデルは有益で、他のモデルに進む際の土台になることと思う。

図 1.1.1 に戻って、モデルでは客と呼ぶが、現実では命令、仕事、通信の呼、資材、半製品等様々なものがこれに該当する。サービス時間も機械の動作時間であったり、注文してから商品を受け取るまでの時間であったりする。モデルはこれら個々の現実から共通な何かを抽象し、単純化し、かつ数学を導入しやすい形にする。ここでも容量無限などと現実離れしているのも、数学的に簡潔な結果が得られるからである。取扱いやすい簡単なモデルで結果を出し、現実に合う形に少しずつ変形して分析し、適合できる現実を増やしていく。

待ち行列モデルが想定する場所とその機能を合わせて**系** (システム) と呼び、

「系に客がいない。」

「系から客が退去する。」

等の言い方をする。

無限の過去に出発したと設定することも可能であるが、本書の待ち行列系には**初期時点**と**初期状態**があるとする。その初期時点から客が用件をもって次々に到着すれば、待ち行列系が動き出す。そして用件はサービス時間となって現実化する。外部からこれを眺めると、図 1.1.1 の 5 人の客のように系にいる客数がまず目に入る。これを**系内客数**と言う。実際に並んでみると、待ち時間が気になる。歴史的にも、系内客数と待ち時間がどれぐらいになるかを説明する学問として待ち行列論は始まり、今も重要な研究テーマである。

ここで数値として現れる変数に注目しよう。次の二種類に区別できる。

    (i)   客の到着間隔とサービス時間。

    (ii)   各時点での系内客数、各客の待ち時間。

これらの違いの第一に、(i) からは、初期時点と初期状態が定まれば、(ii) が計算できるが、(ii) から (i) が計算できるとは限らない。(i) から (ii) が出る例を示そう。表 1.1.1 で客の**到着時点**とサービス時間が与えられたとする。単位は秒でも分でも良い。初期時点は 0 、初期状態は**空**[1]とする。ならば系内客数の遷移図 1.1.2 が得られ、各客の待ち時間も計算可能である。例えば、① の客は 2.1 の時点に来

---

[1]"くう"。客が一人もいない状態。

客番号	到着時点	サービス時間		客番号	到着時点	サービス時間
①	2.1	4.3		⑦	20.5	1.0
②	4.8	1.2		⑧	22.0	0.8
③	9.9	5.5		⑨	30.0	3.2
④	11.4	2.8		⑩	32.5	2.5
⑤	14.0	1.8		⑪	34.1	4.1
⑥	19.2	4.1				

表 1.1.1　　到着時点列とサービス時間列の例。

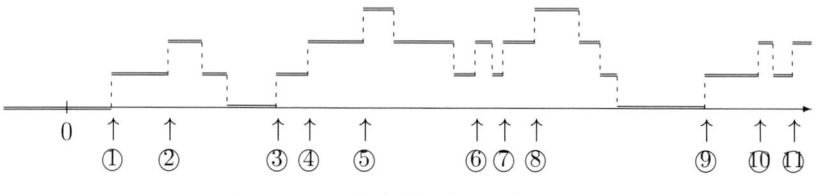

図 1.1.2　　系内客数の標本路

て、系内客数は 0 から 1 になる。彼は直ちにサービスを受け始める。そのサービス中に ② が到着するが、① のサービスはまだ終了していないから、終了するまで待たねばならない。その間は系内客数は 2 である。等々。

　なお、図 1.1.2 のように時間を添え数にして実現した関数、順序番号を添え数にして実現した時系列、一般にはある空間内の状態の遷移として実現したとき、それを**標本路**[2]と呼ぶ。図では標本路を二重線で表している。縦の点線は見やすくするためであり、標本路には含まれない。今後は、簡略化のため、縦線も標本路も一本の実線で表す。客の到着は矢印で表す。

　違いの第二に、(i) の変数間では影響し合あわないことは不自然ではない。銀行などでも前の客の用件と次の客の用件の間に直接的な因果関係はない。しかし、(ii) ではそのようなことは言えない。ある客の待ち時間が長ければ、次の客も長く待ちがちであろう。解析上、モデルを単純化したいこともあって、変数を (i) と (ii) に分け、(i) の変数を待ち行列系への**入力**、(ii) の変数を**出力**と見なす。

　ところでなぜ予測は難しいのだろうか。予約制の店では、入力は事前に店の管

---

[2]"ひょうほんみち"、"ひょうほんじ"、英語では sample path

理者に伝わるので、対処しやすく、混雑の予想もできる。しかし、多くの店では、客は何も告げずに来るので、その到着時刻とサービス時間は事前には全くわからない。このことが混雑予想を困難にしている。本書はそのような場合を扱う。この場合、各客も他の客については全くの無知とすれば、そのサービス時間は他の客のそれとは確率的には独立と仮定できるであろう。そして、調査が可能であれば、その確率分布関数も十分な精度をもって統計的に推測可能である。到着間隔も同じように考えて、それらを確率変数と見なす。ならば、出力も確率構造をもつ。つまり系を**確率モデル**と見ることができる。

系を確率モデルと見なせるならば、それを分析して、出力についての思索を深める。例えば、大きな混雑が生じたとき、それがたまたま生じたものか、それとも何らかの異常によるものか、その判断には出力の確率構造を知っていればやりやすい。特に系を変更する場合、長い間の経験に基づいて、サービス時間の確率分布を知っているであろうから、変更後の系についてモデルを立て、その出力の確率構造を知ることによってまだ見ぬ混雑を、確率的に予測できる。またサービス時間を短縮して混雑を減らそうと、機械化や工夫をすることはよくある。そのとき定量的に、

「サービス時間をこれだけ減らせば、混雑度がこれだけ減る。」

と言えれば、説得的であろう。このように確率モデルを立てて混雑度を調べるとは、多くの場合、(i) の変数の確率特性はわかっているとして、(ii) の出力変数の確率特性を明らかにすることである。

数学的に厳密に確率モデルを議論するために、**基礎確率空間**を $(\Omega, \sigma(\Omega), \mathbb{P})$ と表し、**測度論的確率論**によって論理展開する[3]。$(\Omega, \sigma(\Omega), \mathbb{P})$ から σ 代数をもつ空間への可測写像を**確率変数**と呼ぶ。確率変数は $X(\omega)$ のように、$\omega (\in \Omega)$ を明示すべきであるが、しばしば省く。簡単な確率変数としては、$\sigma(\mathbb{R})$ を**ボレル集合族**に選んだ**実数空間** $(\mathbb{R}, \sigma(\mathbb{R}))$ への可測写像であろう。サービス時間や特定時点での系内客数はその典型である。しかし、1.9.2 節でモデルとは何かを考えるときはかなり複雑な確率空間を設定する。

客は絶えることなく到着するとする。この到着時点は確率的で、**ポアソン到着**

---

[3] 本書は拙著「応用のための確率論入門」岩波書店を土台にしている。注意しながら読み進めていただければ、測度論的確率論の練習にもなると思う。

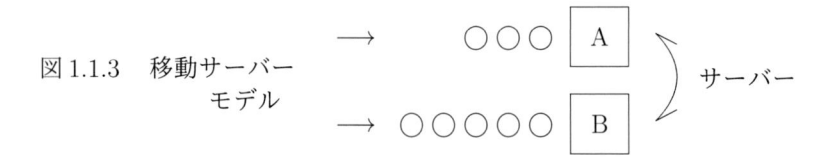

図 1.1.3　移動サーバー　モデル　サーバー

(1.7節) がよく使われ、記号 M で表す。客のサービス時間は到着時点とは独立で、客の間では**独立で同一の分布 (i.i.d.[4])**、そしてサーバー一人の図 1.1.1 のモデルを **M/G/1** と表し、本書のモデル群の基本とする。記号 G(General) は**一般分布**を表し、サービス時間分布を特定しないことを表す。特定する例では、M/M/m は、サービスも指数分布で行われ、サーバーが m 人いるモデルを指す。なお i.i.d. は証明や計算に便利なので、複雑化するときも i.i.d. をできるだけ利用することが多い。以上は 1.3 節から記号を使って再説する。

　現実の到着は様々である。ポアソン到着を基本に置く考えと、到着間隔が i.i.d. の GI(Generally independent) 到着を基本にする考えがある。本書は前者である。後者は数学準備が異なるので、他書に当たってほしい。さらに 20 世紀末頃からそれらとは異なった到着も論じられているが、精密な分布を出すのは難しい。そのため M/G/1 や GI/M/1 関連の勉強をすることは基礎知識として有意義と思う。

　モデルを確定するには、サービス順序を決めておかねばならない。典型は**先着順** (先入れ先出し) であろう。遅く来た順に行うのは**後着順** (先入れ後出し) である。後着順は部品置き場ではよく見かける[5]。待ち客から等確率で選ぶ**ランダムサービス**やサービス時間の短いものを選ぶ方法もある。

　現実は図 1.1.1 に似ていても少し異なることが多い。それらの変形は無限にある。図 1.1.3 の**移動サーバーモデル**では、サーバーは窓口 A で一人サービスすると、B に行き、そこで一人サービスして A に戻る。これを繰り返す。この変形だけで解析困難度は増す。ところで A の待ち客には、サーバーが席をはずす理由がわからない。そこで休んでいると推測すれば、A の窓口では一人サービスするごとに、サーバーが**休憩** (Vacation) をとる図 1.1.4 の**一 (いち) サービス一 (いち) 休憩モデル**になる。この典型は散髪屋である。サービスが終るとその客は帰るが、

---

[4]identically independently distributed の略
[5]到着した部品を奥から詰めて並べる。搬出するときは入口近くのものから出す。

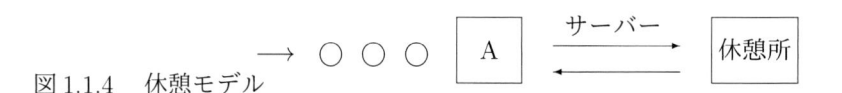

図 1.1.4　休憩モデル

椅子の回りを清掃してから次の客に取り掛かる。この清掃時間がモデルでの休憩時間である。休憩時間を i.i.d. にすれば、比較的解析しやすいので、解析困難なモデルへの橋渡しに使われることが多い。図 1.1.3 の A の混雑を図 1.1.4 で近似して考えるのはその例である。なお図 1.1.3 のモデルでも、どちらかに強い優先権があれば、解析が容易になる。

　本書は M/G/1 から始まって、分析手法を多様なモデルに広げていく。そのためそれらのモデルには M/G/1 の特徴が残るので、**M/G/1 変形モデル** (M/G/1 Variants) と総称するが、特別に定義があるわけではない。

　ついでながら、分析可能なモデルを広げるために、サービス分布も指数分布にする文献も多い。しかし、現実へは指数サービスは適用しずらく、サービス分布を一般にして議論できるのは意味がある。

1.2　記号、目的、論理展開

　M/G/1 変形モデルは多く、取り扱う確率変数も多い。そこで混乱を避けるために記述上の基準を設けておこう。まず次の文字の使用を統一する。

- ○　小文字の s と t　　　⋯　　実数。主に時間を指す。
- ○　小文字の i, j, m, n　　⋯　　整数。
- ○　$\mathbb{D}, \mathbb{K}, \mathbb{M}, \mathbb{X}, \mathbb{Y}$　　⋯　　$\mathbb{P}$ 以外は、この書体は空間を示す。
- ○　$\mathbb{N}, \mathbb{R}$　　　　⋯　　$\mathbb{N}$ は自然数の全体、$\mathbb{R}$ は実数の全体。
- ○　$\sigma(\mathbb{X})$　　　　⋯　　空間 $\mathbb{X}$ の σ 代数。

　$\mathbb{X}$ が可算ならば、$\sigma(\mathbb{X})$ は $\mathbb{X}$ の全ての部分集合からなる集合族とする。$\sigma(\mathbb{R}^n)$ と $\sigma(\mathbb{R}^{\mathbb{N}})$ は、それぞれ n 次元ユークリッド空間 $\mathbb{R}^n$ と無限次元ユークリッド空間 $\mathbb{R}^{\mathbb{N}}$ のボレル集合族とする。空間の積 $\mathbb{X}_1 \times \mathbb{X}_2$ の σ 代数 $\sigma(\mathbb{X}_1 \times \mathbb{X}_2)$ は、コルモゴロフの σ 代数 $\sigma(\mathbb{X}_1) \times \sigma(\mathbb{X}_2)$ とする[6]。

　集合は $\{x : C(x)\}$ の形で表す。これは条件 $C(x)$ を満たす x の全体の意味である。確率は、基礎空間での確率測度を意識するときは、$D \in \sigma(\Omega)$ に対して、

---

[6]拙著前掲書 6.1.2 参照

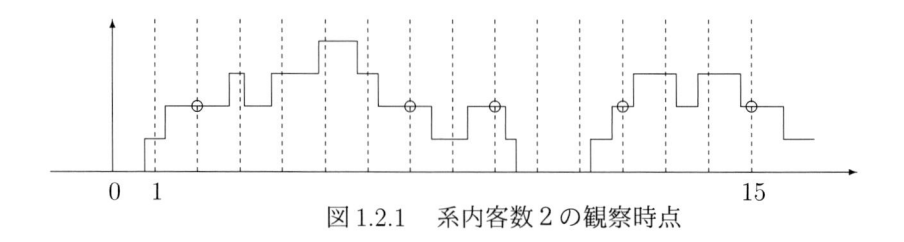

図1.2.1　系内客数2の観察時点

$\mathbb{P}(D)$ と記す。慣例的に $Pr(D)$ とも記す。確率変数が関係するときは、

$$Pr(\{\omega : X(\omega) \in D\}), \quad Pr(X(\omega) \in D), \quad P_X(D)$$

等状況に応じて使う。

　図、定理等の番号について、第一章は節が多いので、節番号の後に順番号を示す。例えば、図 1.2.1 とは 1.2 節の 1 番の図の意味である。第二章以後は (章番号).(順番号) とする。脚注番号は章ごとにした。

　我々が関心を持っている変数を**注目変数**と呼ぶ。時点 t での注目変数の値を y_t で表す。特に、系内客数は y_t を使う。区間の端は時に重要になる。そこで区間を $[a, b)$ と表したとき、a は含まれ、b は含まれないとする。(a, b), $(a, b]$, $[a, b]$ も同様である。図や表の位置はソフト (Tex) まかせにした。表の数表示としては小数点以下 5 桁までならば、例えば、0.23000 は 0.23 と表し、0.132515... は四捨五入して 0.13252 と表す。

　待ち行列系は、図 1.1.2 のように、初期時点、初期状態、到着時点、サービス時間等が定まれば動き出す。そして時間の経過とともに、t 時点での系内客数 y_t、n 番目に到着した客の待ち時間 W_n、**退去間隔** $d_{n+1} - d_n$ 等々の出力変数を生み出す。モデルが作動する時間帯は正の区間 $(0, \infty)$ である。

　それではモデルの何を見出すか。計算機を使って図 1.2.1 のように、M/G/1 の系内客数の標本路を出し、時間間隔 1 ごとに観察した[7]。このような試行を**模擬実験** (Simulation) とか**電算機実験**という。図 1.2.1 では 15 回観察して (点線の時点)、系内客数 2 は 5 回。よって割合は 1/3。長時間観察し、割合を示したのが表 1.2.1 である。これらを、後章で求める右端の**理論値**と比較してみよう。観察回数が増えれば、理論値に向かうようなので、理論値が事前に求まれば目安になろう。模

---

[7]筆者のパソコン。ソフトは Microsoft 社の Basic、2010 年度版。プログラムは 1.9 節参照。

客数	観測回数					理論値	
	百回	累積	千回	1 万回	10 万回	確率	累積
0	0.19	0.19	0.196	0.197	0.19926	0.2	0.2
1	0.28	0.47	0.214	0.2119	0.21441	0.21472	0.41472
2	0.21	0.68	0.152	0.1713	0.16766	0.16876339	0.58348
3	0.14	0.82	0.129	0.1276	0.1249	0.12223884	0.70572
4	0.08	0.9	0.097	0.0882	0.0865	0.08670318	0.79242
5	0.05	0.95	0.063	0.0611	0.06149	0.06120412	0.85362
6	0.04	0.99	0.042	0.0422	0.04182	0.04316317	0.89679
7	0.01	1	0.034	0.0315	0.02984	0.03043524	0.92722
8	0	1	0.021	0.0203	0.02151	0.02146008	0.94868
9	0	1	0.013	0.0129	0.0153	0.01513161	0.96381
10	0	1	0.012	0.0106	0.01055	0.01066938	0.97448
11	0	1	0.013	0.0073	0.00811	0.00752304	0.98201
12	0	1	0.008	0.0047	0.00516	0.00530454	0.98731
20	0	1	0	0.	0.00022	0.00032410	0.99922
30	0	1	0	0.	0.	0.00000985	0.99997

到着率 1 、サービス時間分布は 1.4 節で述べる $E_4(5)$。

表1.2.1　　M/E_4/1 の標本の割合と理論値

擬実験は実行する度に異なるので、理論値がほしい。本書の目的はこの理論値を求めることである。

　この目的にも多くの困難が待ち受けている。そもそも何を理論値にするかも議論を要する。さらに、現実は有限時間で打切られるから理論値は役立たないという意見もあるであろう。面白いことに、この場合でも、理論値を求めることがある示唆を与える。それは第十五章で話す。

　到着間隔とサービス時間が観察可能で M/G/1 と見なせる現場では、統計的に推定して得たそれらの分布から理論値を計算して現実を予想できる。例えば、食品売り場のレジではお客の列の長さの予想がつく。散髪屋では、待ち椅子の個数を決める参考になる。このような場所では臨機応変に対処できるが、計算機や通信では全て機械が行うので、設計段階で理論値が役立つ。また待ち行列理論は他の理論に役立つ。というのも、この世界には入って出て行く現象は多く、しかも予測しがたい何かが常に起きている。その典型が待ち行列なので、完璧に調べ尽くすべきなのである。

　本節の最後に、本書全体の論理展開の方針を述べておけば有益であろう。第二章から三つの思想を並行して述べる。第一に、そもそも何の分布を求めるべきか

である。系内客数は簡単で基礎的との判断の下に、系内客数を主にするが、その分布にはいくつかある。一時解、極限分布、定常分布、時間 (到着) 平均分布を本書では紹介し、時間 (到着) 平均分布を基本にする。この点は 2.2 節から歴史的背景も含めて説明する。

第二に、多くの待ち行列モデルの系内客数の時間 (到着) 平均分布の確率母関数 (PGF) を求める。このときの手法が短過程法 (再生サイクル法) である。短過程は有限区間上の確率過程のことである。一つ一つの短過程は単純でも、異種の短過程を結合すれば、積み木遊びのように、複雑なモデルに近づけられる。そこで、異種の短過程の系内客数の PGF から結合モデルのそれを求める。

第三に、得られた PGF から確率と積率を引き出し、図表化する。20 世紀の教科書は、この点を読者にまかせた。それでは実務には役立たない。本書はこの点を丁寧に述べる。ただし、頁数節約のため図表の掲載は一部のみにした。

第十四章から第十六章までは、以上の思想と技術の結集である。ここでは例えば、一時解と定常解に示唆を与える結果を出す。また、モデルが複雑になるとその PGF の式が煩雑になり、書き下しが困難になる。そこで PGF を書き下ろすことなく確率と積率を求める方法を提示する。

次節からは、以上を展開する上での準備である。

1.3　三つの基本モデル

M/G/1 が基本である。理論展開上、それに準ずる三モデルを説明しよう。第一が図 1.3.1 上図の M/G/1/N_{policy} であり、系が空になると サーバーは N 人目の到着まで休憩し、この間客は累積していく。この休憩区間を N ポリシーの休憩[8]と呼ぶ。その後は空になるまでサーバーは働き続ける。このモデルを、M/G/1/N_{policy} と表す。$N = 1$ のときは M/G/1 そのものである。

第二は、サーバーが客を見出すまで休憩を繰返す図 1.1.4 のモデルである。図 1.3.1 の下図では客がいなくなるとサーバーは休憩 V_1 をとり、それが終了しても客がいないので再び休憩 V_2、さらに V_3 をとる。V_3 から帰ると二人客がいるので、サービスを開始する。休憩時間は i.i.d. で、到着時点やサービス時間とは独立。正の確率で 0 であってもよいが、期待値は正である。このモデルを M/G/1/MV と

---

[8] N ポリシーの語は最初の人たちが何気なく使い、そのまま使うようになった。

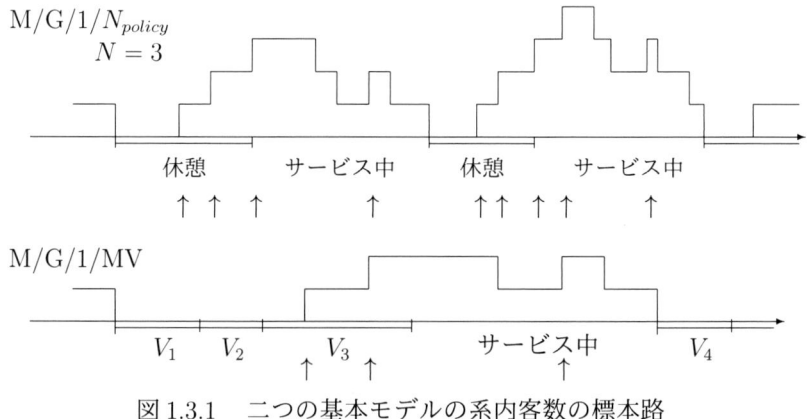

図 1.3.1　二つの基本モデルの系内客数の標本路

表す。MV は**多重休憩** (multiple vacation) の略。

　客が単独で来るとみなしたとき、これを**単一到着**と呼ぶ。M/G/1/N_{policy} や M/G/1/MV は単一到着である。この場合、0 時点以後 n 番目に来た客の到着時点を $e(n)$ で表す。よって $(0 \leq)\ e(1) \leq e(2) \leq \cdots$ である。

　第三は集団到着の M^X/G/1 である。客は集団で同一時点に到着していると見たとき、**集団到着** (batch arrival) と言い、第 k 集団の到着時点を同じく $e(k)$ で表し、所属客数を $\tau_k^b (\geq 1)$ とする。右肩の b は *batch* から取った。$e(1), \cdots, e(k-1)$ に到着した人数は $\sum_{i=1}^{k-1} \tau_i^b$ 人であるから、第 k 集団の客に次の**通し番号**を付ける。

$$\sum_{i=1}^{k-1} \tau_i^b + 1\ , \cdots ,\ \sum_{i=1}^{k} \tau_i^b .$$

　集団の到着時点 $\{e(n)\}$ が、後述のポアソン到着、サービスは客ごとに行い、終わると客はただちに退去する。サービス分布は i.i.d.、τ_n^b も i.i.d.、客がいる限りサーバーは働くモデルを M^X/G/1 と表す[9]。単一到着の図 1.3.1 は増加は一人、減少も一人であるが、集団到着では増加は複数人、減少は一人づつである。

1.4　指数分布とアーラン分布

　$(\mathbb{R}, \sigma(\mathbb{R}))$ への確率変数 $X(\omega)$ について $F(x) = Pr(X(\omega) \leq x)$ を $X(\omega)$ の**確率分布関数**と呼び、これが絶対連続のとき $f(x) = F'(x)$ を**確率密度関数**と呼ぶ。

---

[9]右肩の X は、初期の集団到着研究者たちが、τ_n^b を X と表したことに由来する。

この特性[10]のうち、

$$E(X) = \int X(\omega)d\mathbb{P} = \int xdF(x) \qquad \text{を**期待値** (Expectation)、}$$

$$E(X - E(X))^2 = \int (x - E(X))^2 dF(x) \qquad \text{を**分散** (Variance)、一般に}$$

$$\int x^n dF(x) \qquad \text{を } n \text{ 次の (0 点回りの) **積率** (Moment) と呼ぶ。}$$

M/G/1 を特定するには、到着間隔の分布やサービス分布を定めねばならない。具体的な分布形は多く提案されているが、本書では指数分布とアーラン分布を使う。確率密度関数

$$(1.4.1) \qquad\qquad f(x) = \lambda e^{-\lambda x}, \quad x > 0$$

をもつ確率分布を母数 $\lambda(0 < \lambda < \infty)$ の**指数分布** (Exponential Distribution) と呼ぶ[11]。この確率分布関数は、$x \leq 0$ では $F(x) = 0$、$x > 0$ では $F(x) = 1 - e^{-\lambda x}$ である。期待値と分散はそれぞれ次のようになる。

$$(1.4.2) \qquad \int_0^\infty xf(x)dx = \frac{1}{\lambda}, \qquad \int_0^\infty \left(x - \frac{1}{\lambda}\right)^2 f(x)dx = \frac{1}{\lambda^2}$$

　表記であるが、(1.4.1) は $f(x) = \lambda e^{-\lambda x}$ が主たる式、右横の $x > 0$ は注釈で, 範囲を表す。(1.4.2) は二式の並列である。このような書き方で紙数を節約する。

　指数分布の特徴を述べる。第一に、$X(\omega)$ が指数分布をするならば、集合 $\{\omega : X > t\}$ に実現する条件下で、集合 $\{\omega : X < t + s\}$ に実現する条件付確率

$$Pr(X < t + s | X > t) = \frac{Pr(t < X < t + s)}{Pr(X > t)} = \frac{F(t+s) - F(t)}{1 - F(t)} = F(s)$$

は t に依存しない。この性質を**無記憶性** (Memoriless property) と呼ぶ。M/G/1 の M はこの頭文字。到着間隔が指数分布をするからである。サービス分布も指数分布ならば、M/M/1、サーバーが m 人いれば、M/M/m と表す[12]。

　第二に、$X_i(i = 1, 2)$ は独立で、母数 λ_i の指数分布をするならば、$Y = min\{X_1, X_2\}$ は母数 $\lambda_1 + \lambda_2$ の指数分布をする。なぜなら

$$Pr(Y \leq t) = 1 - Pr(X_1 > t)Pr(X_2 > t) = 1 - e^{-(\lambda_1 + \lambda_2)t}.$$

---

[10]期待値は平均とも呼ぶ。本書では他の意味でそれを使う。積分はルベーグ積分で統一する。
[11]このような分布をもった確率測度の存在は、拙著前掲書 2.2.3 と 5.1 参照
[12]多様な待ち行列モデルは、例えば、藤木、雁部著「通信トラヒック理論」丸善等参照。

第三に、同一の指数分布をする確率変数列 $X_1, \cdots, X_k$ が独立[13]のとき、

$$(1.4.3) \qquad\qquad Y_k = X_1 + \cdots + X_k$$

は k 次の**アーラン分布** (Erlang distribution) をすると言う。この分布を、X_i の母数が κ(カッパ) のとき、$E_k(\kappa)$ で表す。期待値は k/κ、積率は 1.13 節で述べる。

定理 1.4.1 X_i が母数 κ の指数分布をするならば、(1.4.3) の Y_k の確率密度関数と確率分布関数は、それぞれ次で与えられる。

$$f_k(x) = \frac{\kappa^k x^{k-1}}{(k-1)!}e^{-\kappa x}, \qquad F_k(x) = 1 - \sum_{j=0}^{k-1}\frac{(\kappa x)^j}{j!}e^{-\kappa x}.$$

(証明) $Y_1 = X_1$ では明らか。$k = n-1$ のとき成立するとして数学的帰納法を使う。集合 $\{\omega : Y_n(\omega) \le x\}$ と集合 $\{\omega : Y_{n-1}(\omega) \le x - X_n(\omega)\}$ は同一であるから、$Pr(Y_n \le x) = Pr(Y_{n-1} \le x - X_n)$ となる。関数 $\mathbf{1}(s,t)$ を $s < x - t$ ならば $\mathbf{1}(s,t) = 1$、そうでないならば $\mathbf{1}(s,t) = 0$ とすると、

$$Pr(Y_{n-1} < x - X_n) = \int_{s>0, t>0} 1(s,t) dP_{Y_{n-1}, X_n}(s,t)$$

$$= \int\left(\int 1(s,t)dP_{Y_{n-1}}(s)\right)dP_{X_n}(t) \quad \cdots \text{ フビニの定理}$$

$$= \int_0^x \left(1 - \sum_{j=0}^{n-2}\frac{\{\kappa(x-t)\}^j}{j!}e^{-\kappa(x-t)}\right)\kappa e^{-\kappa t}dt \quad \cdots \text{ 帰納法の仮定}$$

$$= 1 - e^{-\kappa x} - \kappa e^{-\kappa x}\sum_{j=0}^{n-2}\frac{\kappa^j}{j!}\int_0^x (x-t)^j dt$$

$$= 1 - e^{-\kappa x} - e^{-\kappa x}\sum_{j=0}^{n-2}\frac{(\kappa x)^{j+1}}{(j+1)!}$$

$$= \int_0^x Pr(Y_{n-1} \le x - t)dP_{X_n}(t)$$

$$= \int_0^x F_{n-1}(x - t)\kappa e^{-\kappa t}dt$$

$$= 1 - \sum_{j=0}^{n-1}\frac{(\kappa x)^j}{j!}e^{-\kappa x}$$

$$= F_n(x).$$

---

[13]一般的定義は、拙著前掲書 3.5 節。

確率密度関数 $f_k(x)$ は、$F_k(x)$ を微分すれば求まる。 □

1.5 距離空間

モデル分析では、無限次元ユークリッド空間 $\mathbb{R}^\mathbb{N}$、さらに一般化して距離空間を使う場合がある。距離空間の利点は、定義がすっきりしていることと、ボレル集合族と連続を定義できるところである。

空間 $\mathbb{Y}$ の任意の二つの元[14] a, b の間に、次の条件を満たす非負の**距離** $d(a, b)$ が定義されているならば、$\mathbb{Y}$ を**距離空間**と呼ぶ。

(1) $a = b$ と $d(a, b) = 0$ は同一である。

(2) $d(a, b) = d(b, a)$,

(3) $d(a, c) \leq d(a, b) + d(b, c)$.

有限次元ユークリッド空間 $\mathbb{R}^n$ は、二点 $(a_1, \cdots, a_n)$ と $(b_1, \cdots, b_n)$ の距離を $\sqrt{\sum_{i=1}^{n}(a_i - b_i)^2}$ で定めて距離空間になる。無限次元では、$\mathbb{R}^\mathbb{N}$ は、二点 $(a_1, a_2, \cdots)$ と $(b_1, b_2, \cdots)$ の距離を $\sum_{n=1}^{\infty} \dfrac{1}{2^n} \dfrac{|a_n - b_n|}{1 + |a_n - b_n|}$ で定めれば、距離空間になる。

$\mathbb{Y}$ の点列 $\{a_i : i \in \mathbb{N}\}$ があって、ある点 $b \in \mathbb{Y}$ に対し、$\lim_{i \to \infty} d(a_i, b) = 0$ ならば、a_i は b に**収束する**と言う。任意の点 $a \in \mathbb{Y}$ と正の数 ϵ に対し、集合 $\{x : d(a, x) < \epsilon\}$ を a の ϵ **近傍** と呼ぶ。$\mathbb{Y}$ の部分集合 U から任意に元 a を選んだとき、U に含まれる a の ϵ 近傍が存在する、すなわち

$$\{x : d(a, x) < \epsilon\} \subset U$$

となる正の数 ϵ が存在するならば、U を**開集合**と呼ぶ。

開集合の和集合は開集合である。なぜなら、$U_\alpha (\alpha \in A)$ を開集合としよう。添え数の集合 A の濃度は任意である。$\cup_{\alpha \in A} U_\alpha$ の任意の一点を x とする。$x \in U_\alpha$ となる α が存在するから、U_α に含まれる x の ϵ 近傍が存在する。これはもちろん $\cup_{\alpha \in A} U_\alpha$ に含まれるので開集合である。

ϵ 近傍は開集合である。なぜなら a の ϵ 近傍の一点を任意に選んで b とする。$d(a, b) + \epsilon_1 < \epsilon$ となる正の数 ϵ_1 を選ぶ。b の ϵ_1 近傍から任意に一点選び、c と

---

[14]元は集合の要素のこと、"げん"と読む。

する。距離の条件から $d(a, c) \leq d(a, b) + d(b, c) < \epsilon$. よって c は a の ϵ 近傍にある。すなわち b の ϵ_1 近傍は a の ϵ 近傍に含まれる。

　開集合が定義された空間では、開集合を含む最小の σ 代数を**ボレル集合族**と言う。$\mathbb{Y}$ が距離空間のとき、その σ 代数が必要になれば、本書はそのボレル集合族をそれに選ぶ。$\mathbb{Y} = \mathbb{R}^{\mathbb{N}}$ のときは、有限個の正の整数 $i_1 < i_2 < \cdots < i_n$ を使って

$$\{\boldsymbol{x} = (x_1, x_2, \cdots) : a_i < x_i \leq b_i (i \in \{i_1, \cdots, i_n\})\}$$

の形の集合を含む最小の σ 代数がボレル集合族に一致することがわかっている。

　$y(x)$ は距離空間 $\mathbb{X}$ から距離空間 $\mathbb{Y}$ への写像とする。このとき、ある点 $x_0 \in \mathbb{X}$ に対し、$y(x_0)$ を含む開集合 $U(\subset \mathbb{Y})$ を任意に選ぶと、$\mathbb{X}$ において x_0 を含む ϵ 近傍があって、その元 x はすべて $y(x) \in U$ となるならば、y は x_0 で**連続**と言う。$\mathbb{X}$ の全ての点で連続のとき、y は**連続写像**と言う。$\mathbb{X}$ も $\mathbb{Y}$ も実数空間 $\mathbb{R}$ の場合で言えば、任意の $\epsilon(> 0)$ に対し

$$x_0 - \delta < x < x_0 + \delta \implies y(x_0) - \epsilon < y(x) < y(x_0) + \epsilon$$

となる δ が存在するときである。

　$y(x)$ が連続写像ならば、$\mathbb{Y}$ 内の任意の開集合 V の逆像 $\{x : y(x) \in V\}$ は $\mathbb{X}$ の開集合である。なぜなら、その逆像の一点 x_0 を取り出すと、y の連続性より x_0 の ϵ 近傍が $\mathbb{X}$ にあって、その元 x はすべて $y(x) \in V$ を満たす。つまり、この ϵ 近傍は V の逆像に含まれる。

　y が連続写像ならば、可測写像である。証明は $V \in \sigma(\mathbb{Y})$ ならば、

$$(1.5.1) \qquad\qquad\qquad \{x : y(x) \subset V\} \in \sigma(\mathbb{X})$$

を言えばよい。V が開集合ならば、V の逆像は開集合なので、(1.5.1) を満たす。$V_i (i \in \mathbb{N})$ が (1.5.1) を満たすならば、$\cup V_i$ も

$$\{x : y(x) \subset \bigcup_{i=1}^{\infty} V_i\} = \bigcup_{i=1}^{\infty} \{x : y(x) \subset V_i\} \in \sigma(\mathbb{X})$$

より (1.5.1) を満たす。よって (1.5.1) を満たす V の全体は、開集合を含む σ 代数である。ここから (1.5.1) が成立する。

気圧 1 の下で水が液体でいられるのは温度が $\mathbb{R}$ の中の 0 度から 100 度の間のように、応用では注目している空間 $\mathbb{X}$ がある距離空間 $\mathbb{Y}$ の部分空間であることが多い。このとき $\mathbb{Y}$ の距離を使えば、$\mathbb{X}$ も距離空間になる。これを**部分距離空間**という。次定理から $\mathbb{X}$ と $\mathbb{Y}$ のどちらを土台にしてもよい。証明は自明であるが述べておく。

定理 1.5.1　　$\mathbb{X}$ は $\mathbb{Y}$ の部分距離空間とする。$\mathbb{X}$ の開集合であるための必要十分条件は、それが $\mathbb{Y}$ の開集合 D を使って $D \cap \mathbb{X}$ と表されることである。

　(証明)　　$\mathbb{Y}$ の距離を d とする。ならば、$\mathbb{X}$ における $x_0 (\in \mathbb{X})$ の ϵ 近傍は $\{x : d(x_0, x) < \epsilon,\ x \in \mathbb{X}\}$ と同一である。

　十分性：$x_0 \in D \cap \mathbb{X}$ とする。D は $\mathbb{Y}$ の開集合より、D に含まれる x_0 の ϵ 近傍 $U_\epsilon = \{y : d(x_0, y) < \epsilon\} (\in \mathbb{Y})$ が存在する。ならば、$U_\epsilon \cap \mathbb{X}$ は上記表現になるから、$\mathbb{X}$ における x_0 の ϵ 近傍になる。よって $D \cap \mathbb{X}$ は $\mathbb{X}$ の開集合である。

　必要性：E は $\mathbb{X}$ の開集合とする。点 $x_0 \in E$ を任意に選ぶと、E に含まれる $\mathbb{X}$ における x_0 の ϵ 近傍 $\{x : d(x_0, x) < \epsilon,\ x \in \mathbb{X}\}$ が存在する。このとき $\mathbb{Y}$ の ϵ 近傍 $V(x_0) = \{y : d(x_0, y) < \epsilon\}$ は開集合である。よってその和集合 $F \equiv \bigcup_{x_0 \in E} V(x_0)$ も $\mathbb{Y}$ の開集合である。$E = F \cap \mathbb{X}$ なので証明された。　　　　□

　系　　$\sigma(\mathbb{X}) = \{E : E = D \cap \mathbb{X},\ D \in \sigma(\mathbb{Y})\}$.

　(証明)　　$E_i (i \in \mathbb{N})$ が右辺の集合ならば、$\bigcup E_i$ もそうなので、右辺は σ 代数である。$\mathbb{Y}$ の開集合は $\sigma(\mathbb{Y})$ の元であるから、定理より右辺は $\mathbb{X}$ の開集合を含む。つまり開集合を含む σ 代数であるから、$\sigma(\mathbb{X})$ を含む。

　次に逆を考える。今証明したことから、$\sigma(\mathbb{X})$ の元 E は $E = D \cap \mathbb{X},\ D \in \sigma(\mathbb{Y})$ と表されるので、この D の全体を $G \equiv \{D : D \cap \mathbb{X} \in \sigma(\mathbb{X}),\ D \in \sigma(\mathbb{Y})\}$ とすると、$G \subset \sigma(\mathbb{Y})$ で、$\sigma(\mathbb{X}) = \{D \cap \mathbb{X} : D \in G\}$ と表せる。G は $\mathbb{Y}$ の開集合を含む σ 代数であることが容易にわかり、$\sigma(\mathbb{Y})$ の定義から、$G = \sigma(\mathbb{Y})$ となる。よって系が成立する。　　　　□

1.6　入力表現

1.6.1　マーク

　到着時点とサービス時間等から入力 (1.1 節) が構成される。便宜上**点過程論**の入力記号を使う。本節では確率導入前の設定の話である。

各客は自分のサービス時間を含め必要な変数を束にして持ってくる。この束を
マーク (mark) と呼ぶ。ここで読者は違和感を覚えるかもしれない。サービス時間
はサービスを受けるとき、あるいは受けつつ決まるものではないかと。確かに現
実はそうであるが、到着時点やサービス時間等の一次的な確率変数は、モデルの
外から入力としてまとまってモデルに入れば都合がよい。そこでそう考えてマー
クと呼ぶのである。

　ともかく到着時点 $e(n)$ にはマーク $\boldsymbol{\tau}_n$ が伴う。マークの値域空間は $\mathbb{R}^m$ や $\mathbb{R}^{\mathbb{N}}$
で間に合うが、すっきり感を出すために距離空間とする。そのマーク空間を $\mathbb{K}$
で表す。距離空間であるからボレル集合族 $\sigma(\mathbb{K})$ が定義できる。ここでは $\mathbb{K}$ の
例を三つ挙げよう。第一は M/G/1 のように、マークがサービス時間のみならば、
$\mathbb{K} = \mathbb{R}$ または $\mathbb{K} = [0, \infty)$ である。

　第二は集団到着である。集団の客数 τ_n^b (1.3 節) が定数 m ならば、n 番の集団
は m 個のサービス時間 $\tau_{n,1}^S, \cdots, \tau_{n,m}^S$ を持ってくることになるから、

$$\boldsymbol{\tau}_n = (\tau_{n,1}^S, \cdots, \tau_{n,m}^S) \in \mathbb{K} = \mathbb{R}^m.$$

τ_n^b が、様々な自然数を取りうるならば、形式上無限次元にして、

$$\boldsymbol{\tau}_n = (\tau_{n,1}^S, \cdots, \tau_{n,u}^S, -1, -1, \cdots) \in \mathbb{K} = \mathbb{R}^{\mathbb{N}}, \qquad u = \tau_n^b$$

とする。$\tau_{n,i}^S = 0$ はサービスを必要としない客、$\tau_{n,i}^S = -1$ は客がいないことを表
す。$\mathbb{K}$ が数学的に定義される空間であることを示したいからである。

　複雑な $\boldsymbol{\tau}_n$ もある。例えば、客の性別 $\tau_{n,i}^C (= 0, 1)$ が必要ならば、

$$\boldsymbol{\tau}_n = ((\tau_{n,1}^S, \tau_{n,1}^C), \cdots, (\tau_{n,u}^S, \tau_{n,u}^C), (-1, -1), (-1, -1), \cdots), \qquad u = \tau_n^b$$

とする。必要な要素があれば、同様に加えていく。

　第三に、M/G/1/MV ではサーバーは、次の到着まで何回休憩するかわからな
いので、$\boldsymbol{\tau}_n$ には無限個の休憩時間 $\tau_{n,i}^V$ を持たせる。すなわち、無限次元

$$\boldsymbol{\tau}_n = (\tau_n^S, \tau_{n,1}^V, \tau_{n,2}^V, \cdots) \in \mathbb{K} = \mathbb{R}^{\mathbb{N}}$$

にする。客が到着すると系は未使用の手持ち休憩時間 $\tau_{n-1,i}^V$ を捨てて、$\boldsymbol{\tau}_n$ の要
素を受け取る (詳細は 1.8.1 節)。

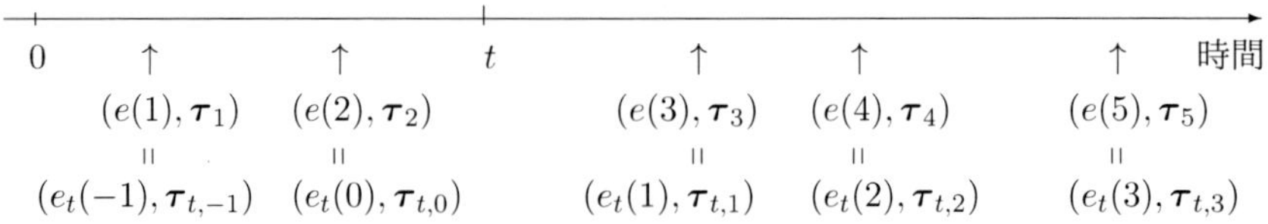

図 1.6.1　　$e(n)$ と $e_t(n)$ の関係

1.6.2　計数測度

初期時点を 0 にすると、 0 時点以後の待ち行列系に関心が向く。しかし、点過程論では負の時間帯も考慮する。そこで負の到着時点も存在しているとして、

$$\cdots \leq e(-1) \leq e(0) < (0 \leq)e(1) \leq e(2) \leq \cdots$$

とする[15]。ただし次は必要。

仮定 1.6.1　有限区間内の到着時点数は有限個である。

入力は到着時点とそのマークの組 $(e(n), \boldsymbol{\tau}_n)$ の列

$$(1.6.1) \qquad \{(e(n), \boldsymbol{\tau}_n) \ : n = 0, \pm 1, \pm 2, \cdots \}$$

であるから、$\mathbb{R} \times \mathbb{K}$ 上の可算個の重複を許した点の散らばりになる。これを測度空間 $(\mathbb{R} \times \mathbb{K}, \sigma(\mathbb{R} \times \mathbb{K}), \phi)$ で表す。すなわち、集合 $D \in \sigma(\mathbb{R} \times \mathbb{K})$ に対し、$\phi(D)$ は $(e(n), \boldsymbol{\tau}_n) \in D$ となる個数である。ϕ を入力 (1.6.1) と同一視する。

ϕ は**マーク付き計数測度**と呼ばれる。(1.6.1) の点列は無限にあるように、この測度は多くあるから、仮定 1.6.1 を満たすその全体を $\mathbb{M}$ で表す。任意の左半開区間 $(a, b]$ と、任意の集合 $C(\in \sigma(\mathbb{K}))$、それに任意の整数 k を使って、

$$\{\phi \ : \ a < e(n) \leq b, \ \boldsymbol{\tau}_n \in C \ \text{となる} \ n \ \text{の個数が} \ k\}$$

の形で表される集合を全て含む最小の σ 代数を $\sigma(\mathbb{M})$ とする。

図 1.6.1 のように、時点 t を基準にしたとき、到着時点を

$$\cdots e_t(-1) \leq e_t(0) < (t \leq)e_t(1) \leq e_t(2) \leq \cdots,$$

---

[15]待ち行列論では到着時点の番号付けが必要である。その際、$e(0) < (0 \leq)e(1)$ とするか、$e(0) \leq (0 <)e(1)$ とするかが悩ましい。第二章の短過程の定義の都合から前者を採用する。

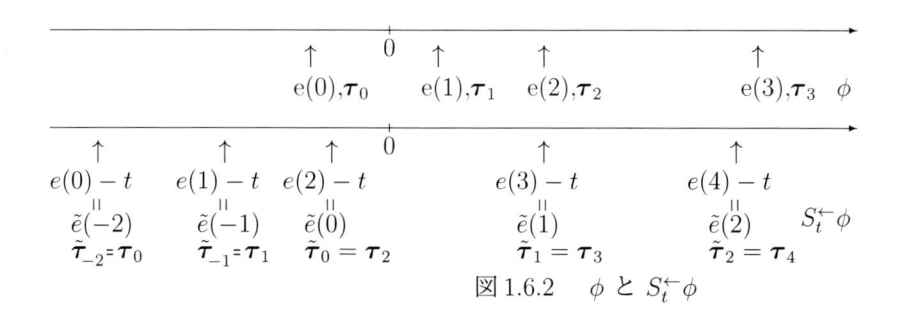

図1.6.2 ϕ と $S_t^{\leftarrow}\phi$

と表し、$e_t(n)$ のマークを $\boldsymbol{\tau}_{t,n}$ と表す。$\phi(\in \mathbb{M})$ を時間帯 E に限定した計数測度を ϕ_E で表す。すなわち、$\phi_E(D) = \phi(D \cap E \times \mathbb{K})$. ϕ_E も $\mathbb{M}$ の元である。

左にずらす**ずらし変換** (Shift operator) を $S_t^{\leftarrow}$ で表す[16]。例えば、入力 ϕ の到着時点をどれも t だけ左 (過去) にずらすと入力 $S_t^{\leftarrow}\phi$ になる (図 1.6.2)。よって $\phi = \{(e(n), \boldsymbol{\tau}_n) : n = 0, \pm 1, \pm 2, \cdots\}$ に対し、

$$S_t^{\leftarrow}\phi = \{(e(n) - t, \boldsymbol{\tau}_n) : n = 0, \pm 1, \pm 2, \cdots\} \in \mathbb{M}$$

である。これを 0 時点を基準にして記号を付けたのが、図 1.6.2 の下段の $(\tilde{e}(n), \tilde{\boldsymbol{\tau}}_n)$ である。$S_t^{\leftarrow}\phi$ は $\sigma(\mathbb{M})$ に関して可測変換になる。すなわち、$D \in \sigma(\mathbb{M})$ ならば、$\{\phi : S_t^{\leftarrow}\phi \in D\} \in \sigma(\mathbb{M})$ である。

注 1.6.1　ϕ の関数としての $e(n)$ と $\boldsymbol{\tau}_n$
本文では $e(n)$, $\boldsymbol{\tau}_n$ から ϕ を説明したが、後程の図 1.8.1 のように論理的には ϕ から始める。計数測度 ϕ から $\{e(n)\}$ は定まって、

$$\{\phi : e(n) \le a\} = \sum_{k=n}^{\infty} \{\phi : 0 < e(i) \le a, \ \boldsymbol{\tau}_i \in \mathbb{K} \ となる \ i \ の個数が \ k\}.$$

(1.6.1) より、この集合は $\sigma(\mathbb{M})$ の元であり、$e(n)$ は $\mathbb{M}$ 上の可測関数になる。$\boldsymbol{\tau}_n$ は少し面倒である。まず、時点が重なると定まらない。例えば、

$$\boldsymbol{\tau}^* \ne \boldsymbol{\tau}^{**}, \quad \phi(t, \boldsymbol{\tau}^*) = \phi(t, \boldsymbol{\tau}^{**}) = 1, \quad e(n) = e(n+1) = t$$

ならば、$\boldsymbol{\tau}^*$ と $\boldsymbol{\tau}^{**}$ はどちらが $\boldsymbol{\tau}_n$ なのかが決まらない。これを解決するためには、確率を導入する際に重なるのは確率 0 と仮定し、頻繁に重なる場合は集団到着モデルとして議論するのが便利である。そこで本書もそうする。

---

[16]通常は T_t と表す (T は transpose の頭文字)。本書では T は他に使う。

重なる確率は 0 と言えるためには、次の集合の可測性を示さねばならない。

$$D_0 \equiv \{\phi : e(n) = e(n+1) \text{ となる } n \text{ はない。}\}$$
$$= \bigcap_{j=1}^{\infty} \{\phi : \text{区間 } (-j, j] \text{ 内では到着時点は重ならない。}\}.$$

仮定 1.6.1 より $(-j, j)$ 間の到着時点数は有限である。よって、ϕ がこの式の右辺の集合に含まれるならば、k を大きくとって、$(-j, j)$ を区間幅 $1/2^k$ で細分化し、各区間の到着時点数を高々 1 個にできる。そこで

$$D_0 = \bigcap_{j=1}^{\infty} \bigcup_{k=1}^{\infty} \bigcap_{i=-j2^k}^{j2^k-1} \left\{ \phi : \frac{i}{2^k} < e(n) \leq \frac{i+1}{2^k} \text{ となる } n \text{ の個数は 0 または 1 } \right\}.$$

$e(n)$ は可測であるから、これは $\sigma(\mathbb{M})$ の元である。

1.7　大数の法則

時間帯 $[0, \infty)$ 上の確率過程を扱う一つの道具が次の大数の法則である。証明は略す。

定理 1.7.1(大数の法則)　$Y_1, Y_2, \cdots$ は実数値確率変数列で、i.i.d. とし、$E(|Y_1|) < \infty$ とする。ならば、確率 1 [17]で $(Y_1 + \cdots + Y_n)/n \xrightarrow{n \to \infty} E(Y_1)$ となる。

この定理から言える次のような結果を暗黙裡に使う場合が多い。

(1)　定理の条件下で、

$$\frac{Y_n}{n} = \frac{Y_1 + \cdots + Y_n}{n} - \frac{n-1}{n} \frac{Y_1 + \cdots + Y_{n-1}}{n-1}$$
$$\xrightarrow{n \to \infty} E(Y_1) - E(Y_1) = 0, \qquad w.p.1.$$

(2)　定理の条件下で、

$$\frac{1}{n} \max_{1 \leq i \leq n} Y_i \xrightarrow{n \to \infty} 0, \qquad \frac{1}{n} \min_{1 \leq i \leq n} Y_i \xrightarrow{n \to \infty} 0, \qquad w.p.1.$$

例えば、左が成立しないとしよう。ならば、確率 1 で、

$$\left| \frac{Y_{i_j}}{n_j} \right| > \epsilon > 0, \quad 1 \leq i_j \leq n_j, \quad \lim_{j \to \infty} n_j = \infty$$

---

[17]この収束は概収束であるから、$(Y_1(\omega) + \cdots + Y_n(\omega))/n \longrightarrow E(Y_1)$ となる ω の全体が確率 1 の集合を含むという意味である。(1) で使う w.p.1 は with probability 1 の略。

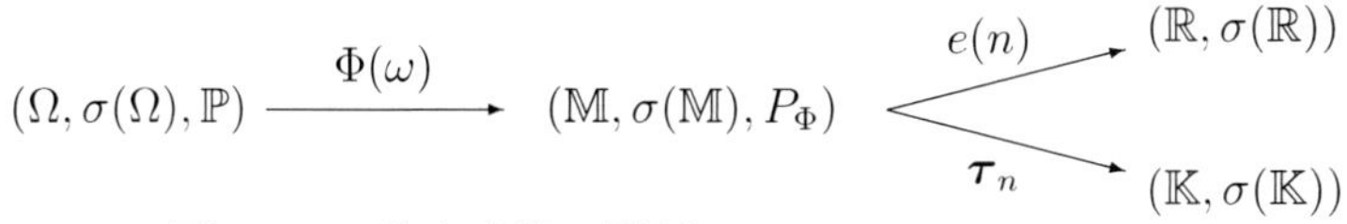

$$(\Omega, \sigma(\Omega), \mathbb{P}) \xrightarrow{\ \Phi(\omega)\ } (\mathbb{M}, \sigma(\mathbb{M}), P_\Phi) \xrightarrow[\boldsymbol{\tau}_n]{\ e(n)\ } \begin{array}{l} (\mathbb{R}, \sigma(\mathbb{R})) \\ (\mathbb{K}, \sigma(\mathbb{K})) \end{array}$$

図 1.8.1　確率変数の関係

となる列 $n_j,\ i_j$ と正の数 ϵ が存在する。$j \to \infty$ のとき $|Y_{i_j}| > \epsilon n_j \to \infty$ より、$\lim_{j\to\infty} i_j = \infty$ でなければならない。一方 $\left|Y_{i_j}/i_j\right| \geq \left|Y_{i_j}/n_j\right| > \epsilon$ であるから、(1) に反する。(2) の右も同様にして証明できる。

(3)　$Y_1, Y_2, \cdots$ は i.i.d. で、$Pr(Y_i \geq 0) = 1$ かつ $E(Y_i) = \infty$ ならば、

$$\frac{Y_1 + \cdots + Y_n}{n} \xrightarrow{\ n\to\infty\ } \infty, \qquad w.p.1.$$

なぜなら、$Y_i \leq a$ ならば、$Y_{a,i} = Y_i$、他では $Y_{a,i} = 0$ とおき、Y_i の分布関数を F とすると、$E(Y_{a,1}) = \int_0^a x dF \xrightarrow{\ a\to\infty\ } \int_0^\infty x dF = E(Y_1) = \infty.$ よって

$$\frac{1}{n}\sum_{i=1}^n Y_i \geq \frac{1}{n}\sum_{i=1}^n Y_{a,i} \xrightarrow{\ n\to\infty\ } E(Y_{a,1}) \xrightarrow{\ a\to\infty\ } \infty.$$

1.8　ポアソン到着

1.8.1　基本定理

待ち行列モデルでは、1.6 節の計数測度の空間 $(\mathbb{M}, \sigma(\mathbb{M}))$ の一つの元が入力として実現する。ところがほとんどのお店や役所では客の到着時刻を予測できない。そこで実現する入力は事前にはわからないとし、ここに確率を導入して、入力を確率変数 $\Phi(\omega)$ で表す。$\Phi(\omega)$ は $(\mathbb{M}, \sigma(\mathbb{M}))$ への可測写像であり、確率空間 $(\mathbb{M}, \sigma(\mathbb{M}), P_\Phi)$ を生む。そして注 1.6.1 より、Φ を通じて $e(n) = e(n, \omega)$ と $\boldsymbol{\tau}_n = \boldsymbol{\tau}_n(\omega)$ も確率変数になる (図 1.8.1)。なお記号 ϕ は確率変数ではなく、単に $\mathbb{M}$ の元を表すときに使う。

断らない限り、到着時点の総数は無限で、$\{e(n)\}$ は次を満たすとする。

仮定 1.8.1　確率 1 で $\lim_{n\to\infty} e(n) = \infty$ である。

本節はポアソン到着を説明する。この到着は、以下の諸定理が示すように、"全く予測がつかない" 到着と言える。ポアソン到着の性質は直感で分かることが多いので、丁寧な解説が見つからない。ここでは数学論理を大事にする。

到着間隔 $e_s(1) - s,\ e_s(2) - e_s(1),\ e_s(3) - e_s(2),\ \cdots$ が i.i.d. で、分布が母数 $\lambda(0 < \lambda < \infty)$ の**指数分布**のとき、$\{e_s(n) : n \in \mathbb{N}\}$ を、時間帯 $[s, \infty)$ 上の**到着率** (arrival rate)λ の**ポアソン到着**と言う[18]。単に $\{e(n)\} = \{e(n) : n \in \mathbb{N}\}$ がポアソン到着と言えば、$s = 0$ の場合である。便宜上負の到着時点も想定するが、我々に必要なのは正の部分である。到着間隔を

$$X_n = e(n+1) - e(n) \quad : n = 0, 1, 2, \cdots$$

とおく。本節では便宜上 $e(0) = 0$ とおくが、これは到着時点ではない。上記定義は、任意の正の整数 n と任意の $D \in \sigma(\mathbb{R}^n)$ に対し、

$$Pr\big((X_0, \cdots, X_{n-1}) \in D\big) = \int \cdots \int_D \lambda^n e^{-\lambda(x_0 + \cdots + x_{n-1})} dx_0 \cdots dx_{n-1},$$

あるいは、任意の $x_0, \cdots, x_{n-1}$ に対し、

$$Pr\big(X_i \leq x_i : i = 0, \cdots, n-1\big) = \prod_{i=0}^{n-1}(1 - e^{-\lambda x_i})$$

とする場合と同じである[19]。

ポアソン到着の特徴をいくつか示す。第一に、到着間隔の期待値は $E(X_n) = 1/\lambda$ であるから、大数の法則より、仮定 1.8.1 を満たし、λ が大きいと頻繁に、小さいと少なく到着しがちである。

第二に、確率変数 t がポアソン到着 $\{e(n)\}$ と独立ならば、t を固定すると、未来の到着時点 $\{e_t(n) : n \geq 1\}$ は、過去 $\{e_t(n) : n \leq 0\}$ とは独立で、$[t, \infty)$ 上のポアソン到着になることを証明しよう。一般的に、注目変数またはベクトル x が条件 A を満たせば、$\mathbf{1}(x : A) = 1$、そうでなければ 0 とする。しばしば $\mathbf{1}(A)$ と略す。ならば、$\int \mathbf{1}(x : A) d\mu(x)$ は測度 μ による A 上の積分である。後ほどの便宜のために、次のように t は過去に依存してもよいとする。

定理 1.8.1　$\{e(n)\}$ は到着率 λ のポアソン到着、U は $\{e(n)\}$ とは独立な確率変数とする。非負の整数 n を任意に固定する。$t = g(e(1), \cdots, e(n), U)$ は

---

[18]数学書では強度 (intensity) λ のポアソン点過程と呼び、時間帯は $\mathbb{R} = (-\infty, \infty)$ で、定理 1.8.3 を定義にする。本書は取っつきやすさを重視して素朴な定義を採用した。

[19]記号 $\prod$ は多重の積 $\prod_{i=1}^{n} y_i = y_1 \times \cdots \times y_n$ のことである。

$e(1), \cdots, e(n), U$ から定まる変数とする。

$$Pr \begin{pmatrix} e(n) \le t < e(n+1) \\ e(n+1) - t < \alpha_0 \\ e(n+i+1) - e(n+i) \le \alpha_i \\ : i = 1, \cdots, m \end{pmatrix} = Pr\bigl(e(n) \le t < e(n+1)\bigr) \prod_{i=0}^{m} (1 - e^{-\lambda \alpha_i})$$

が成立する。

（証明）　X_n を使えば、

$$\text{（定理の左辺）} = Pr \begin{pmatrix} e(n) \le t < e(n) + X_n \\ X_n - t + e(n) \le \alpha_0 \\ X_{n+i} \le \alpha_i : i = 1, \cdots, m \end{pmatrix}.$$

ベクトル変数 $(s_1, \cdots, s_n, u, x_n, \cdots, x_{n+m})$ の条件を $A = \{s_n \le t < s_n + x_n,\ x_n - t + s_n \le \alpha_0,\ x_{n+i} \le \alpha_i (i = 1, \cdots, m)\}$ とする。ただし、$t = g(s_1, \cdots, s_n, u)$ である。ならば、上式の右辺は

$$\iint \mathbf{1}(s_1, \cdots, s_n, u, x_n, \cdots, x_{n+m} : A)$$
$$dP_{X_n, \cdots, X_{n+m}}(x_n, \cdots, x_{n+m}) dP_{e(1), \cdots, e(n), U}(s_1, \cdots, s_n, u)$$

フビニの定理より、$s_1, \cdots, s_n,\ u,\ x_n$ を固定して、$P_{X_{n+1}, \cdots, X_{n+m}}$ で積分すると

$$= \prod_{i=1}^{m} (1 - e^{-\lambda \alpha_i}) \iint \mathbf{1} \begin{pmatrix} s_n \le t < s_n + x_n, \\ x_n - t + s_n \le \alpha_0 \end{pmatrix}$$
$$dP_{X_n}(x_n) dP_{e(1), \cdots, e(n), U}(s_1, \cdots, s_n, u).$$

X_n は指数分布をするから、1.4 節の性質を使えば、

$$= \prod_{i=0}^{m} (1 - e^{-\lambda \alpha_i}) \iint \mathbf{1}(s_n \le t < s_n + x_n dP_{X_n}(x_n)) dP_{e(1), \cdots, e(n), U}(s_1, \cdots, s_n, u)$$
$$= Pr(e(n) \le t < e(n+1)) \prod_{i=0}^{m} (1 - e^{-\lambda \alpha_i}). \qquad \square$$

t が $\{e(n)\}$ と独立ならば、定理から

$$Pr\left(\begin{array}{l} e_t(1) - t \le \alpha_0 \\ e_t(i+1) - e_t(i) \le \alpha_i \\ \quad : i = 1, \cdots, n \end{array}\right) = \sum_{n=0}^{\infty} Pr\left(\begin{array}{l} e(n) \le t < e(n+1) \\ e(n+1) - t < \alpha_0 \\ e(n+i+1) - e(n+i) \le \alpha_i \\ \quad : i = 1, \cdots, m \end{array}\right)$$

$$= \prod_{i=0}^{m}(1 - e^{-\lambda\alpha_i})$$

なので、これをもって t 以後はポアソン到着になると言えるだろう。

t が $e(1), \cdots, e(n)$ に依存している場合、定理は n を固定している。これを応用に近づけた場合を 1.17 節で再考する。

この定理直前に、"t を固定したら、それ以前とそれ以後は独立" と述べた。この意味を説明すると、Φ の到着点列は到着率 λ のポアソン到着、マーク τ_n はそれとは独立でi.i.d. の場合、t が定数ならば、$\Phi_{(-\infty,t)}$ と $\Phi_{[t,\infty)}$ は独立である。しかし、t が確率変数ならば、$\Phi_{(-\infty,t)}$ の最大の到着時点は、$\Phi_{[t,\infty)}$ の最小の到着時点を制約するから独立ではない。そこで 1.11 節や第二章から、$\Phi_{[t,\infty)}$ を t だけ左移動した $S_t^{\leftarrow}\Phi_{[t,\infty)}$ を使う。定理 1.8.1 の条件下で、これは $(0,\infty)$ 上の i.i.d. マークのポアソン到着であり、t や $\Phi_{(-\infty,t)}$ とは独立である。定理としておこう。

定理 1.8.2　入力 Φ はi.i.d. マークのポアソン到着とする。Φ とは独立な $t = t(\omega)$ に対し、$S_t^{\leftarrow}\Phi_{[t,\infty)}(\in \mathbb{M})$ は $(t, \Phi_{(-\infty,t)})(\in \mathbb{R} \times \mathbb{M})$ とは独立で、$\Phi_{[0,\infty)}$ と同じ分布を持つ。

1.8.2　他の特徴

定理 1.8.3　到着率 λ のポアソン到着では、$(t, t+x)$ 間に n 人到着する確率は、

$$\frac{(\lambda x)^n}{n!}e^{-\lambda x}$$

で与えられる。すなわちポアソン分布に従う。期待値は λx である。

（証明）定理 1.8.2 から $t = 0$ としても一般性を失わない。$e(n)$ は n 次のアーラン分布をする。その密度関数を $f_n(x)$ (定理 1.4.1) とすると、$(t, t+x) = (0, x)$ 間に n 人到着する確率は、

$$Pr(e(n) < x < e(n+1)) = Pr(e(n) < x,\ X_n > x - e(n))$$
$$= \iint \mathbf{1}(x_n, r : r < x,\ x_n > x - r) dP_{X_n}(x_n) dP_{e(n)}(r)$$
$$= \int_0^x Pr(X_n > x - r) f_n(r) dr$$
$$= \int_0^x \int_{x-r}^\infty \frac{\lambda^n r^{n-1}}{(n-1)!} \lambda e^{-\lambda t} dt dr$$
$$= \int_0^x \frac{\lambda^n r^{n-1}}{(n-1)!} e^{-\lambda x} dr$$
$$= \frac{(\lambda x)^n}{n!} e^{-\lambda x}.$$

期待値は定義式 $\sum_{n=0}^\infty n(\lambda x)^n (n!)^{-1} e^{-\lambda x}$ から出る。 □

これらの定理から、区間 $[i, i+1)(i = 0, 1, 2, \cdots)$ に到着する客数は i.i.d. である。よって、大数の法則により、確率 1 で

$$\lim_{t \to \infty} \frac{[0, t)\ 間の到着客数}{t} = \lim_{n \to \infty} \frac{1}{n} \sum_{i=0}^{n-1} \{[i, i+1)\ 間の到着客数\} = \lambda.$$

これが ”到着率” と呼ばれる理由である。またこれから仮定 1.8.1 も満たされる。

定理 1.8.3 の逆も次のように言える。

定理 1.8.4 重ならない任意の二区間において、$\{e(n)\}$ の到着客数は独立であり、任意の $t,\ x$ に対し、区間 $(t, t+x)$ に n 人到着する確率が

$$\frac{(\lambda x)^n}{n!} e^{-\lambda x}, \qquad n = 0, 1, 2, \cdots$$

ならば、$\{e(n)\}$ は到着率 λ のポアソン到着である。

(証明) ポアソン到着の定義から、任意の n に対し

$$Pr\left(\bigcap_{i=1}^n \{\omega :\ e(i) - e(i-1) \leq x_i\}\right) = \prod_{i=1}^n \left(1 - e^{-\lambda x_i}\right)$$

を証明すればよい。

$n = 1$ のとき左辺は $(0, x_1)$ 間に 1 人以上到着する確率なので、定理の条件から言える。次に $n \leq m - 1$ においてこの式が成立すると仮定して、$n = m$ の場合を考える。煩雑さを避けるため

$$(1.8.1) \qquad Pr \begin{pmatrix} e(m-1) \leq x \\ e(m) - e(m-1) \leq y \end{pmatrix} = Pr\bigl(e(m-1) \leq x\bigr)\bigl(1 - e^{-\lambda y}\bigr)$$

を証明する。

左辺の ω の集合を Q とする。$(0, x)$ 間を k 分割すると区間幅は $\Delta = k^{-1}x$ である。$\Delta \leq y$ となるように k をとる。$i \leq k$ ならば、集合

$$R_i = \bigl\{ \omega : \ (i-1)\Delta < e(m-1) \leq i\Delta \leq e(m) \leq (i-1)\Delta + y \bigr\}$$

は Q に含まれ、i に関し排反である。よって、

$$Pr(Q) \geq \sum_{i=1}^{k} Pr(R_i).$$

定理の条件から

$$Pr(R_i) = Pr \begin{pmatrix} \text{区間 } (i\Delta, (i-1)\Delta + y) \text{ に} \\ \text{一人以上到着する。} \end{pmatrix} Pr \begin{pmatrix} (i-1)\Delta < e(m-1) \\ \leq i\Delta < e(m) \end{pmatrix}$$
$$= (1 - e^{-\lambda(y-\Delta)}) Pr\bigl((i-1)\Delta < e(m-1) \leq i\Delta < e(m)\bigr)$$

よって

$$\sum_{i=1}^{k} Pr(R_i) \xrightarrow{\ k \to \infty\ } (1 - e^{-\lambda y}) Pr\bigl(e(m-1) \leq x\bigr)$$

となって (1.8.1) の右辺が出るので、$Pr(Q)$ は右辺より小さくはない。

一方 $\omega \in Q$ ならば、$(i-1)\Delta < e(m-1) \leq i\Delta$ となる i が存在するから

$$Pr(Q) \leq \sum_{i=1}^{k} Pr \begin{pmatrix} (i-1)\Delta < e(m-1) \leq i\Delta \\ (i-1)\Delta < e(m) \leq i\Delta + y \end{pmatrix}$$

も言える。右辺は

$$\sum_{i=1}^{k} Pr\bigl((i-1)\Delta < e(m-1) \leq e(m) \leq i\Delta\bigr) + \sum_{i=1}^{k} Pr(R_i)$$

となるので、第一項が $k \to \infty$ のとき 0 に向かうことを示せばよい。

$$(\text{第一項}) \leq \sum_{i=1}^{k} Pr(((i-1)\Delta, i\Delta] \text{ 間に二人以上来る。})$$

定理の条件から

$$= \frac{x}{\Delta}(1 - e^{-\lambda\Delta} - \lambda\Delta e^{-\lambda\Delta}).$$

ロピタルの定理を使えば、$\Delta \to 0$ のとき 0 に向かうことがわかる。 □

　複数のポアソン到着列を合わせても、次のようにポアソン到着である。

　系　$\{e(n,i) : n \in \mathbb{N}\}(i = 1, \cdots, m)$ は到着率 λ_i の m 個の独立なポアソン到着とする。ならば、その合流 $\{e(n,i) : n \in \mathbb{N}; i = 1, \cdots, m\}$ は到着率 $\lambda_1 + \cdots + \lambda_m$ のポアソン到着である。

　(証明)　$m = 2$ の場合のみ示す。区間 $(t, t+x)$ 間に n 人来る確率は

$$\sum_{i+j=n} \frac{(\lambda_1 x)^i}{i!} e^{-\lambda_1 x} \frac{(\lambda_2 x)^j}{j!} e^{-\lambda_2 x} = \frac{\{(\lambda_1 + \lambda_2)x\}^n}{n!} e^{-(\lambda_1 + \lambda_2)x}.$$

よって、定理から言える。 □

　付録　ポアソン到着は、$(0, t)$ 間に k 人到着の条件下では、各客の到着時点がこの区間に一様分布で独立に生起した場合と確率的に同じになる。証明を載せている文献は少ないので、ポアソン到着の最後に述べておこう。まず、組み合わせ理論[20]から一つ補助定理を証明する。

　補助定理 1.8.1

$$\sum_{k=0}^{n} (-1)^k \binom{n}{k} \frac{m}{m+k} = \binom{m+n}{n}^{-1}$$

　(証明)　定理の左辺を $g_n(m)$ とする。$n = 0, 1$ のときは定理が成立する。$n \geq 2$ のときは、次式から数学的帰納法で言える。

$$g_n(m) = \sum_{k=0}^{n} (-1)^k \left\{ \binom{n-1}{k} + \binom{n-1}{k-1} \right\} \frac{m}{m+k}$$
$$= g_{n-1}(m) - \frac{m}{m+1} g_{n-1}(m+1).$$ □

　定理 1.8.5　任意に固定した時点 t に対し、$0 < e(k) < t \leq e(k+1)$ という条件下で時点 $e(i)(i \leq k)$ の分布は、独立に、いずれも $(0, t)$ 上で一様分布をする確率変数 $X_1, \cdots, X_k$ を小さい順に置き換えた $X_{(1)} \leq \cdots \leq X_{(k)}$ の $X_{(i)}$ の分布に等しい。

---

[20]J. Riordan "Combinatorial identities", Robert E. Kriger Publishing Company, 1979.

(証明)　条件が付かなければ、$e(j)$ はアーラン分布 $E_j(\lambda)$ をし、その確率密度関数は、定理 1.4.1 から $f_j(x) = \dfrac{\lambda^j}{(j-1)!} x^{j-1} e^{-\lambda x}$ である。次に、

$$Pr\left(\begin{array}{c} e(i) \leq x \\ e(k) < t \leq e(k+1) \end{array}\right) = Pr\left(\begin{array}{c} e(i) \leq x,\ e(k) - e(i) < t - e(i) \\ e(k+1) - e(k) \\ \geq t - (e(k) - e(i)) - e(i) \end{array}\right)$$

$u = e(k) - e(i),\ v = e(i),\ w = e(k+1) - e(k)$ とおくと、これらは独立であるから、

$$\begin{aligned}
&= \int_0^x \int_0^{t-v} \int_{t-u-v}^\infty f_i(v) f_{k-i}(u) \lambda e^{-\lambda w}\, dw\, du\, dv \\
&= \int_0^x \int_0^{t-v} f_i(v) f_{k-i}(u) e^{-\lambda(t-u-v)}\, du\, dv \\
&= \int_0^x \int_0^{t-v} f_i(v) \frac{\lambda^{k-i}}{(k-i-1)!} u^{k-i-1} e^{-\lambda(t-v)}\, du\, dv \\
&= \int_0^x f_i(v) \frac{\lambda^{k-i}}{(k-i)!} (t-v)^{k-i} e^{-\lambda(t-v)}\, dv \\
&= \frac{\lambda^k}{(k-i)!(i-1)!} e^{-\lambda t} \int_0^x (t-v)^{k-i} v^{i-1}\, dv.
\end{aligned}$$

定理 1.8.3 より $Pr\big(e(k) < t \leq e(k+1)\big) = (\lambda^k/k!) e^{-\lambda t} t^k$. よって $e(i)$ の条件付分布は

$$\begin{aligned}
F_i(x|k) &= \frac{Pr\big(e(i) \leq x,\ e(k) < t \leq e(k+1)\big)}{Pr\big(e(k) < t \leq e(k+1)\big)} \\
&= \frac{k!}{(k-i)!(i-1)! t^k} \int_0^x (t-v)^{k-i} v^{i-1}\, dv
\end{aligned}$$

となる。これを x で微分すると

$$(1.8.2) \qquad F_i'(x|k) = \frac{k!}{(k-i)!(i-1)! t^k} (t-x)^{k-i} x^{i-1}.$$

次に $X_{(i)}$ の分布関数を求めると、$(0, x)$ 間に入る $X_1, \cdots, X_k$ の個数の分布は二項分布であるから、この間に i 個以上入る確率、すなわち $X_{(i)} \leq x$ となる確率は

$$\sum_{r=i}^k \binom{k}{r} \Big(\frac{x}{t}\Big)^r \Big(1 - \frac{x}{t}\Big)^{k-r} = \frac{k!}{t^k} \sum_{r=i}^k \frac{1}{(k-r)! r!} x^r (t-x)^{k-r}.$$

これを微分すると (1.8.2) と一致するので、定理が得られる。　　　　　□

1.9 出力表現

1.9.1 固定時点での状態表現

実務においても系内客数は混雑の指標として関心を持たれる。しかし、系内客数だけでは議論は深まらない。より根本的な変数を求めて、本節はモデルの状態を本格的に表す[21]。この状態表現は、後章の計算機実験でも有益である。

図 1.1.1 には 5 人客がいるが、その後は予想できない。一人一人のサービス要求を知る必要がある。そこで次のようにしよう。本書で出てくるどのモデルでも無限個の席があって 1、2、⋯ の席番が付いている。到着客は到着順に、前の席との間に空席を置かず、席に着くとする。図 1.1.1 先着順サービスモデルの t 時点では、1 番席の客がサービスを受けている。この客の残りサービス時間を $x_{t,1}$ とする。$x_{t,i}(i \geq 2)$ は i 番席の待ち客のサービス時間、$x_{t,i} = 0$ は、列に並ぶがサービス不要な客である。空席は $x_{t,i} = -1$ で表す。まとめて

$$(1.9.1) \qquad \boldsymbol{x}_t = (x_{t,1}, x_{t,2}, \cdots) \in \mathbb{R}^{\mathbb{N}},$$

を t 時点の系の状態に選び[22]、呼び名も**状態**、あるいは**状態ベクトル**と呼ぶ。

他の例を挙げると、関心が男性客の人数ならば、性別の変数を付け加えなければならない。後着順では (1.9.1) に、現在サービス中の客の席番号 x_t^S を追加する。例えば $x_t^S = 5$ ならば、席番 5 の客がサービス中なので、$x_{t,5}$ は残りサービス時間である。空のときは $x_t^S = 0$ とおく。

M/G/1/MV では、要素 x_t^I を加え、$x_t^I = 0$ は休憩中、$x_t^I = 1$ はサービス中とする。休憩時間は客がマークに入れて持ってくる (1.6.1 節)。特に、**空**[23]の時の休憩時間はすでに去った客が持ってきたものであり、空がいつまで続くかわからないので、状態は無限個の休憩時間を保管しなければならない。次のようにする。$x_t^I = 0$ のとき、$x_{t,1}^V$ は残り休憩時間とする。$x_t^I = 0$ のときの $\{x_{t,i}^V : i = 2, 3, \cdots\}$ と $x_t^I = 1$ のときの $\{x_{t,i}^V : i \in \mathbb{N}\}$ は将来取る可能性のある休憩時間である。ならば、状態は $\boldsymbol{x}_t = \left(x_t^I, (x_{t,1}, x_{t,2}, \cdots), (x_{t,1}^V, x_{t,2}^V, \cdots)\right)$ となる。

---

[21]論文の著者は自説の論理展開に都合の良い状態表現を採用するので、状態と言っても様々である。ここの状態表現は、1970 年代に点過程を待ち行列論に導入する際に現れたものである。

[22]系内客数 L は時間変動するから、空席は無視して $\boldsymbol{x}_t = (x_{t,1}, \cdots, x_{t,L})$ とすると状態空間がはっきりしない。ここの方法は計算機プログラムにも都合が良い。

[23]系に客がいないこと。

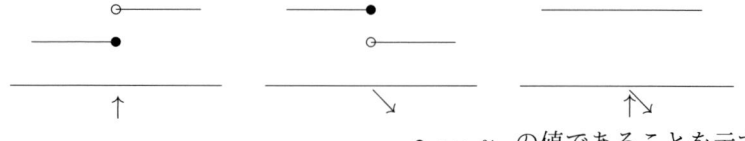

$\bullet$ $\cdots$ y_t の値であることを示す。
$\circ$ $\cdots$ y_t の値でないことを示す。

図 1.9.1　　y_t の非連続点

　集団到着では、(1.9.1) に加えて、i 番席の客の所属集団の到着順が滞在集団の中で $x_{t,i}^b$ 番とする。よって先着順サービスでは、サービス中の客がいれば、$x_{t,1}^b = 1$ である。$x_{t,i} = -1$ ならば、$x_{t,i}^b = -1$ とおく。状態ベクトルは $\boldsymbol{x}_t = ((x_{t,1}, x_{t,1}^b), (x_{t,2}, x_{t,2}^b), \cdots)$ とできる。

　一般定義に戻って、$\boldsymbol{x}_t$ が取りうる値の全体を $\mathbb{X}^S$ で表し[24]、**状態空間**と呼ぶ。$\mathbb{X}^S$ は距離空間とし、$\sigma(\mathbb{X}^S)$ はそのボレル集合族とする。本書の例は全て、状態空間は $\mathbb{R}^{\mathbb{N}}$ または有限次元の $\mathbb{R}^n$ の部分空間であるから、距離空間である。時間が進めば、$\boldsymbol{x}_t$ の要素は変化するので、$\{\boldsymbol{x}_t : t \geq 0\}$ は $\mathbb{X}^S$ 内の軌道になる。

　到着や退去時の状態には注意したい。次小節で、$\boldsymbol{x}_t$ の各要素は t の**第一種不連続関数**[25]で左連続にするので、到着や退去をこれに合わせる。例えば、$e(n)$ ではマーク $\boldsymbol{\tau}_n$ は状態 $\boldsymbol{x}_{e(n)}$ ではなく、直後の状態 $\boldsymbol{x}_{e(n)+}$ に入る (図1.9.1)。よって、$e(n)$ で丁度退去する客がいないならば、$x_{e(n),i} = -1$ なる最小の i の要素が $x_{e(n)+,i} = \tau_n^S$ となる。M/G/1/MV では $e(n)$ で客が到着すると、$x_t^I = 0$ のときは $x_{e(n),1}^V$ を残して、$x_{e(n),i}^V$ の数値は、$x_{e(n)+,i+1}^V = \tau_{n,i}^V (i \in \mathbb{N})$ に替わる。$x_t^I = 1$ ならば、$x_{e(n)+,i}^V = \tau_{n,i}^V (i \in \mathbb{N})$ となる。

　一方、状態は左連続であるから、t 時点に退去する客はこの時点では系にいて、直後には系にいない。よって先着順では $x_{t,1} = 0$ である。そしてその直後に待ち客は席を前に進める。よって $x_{t+,i} = x_{t,i+1}, (i \in \mathbb{N})$. 後着順では最後尾 $x_{t,L}$ がサービスに入る。図 1.9.2 はその例。

　一般に、t 時点で状態に入るものは $\boldsymbol{x}_t$ ではなく $\boldsymbol{x}_{t+}$ へ入り、去るものは $\boldsymbol{x}_t$ で

---

[24]記号 $\mathbb{X}$ は他にも使いたいので、右肩に State の S を付けた。

[25]距離空間 $\mathbb{Y}$ の値をとる関数 $y_t (t \in \mathbb{R})$ が第一種不連続関数とは、任意の点 t において、両方からの極限値 $\lim_{s \downarrow t} y_s$, $\lim_{s \uparrow t} y_s$ が $\mathbb{Y}$ の元として存在していることである。本書では連続関数 (1.2.2 節) も第一種不連続関数に含める。t で左連続とは、$\lim_{s \downarrow t} y_s = y_t$ となることである。確率論にとって第一種不連続関数が重要であることは拙著前掲書を見ていただきたい。

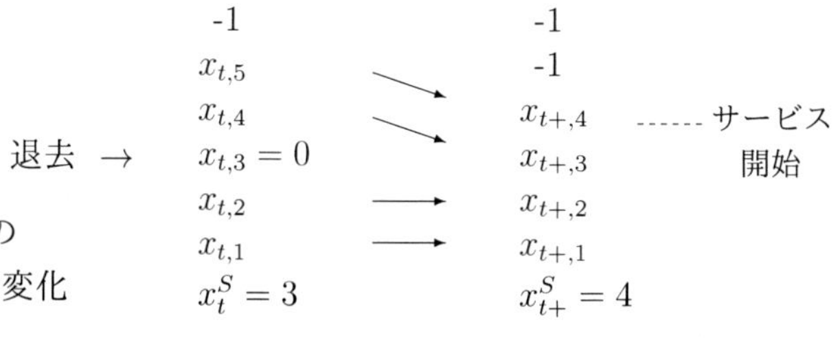

$$
\begin{array}{ccc}
-1 & & -1 \\
x_{t,5} & \searrow & -1 \\
x_{t,4} & \searrow & x_{t+,4} \quad \cdots\cdots \text{サービス} \\
\text{退去} \rightarrow \quad x_{t,3} = 0 & & x_{t+,3} \qquad \text{開始} \\
x_{t,2} & \longrightarrow & x_{t+,2} \\
x_{t,1} & \longrightarrow & x_{t+,1} \\
x_t^S = 3 & & x_{t+}^S = 4
\end{array}
$$

図 1.9.2 後着順の
退去時点での状態変化

は残り、$\boldsymbol{x}_{t+}$ にはない。サービス時間 0 の客が待たないで去る場合は状態に反映させない。仮定 1.6.1 の下では、特殊なモデル以外、次が成立する。

仮定 1.9.1 有限区間内の $\boldsymbol{x}_t$ の非連続点は有限個である。

三点追加する。状態からはいくつかの変数が引き出される。これらのうち特に関心をもつものを**注目変数**と呼び、$y_t = y(\boldsymbol{x}_t)$ で表す。t 時点の系内客数も $x_{t,i} \geq 0$ なる最大の i であるから、状態から決まる。変量

$$
(1.9.2) \qquad y_t = \sum_{x_{t,i} \geq 0} x_{t,i}
$$

は、系内の客のために働く時間であるから、**系内仕事量**と呼ぶ。先着順サービスでは、n 番の客の待ち時間 W_n は $\boldsymbol{x}_{e(n)}$ のサービス時間の和であるから、

$$
(1.9.3) \qquad W_n = W(\boldsymbol{x}_{e(n)}) \equiv \sum_{x_{e(n),i} \geq 0} x_{e(n),i} = y_{e(n)}
$$

と表せる。t 時点に到着した客の待ち時間は、この時点の系内仕事量に等しい。そのため (1.9.2) は**仮の待ち時間** (virtual waiting time) とも呼ばれる。

第二に、$y(\boldsymbol{x})$ が $\mathbb{X}^S$ から距離空間 $\mathbb{Y}$ への連続写像ならば、1.5 節で証明したように可測写像になる。上記 (1.9.2)(1.9.3) は明らかに連続である[26]

第三に、全ての情報が状態に入っているわけではない。事件捜査では

「そのとき、お店に〇〇君はいたか。」

のような情報は、大事である。しかし、研究対象は個々の客を離れた混雑なので、客番号は状態に入れていない。

---

[26]例えば、$y(\boldsymbol{x})$ が系内人数としよう。今、客は一人で退去するとしよう。ならば、$x_{,1} = 0$ で $i > 1$ ならば、$x_{,i} = -1$ である。この ϵ 近傍は、$\epsilon < 1$ のとき $\{\boldsymbol{x} : 0 \leq x_{,1} < \epsilon, \, i > 1$ ならば、$x_{,i} = -1\}$ であり、系内客数は 1 である。よってこの状態で $y(\boldsymbol{x})$ は連続である。

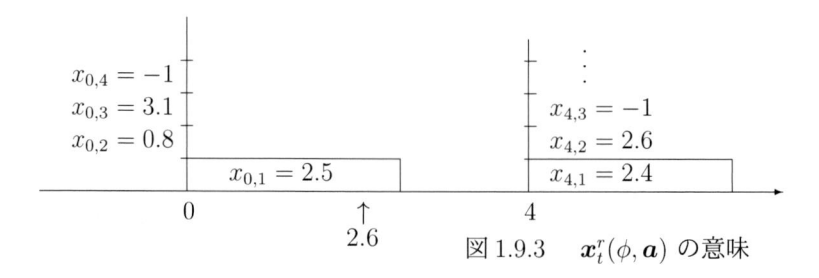

図 1.9.3　　$\boldsymbol{x}_t^r(\phi, \boldsymbol{a})$ の意味

1.9.2　状態の時間変化

　モデルが与えられて、その状態を定めるときいくつかの条件を満たしておけば、論理展開上都合が良い。まず t 時点の状態 $\boldsymbol{x}_t$ を時間の関数として見よう。次をイメージしよう。

(1.9.4)　「時点 r の状態 $\boldsymbol{x}_r = \boldsymbol{a}$ と入力 ϕ から $t(\geq r)$ 時点の状態が決まる。」

ならば、t 時点の状態は $\boldsymbol{x}_t^r(\phi, \boldsymbol{a})$ と表わせる。系内客数はこの性質を持たない。例えば、図 1.1.1 のモデルで

　　　　　”0 時点に客が 3 人いて、時点 2 にサービス時間 2.6 の客が

　　　　　到着し、その後客は到着しない。”

という情報を得ても、時点 4 での系内客数はわからない。つまり、系内客数だけでは (1.9.4) の状態にはなれない。図 1.9.3 のように 0 時点の 3 人の残りサービス時間も知れば、時点 4 での残りサービス時間も系内客数もわかる。よって、状態表現が (1.9.1) ならば、(1.9.4) を満たす[27]。

　次は基本になる仮定である。$\boldsymbol{x}_t^r(\phi, \boldsymbol{a})$ の表記では r 以前 $\phi_{(-\infty, r)}$ や未来 $\phi_{[t, \infty)}$ に依存しうる。本書ではそれは必要ない。次の (1) はそれを意味する。

　仮定 1.9.2　(1)　t 時点の状態は初期条件 $(r, \boldsymbol{a})$ と入力 ϕ から定まり、$\boldsymbol{x}_t^r(\phi, \boldsymbol{a})$ と表され、$\boldsymbol{x}_t^r(\phi, \boldsymbol{a}) = \boldsymbol{x}_t^r(\phi_{[r,t)}, \boldsymbol{a})$ を満たす。

(2)　状態空間 $\mathbb{X}^S$ は距離空間であって、この距離に関して $\boldsymbol{x}_t^r(\phi, \boldsymbol{a})$ は第一種不連続関数、かつ任意の t において左連続とする。

(3)　状態 $\boldsymbol{x}$ の系内客数を $y(\boldsymbol{x})$ とおくと、$y(\boldsymbol{x})$ は有限で、$i \leq y(\boldsymbol{x})$ ならば、

---

[27](1.9.4) は次節で短過程の確率構造を表現する際に、不可欠な性質である。この性質を得ようとすれば、状態は複雑化せざるを得ないが、理論展開上は距離空間として単純に考えればよい。

$$(\Omega, \sigma(\Omega), \mathbb{P}) \xrightarrow{\ \Phi(\omega)\ } (\mathbb{M}, \sigma(\mathbb{M}), P_\Phi)$$

$$\downarrow$$

$$(r, \boldsymbol{a}) \longrightarrow \ \boldsymbol{x}_t^r(\Phi(\omega), \boldsymbol{a}) \big(\in \mathbb{X}^S \big) \ \longrightarrow \ \{\boldsymbol{x}_t^r(\Phi(\omega), \boldsymbol{a}) : r \le t\} \big(\in \mathbb{D}_{\mathbb{X}^S} \big)$$

$$\downarrow$$

$$y_t = y\big(\boldsymbol{x}_t^r(\Phi(\omega), \boldsymbol{a})\big) \ \longrightarrow \{y_t : r \le t\} \big(\in \mathbb{D}_{\mathbb{Y}} \big)$$

$$(y_t \ \text{の例、系内客数、待ち時間、仮の待ち時間})$$

図 1.9.4 　入力、状態、出力の確率関係

$x_i \ge 0$、$i > y(\boldsymbol{x})$ ならば、$x_i = -1$ となっている[28]。

(2) はすでに述べた。(1.9.1) は、系内客数が無限大の状態 (全ての i で $x_i \ge 0$) を含むが、我々には不要なので、(3) を仮定する。(3) の後半は、前の人との間に空席を置かないことを意味する。

確率は次のように構成される。距離空間 $(\mathbb{X}^S, \sigma(\mathbb{X}^S))$ の値を取る $(0, \infty)$ 上の第一種不連続関数で左連続の全体を $\mathbb{D}_{\mathbb{X}^S}$ とおいて、集合

$$\mathbb{D}_{\mathbb{X}^S} \cap \{\{x_t\} : x_{t_1} \in X_1, \cdots, x_{t_n} \in X_n\}, \quad 0 < t_1 < \cdots < t_n, \ X_i \in \sigma(\mathbb{X}^S)$$

を含む最小の σ 代数を $\sigma(\mathbb{D}_{\mathbb{X}^S})$ とする。状態過程 $\{\boldsymbol{x}_t^r(\phi, \boldsymbol{a})\}$ の標本路は $\mathbb{D}_{\mathbb{X}^S}$ の元であるから、図 1.9.4 のように、$(\Omega, \sigma(\Omega), \mathbb{P})$ から Φ を経由して、$(\mathbb{D}_{\mathbb{X}^S}, \sigma(\mathbb{D}_{\mathbb{X}^S}))$ への可測写像が生まれ、確率空間を構成できる[29]。r 時点の状態 $\boldsymbol{a}$ も確率変数にすることもある。$y_t = y(\boldsymbol{x}_t^0(\Phi, \boldsymbol{a}))$ は距離空間 $(\mathbb{Y}, \sigma(\mathbb{Y}))$ の値をとる左連続第一種不連続関数であるから、$\mathbb{D}_{\mathbb{Y}}$ の元である。系内客数では $\mathbb{Y} = \{0, 1, 2, \cdots\}$ である。

本書では、**初期時点が 0**、**初期状態 $\boldsymbol{a}$ が空のモデル $\boldsymbol{x}_t^0(\Phi, \boldsymbol{a})$** において系内客数を主に考える。空は (1.9.1) では、$\boldsymbol{a} = \{-1, -1, \cdots\}$ であるが、M/G/1/MV では、空に加えて、0 時点で休憩が開始するとして初期状態を定めよう。開始時の状態に戻ることを、"初期状態に戻る" とか、"**初期化される**" と言う。

---

[28] (3) を入れたため距離空間 $\mathbb{R}^{\mathbb{N}}$ では収束しても $\mathbb{X}^S$ では収束しない列が生じる。例えば

$$\left(1, \frac{1}{2}, \cdots, \frac{1}{n}, -1, -1, \cdots\right) \xrightarrow{\ n \to \infty\ } \left(1, \frac{1}{2}, \frac{1}{3} \cdots\right) \notin \mathbb{X}^S.$$

このようなとき $\mathbb{X}^S$ は完備ではないという。彌永、彌永「集合と位相」岩波書店参照
[29] 拙著前掲書第六章参照。

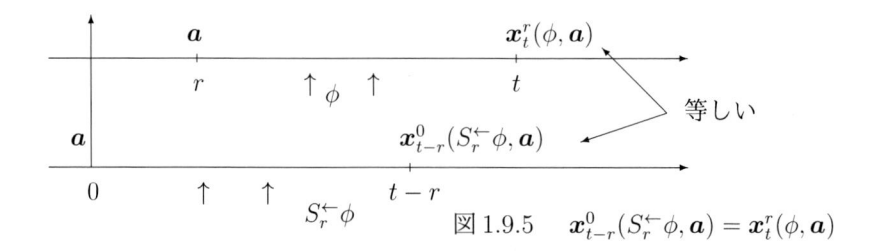

図 1.9.5 $x_{t-r}^0(S_r^{\leftarrow}\phi, a) = x_t^r(\phi, a)$

1.9.3 $x_t = f(x_s, S_s^{\leftarrow}\phi, t-s)$

$(\phi, a, r, t) \to x_t^r(\phi, a)$ の決まり方を数学的に表現しよう。

仮定 1.9.3   空間 $(\mathbb{X}^S \times \mathbb{M} \times \mathbb{R}, \sigma(\mathbb{X}^S \times \mathbb{M} \times \mathbb{R}))$ から空間 $(\mathbb{X}^S, \sigma(\mathbb{X}^S))$ への可測写像 f があって、任意の $(s, t, \phi)(s \le t)$ に対し、$x_t = f(x_s, S_s^{\leftarrow}\phi, t-s)$ なる関係がある。

この仮定から

$$x_t^r(\phi, a) = f(a, S_r^{\leftarrow}\phi, t-r)$$

と書ける。この式の (r, t, ϕ) に $(0, t-r, S_r^{\leftarrow}\phi)$ を代入すると、

$$x_{t-r}^0(S_r^{\leftarrow}\phi, a) = f(a, S_r^{\leftarrow}\phi, t-r) = x_t^r(\phi, a)$$

が成立する。これを図 1.9.5 では上段から下段への移動、言葉で言えば、

　　　　”初期状態 a は変えず、初期時点と入力を左に r だけ移動すると、

　　　　移動前の x_t と移動後の x_{t-r} は等しい。”

このため、例えば、上記説明で $(t-r, t)$ 間で ϕ が何であれ、特別の事が生じるならば、等しくならないであろう。

f を持込むのは、モデルをぼんやりではなく、写像 f と入力の確率空間 $(\mathbb{M}, \sigma(\mathbb{M}), P_\Phi)$ の組のことと捉えたいからである。つまりモデルとは f であり、f とはモデルである。そして f の存在を仮定、あるいは読者との共同理解であるから数学で一歩一歩論理を構築してもかまわないという思想なのである。ただし、f の関数形は複雑なため、”客が来たのでサービスを開始する”等の言葉を使い、f そのものが論理に登場することは少ない。

f **の可測性**　$f(a, \phi, t)$ が可測ならば、ϕ や t で積分可能になる。可測性の証明は煩雑なので、a を固定して (ϕ, t) から $\mathbb{X}^S$ 空間への可測性を示そう。図 1.1.1 の待ち行列モデ

ルで状態が (1.9.1) で例示する。この場合 $\mathbb{X}^S \subset \mathbb{R}^{\mathbb{N}}$ であるから、$\sigma(\mathbb{X}^S)$ は

$$(1.9.5) \qquad \mathbb{X}^S \cap \{(x_1, x_2, \cdots) : a_i < x_i \leq b_i (i = 1, \cdots, n)\}, \quad n \in \mathbb{N}$$

の形の全ての集合を含む最小の σ 代数と我々はしている (定理 1.2.1 とその系)。そこで

$$(1.9.6) \qquad \{(\phi, t) : f(\boldsymbol{a}, \phi, t) \in \{(1.9.5) \text{ の集合}\}\}$$

は ϕ の要素と t の線形不等式で表される集合の和になるから可測である。例えば、空 $(-1, -1, \cdots)$ は (1.9.5)(例、$a_1 = -1.5$, $b_1 = -0.5$) で書けるから、空状態は $\sigma(\mathbb{X}^S)$ の元である。そこで (1.9.6) の集合 $\{(\phi, t) : f(\boldsymbol{a}, \phi, t) = \{\text{空状態}\}\}$ を調べてみよう。

0 時点で $\boldsymbol{a} = \{a_i\}$ をもって始まり、t 時点で空になる (1.9.6) の集合は

$$\left\{(\phi, t) : \sum_{a_i \geq 0} a_i < t \leq e(1)\right\}, \quad \cdots \text{(0,t) 間に誰も来ない。}$$

$$\left\{(\phi, t) : e(1) \leq \sum_{a_i \geq 0} a_i, \sum_{a_i \geq 0} a_i + \tau_1^S < t \leq e(2)\right\}, \cdots \qquad \begin{array}{l}\text{初期客のサービス中に 1 人到}\\\text{着。それ以後 } t \text{ まで客は来ない。}\end{array}$$

等の可算無限個の集合の和になる。$e(n)$, τ_n^S は $\sigma(\mathbb{M})$ 可測であるから、これらの集合は $\sigma(\mathbb{M} \times \mathbb{R}) = \sigma(\mathbb{M}) \times \sigma(\mathbb{R})$ の元になり、可測である。

次に (1.9.6) で (1.9.5) の集合とあるのを $\sigma(\mathbb{X}^S)$ の集合に広げてみよう。

$$\{(\phi, t) : f(\boldsymbol{a}, \phi, t) \in A\} \in \sigma(\mathbb{M} \times \mathbb{R})$$

を満たす A の集まりを σ_1 とする。$A \in \sigma_1$ ならば $A^c \in \sigma_1$ であり、$A_i \in \sigma_1$ ならば $\cup_i A_i \in \sigma_1$ である。よって、σ_1 は σ 代数である。(1.9.6) の集合は σ_1 に入ることが解ったので、(1.9.6) の集合を含む最小の σ 代数は σ_1 に含まれる。よって $\sigma(\mathbb{X}^S) \subset \sigma_1$. すなわち f は可測である。

f の可測性から、$y(\boldsymbol{x})$ が $(\mathbb{X}^S, \sigma(\mathbb{X}^S)) \Rightarrow (\mathbb{Y}, \sigma(\mathbb{Y}))$ 可測ならば、$y_t = y(\boldsymbol{x}_t^0(\phi, \boldsymbol{a}))$ は (ϕ, t) について $(\mathbb{M} \times \mathbb{R}, \sigma(\mathbb{M} \times \mathbb{R})) \Rightarrow (\mathbb{Y}, \sigma(\mathbb{Y}))$ 可測である。特に $\mathbb{Y} = \mathbb{R}$ ならば期待値 $\int y_t d\mathbb{P}_\Phi$ が定義でき、$\int \int y_t d\mathbb{P}_\Phi dt$ のような積分も定義できる。

1.10 実験プログラム

理論式を得ると、現実的意味を実感したくなる。式が正しいかも確かめたい。このとき役立つのが計算機実験 (Simulation) である。状態表現を使えば、プログラムは容易。言語は、発行年度によって異なるが、パソコンを利用できる Basic が便利[30]。M/G/1 の系内客数を観察するプログラムを載せておく。

母数値 u の指数分布をする確率変数は $Y = -log(Rnd)/u$ で得られる。ところが Rnd が極めて小さいと $log(Rnd)$ が計算できないのでエラーが出る。そこでこ

---

[30]Microsoft 社がネットから無料で引き出せるようにしている。

```
Dim X(300) as single, DL(300) as long, ND as long, NN as long
Lambda=1 :                                              ' 到着率
k=3:mu=4:b=k/mu:                        '3 次のアーラン分布, b は期待値
D=1:ND=0:                              'D は観察間隔、ND は現在までの観察回数、
RD=D:GND=1:                           'RD は残り観察時間、GND(万回) の観察で終了。
For i=1 to 300:X(i)=-1:next i:          'X(i) は状態要素 $x_{t,i}$ を指す。初期状態は空。
L=0:NN=0:                             'L は系内客数、NN は現在までの到着客数
X(0)=-Log(RND)/Lambda:                ' 初期時点は 0.   X(0) は最初の到着時点。
AAA:                                  ' 現時点から見て、次の到着時点、次のサービス終了
                                      ' 時点、次の観察時点のうちどれが早いかを調べる。
XMIN=X(0):II=1                        'XMIN=$min$\{X(0),X(1),RD\} を求める。
If X(1)>-1 and X(1)<XMIN then XMIN=X(1):II=2
If RD<XMIN then XMIN=RD:II=3:
X(0)=X(0)-XMIN:RD=RD-XMIN:                        ' 一番早い事象まで時間を進める。
If X(1)>0 then X(1)=X(1)-XMIN
If II=1 then:                                      ' 到着の場合
   NN=NN+1:L=L+1:                              ' 到着人数と系内人数が 1 人増える。
   RRR=Rnd:if RRR<0.0000001 then RRR=Rnd         'Log(Rnd) のエラー回避。
   X(0)=-Log(RRR)/Lambda                           ' 次の到着までの時間
   SUM=0:                                       'X(L) にサービス時間を入れる。
   For i=1 to k
   RRR=Rnd:if RRR<0.0000001 then RRR=Rnd
     SUM=SUM-Log(RRR)/mu
   Next i
   X(L)=SUM
Endif
If II=2 then:                                       ' サービス終了の場合
        L=L-1:For i=1 to L+1:X(i)=X(i+1):next i:      ' 待ち客が一つ前の席に移る。
Endif                                          'X(L+1)=-1 になることを確認しよう。
If II=3 then DL(L)=DL(L)+1:ND=ND+1:RD=D:                    ' 観察時点の場合
If NN<10000*GND then goto AAA:              ' 到着人数 GND 万人で打ち切る。
'    以下略 (画面や紙に結果 (DL(i)、または相対度数 DL(i)/ND) を出力する。)

                     M/G/1 の実験プログラム 1.10.1
```

こでは少し工夫している[31]。考え方は、状態過程 $x_t^0(\phi, a)$ を計算機に実現させることである。0 時点の空状態を配列 X に入れる。任意時点において、到着、サービスの終了、観察のうち次に起きるものを見出し、その時点に進め、 X を新しい状態に変更する。この繰返し。この時点が観察時点で、客が i 人いれば、DL(i) に 1 を加える。

　かなり複雑なモデルでもこの方法は使える。

---

[31]Rnd は乱数命令。Rnd の正確さには疑問を持つが、小さな実験では問題ないであろう。上記の式は $Pr(Y \le a) = Pr(Rnd \le e^{-ua}) = 1 - e^{-ua}$ から得られる。

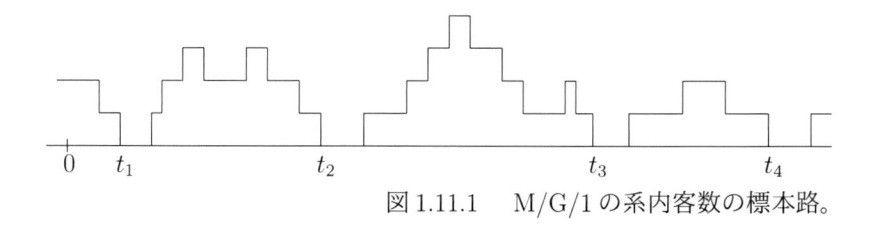

図1.11.1　　M/G/1の系内客数の標本路。

1.11　再生過程

M/G/1では、サービス時間の期待値を b とすると、大数の法則から

$$\frac{1}{n}\sum_{i=1}^{n}\tau_n^S \xrightarrow{n\to\infty} b, \qquad \frac{1}{n}e(n) \xrightarrow{n\to\infty} \frac{1}{\lambda}, \qquad w.p.1.$$

となるので、時間との比をとれば、

$$\frac{\sum_{i=1}^{n}\tau_n^S}{e(n)} = \frac{n}{e(n)}\frac{1}{n}\sum_{i=1}^{n}\tau_n^S \xrightarrow{n\to\infty} \lambda b$$

となる。このため $\lambda b < 1$ のときは、区間 $(0, e(n))$ をサービス時間 $\sum_{i=1}^{n}\tau_n^S$ で埋められないから空の時間帯が何度も生じる。一方 $\lambda b > 1$ ならば、待ち客は増していく。そこでM/G/1ではしばしば

$$\lambda b < 1$$

を仮定する。これは**安定条件**と呼ばれている。

$\lambda b < 1$ のM/G/1において、系が空になる無限個の時点を $(0 \le)t_1 < t_2 < \cdots$ とする (図1.11.1)。i を固定すると、定理1.8.2により、$S_{t_i}^{\leftarrow}\Phi_{[t_i,\infty)} = \{e_{t_i}(n)-t_i, \boldsymbol{\tau}_{t_i,n} : n \in \mathbb{N}\}$ は t_i 以前の入力 $\Phi_{(-\infty,t_i]}$ とは独立で、$\Phi_{[0,\infty)}$ と同じ分布をする。このことから例えば、0時点の状態が空で入力が $S_{t_i}^{\leftarrow}\Phi_{[t_i,\infty)}$ のM/G/1の系内客数も、Φ が生む t_i 以前のそれとは独立である。このことを一般的に定義しよう

1.9.2 節で出てきた状態空間 $\mathbb{X}^S(\subset \mathbb{H})$ の値をとる $(0, \infty)$ 上の左連続第一種不連続関数の確率過程 $\boldsymbol{x}_t$ を考える[32]。$\boldsymbol{x}_t$ は確率1で、次の (1)(2) を満たす時点列 $(0 \le)t_1 \le t_2 \le \cdots$ を生み出すとする。

---

[32]再生過程は多くの文献で定義されているが、直感が入った説明もあるので、注意しよう。ここでは $(D_{\mathbb{X}^S}, \sigma(D_{\mathbb{X}^S}))$ への写像 $\boldsymbol{x}_{t_i,t}^{-}$ と $\boldsymbol{x}_{t_i,t}^{+}$ で説明している。また我々の状態表現が再生過程の定義には有効であることにも注意してほしい。

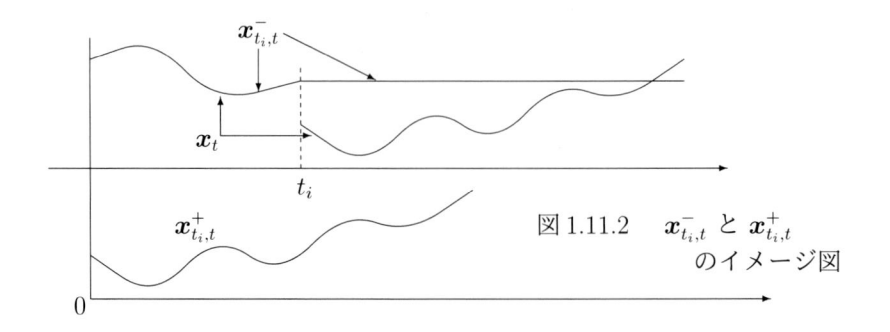

図 1.11.2　$\boldsymbol{x}^-_{t_i,t}$ と $\boldsymbol{x}^+_{t_i,t}$
のイメージ図

(1)　$(D_{\mathbb{X}^S}, \sigma(D_{\mathbb{X}^S}))$ の値をとる二つの確率変数

$$\boldsymbol{x}^-_{t_i,t} = \begin{cases} \boldsymbol{x}_t & : 0 < t \leq t_i, \\ \boldsymbol{x}_{t_i} & : t_i < t \end{cases}, \qquad \boldsymbol{x}^+_{t_i,t} = \boldsymbol{x}_{t_i+t} \quad : 0 < t,$$

は (図 1.11.2) 確率的に独立、かつ $\{\boldsymbol{x}^+_{t_i,t} : 0 < t\}(\in D_{\mathbb{X}^S})$ の分布は i に関して同一とする。

(2)　t_i が定まると、$t_{i+1} - t_i$ は確率過程 $\boldsymbol{x}^+_{t_i,t}$ によって定まる。すなわち

$$t_{i+1} - t_i = u(\{\boldsymbol{x}^+_{t_i,s} : 0 < s < \infty\})$$

なる $D_{\mathbb{X}^S}$ 上の関数 u が存在する。さらに $0 < E(t_{i+1} - t_i) < \infty$ とする。

以上を満たす $\boldsymbol{x}_t$ を再生過程 (regenerative process)、t_i を再生点 (regeneration point)、$(t_i, t_{i+1}]$ を再生区間と呼ぶ[33]。

$x^+_{t_i,t}$ の範囲は $0 \leq t < \infty$ なので、$x^+_{t_{i+1},t}$ はその一部である。よって $x^+_{t_i,t}$ は i に関しては独立でない。(2) の $0 < E(t_{i+1} - t_i) < \infty$ は、取払えるが、応用上入れる。なおこの条件は $Pr(t_i = t_{i+1}) > 0$ を否定はしていない。(1)(2) から、$t_{i+1} - t_i$ は i.i.d. である。

この定義を状態過程 $\boldsymbol{x}^0_t(\Phi, \boldsymbol{a})$ に適用しよう。t_i が客の退去時点ならば、その残余サービス時間は多くのモデルで 0 になるが、左連続のため $\boldsymbol{x}^0_{t_i}(\Phi, \boldsymbol{a})$ の要素にある。サービス時間 0 という情報はあってもなくても t_i 以後には影響しない。定式化して言えば、$\boldsymbol{x}^0_{t_i}(\Phi, \boldsymbol{a}) \in H$ なるある集合 $H \subset \mathbb{X}^S$ があって、$\boldsymbol{h}_i \in H$ ならば、$\boldsymbol{x}^+_{t_i,s}$ は $\boldsymbol{h}_i$ に依存しない。すなわち

$$\boldsymbol{x}^+_{t_i,s} \equiv \boldsymbol{x}^0_{t_i+s}(\Phi, \boldsymbol{a}) = \boldsymbol{x}^{t_i}_{t_i+s}(\Phi, \boldsymbol{h}_i) = \boldsymbol{x}^0_s(S^{\leftarrow}_{t_i}\Phi_{[t_i,\infty)}, \boldsymbol{h}_i), \quad \boldsymbol{h}_i \in H, \, 0 < s < \infty,$$

---

[33]再生過程の名は W.L. Smith(1955 年) の論文題名によるのであろう。

が成立する。

これから全ての t_i で次が満たされれば、$\boldsymbol{x}_t^0(\Phi, \boldsymbol{a})$ は再生過程になる。

(3) 確率 1 で $\boldsymbol{x}_{t_i}^0(\Phi, \boldsymbol{a}) \in H$。 Ω から $(\mathbb{M}, \sigma(\mathbb{M}))$ への二つの確率変数 $S_{t_i}^{\leftarrow}\Phi_{[t_i, \infty)}$ と $\Phi_{(-\infty, t_i)}$ は独立である。 $S_{t_i}^{\leftarrow}\Phi_{[t_i, \infty)}$ は i に関し同一の分布をもち、$0 < E(t_{i+1} - t_i) < \infty$ である。

三点注意しておく。定理 1.8.1 より、Φ がポアソン到着 i.i.d. マークならば、(3) の後半の条件を満たす。ポアソン到着でなくても、$e(n+1) - e(n)$ が i.i.d. で、t_i が到着時点に選べるならば、再生過程になる。第二に、$\boldsymbol{x}_t^0(\phi, \boldsymbol{a})$ が再生過程ならば、状態の関数 $y_t = y(\boldsymbol{x}_t^0(\phi, \boldsymbol{a}))$ もそうである。第三に、時点 T に対して $t_k \leq T < t_{k+1}$ なる k は、大数の法則から $\lim_{T \to \infty} k = \infty$ となる。区間 I への到着客数を $n(I)$ と表す。(3) の下では $n([t_i, t_{i+1}))$ は i.i.d. なので、

$$\lim_{T \to \infty} \frac{n([0, T))}{T} = \lim_{k \to \infty} \frac{k}{t_k} \frac{1}{k} \sum_{i=0}^{k-1} n([t_i, t_{i+1})) = \frac{E\{n([t_1, t_2))\}}{E(t_2 - t_1)}, \quad t_0 = 0.$$

左辺は単位時間当たりの到着人数なので、ポアソン到着では到着率 λ である。よって、$E\{n([t_i, t_{i+1}))\} = \lambda E(t_2 - t_1)$ となる。

1.12 確率母関数 (PGF)

1.12.1 離散分布の確率と積率

本書では、$\{0, 1, 2, 3, \cdots\}$ 上の確率分布を扱う。ところがその多くは確率 p_i を書き下ろすと煩雑であり、その上無限個は不可能である。この場合**確率母関数** (probability generating function, 略して PGF)

$$\Pi(z) = \sum_{i=0}^{\infty} p_i z^i$$

が定義できる[34]。そしてすっきりした式になる場合が多い。

ということは、p_i をまず求め、式の右辺に入れて $\Pi(z)$ を求めることになるが、p_i を求めることが目標ならば、この考えは役立たない。待ち行列論で $\Pi(z)$ を求

---

[34]$\Pi(z)$ の定義域は全空間とは限らない。$\{|z| < 1\}$ はそれに含まれ、この範囲ならば無限回微分可能。すなわち正則域に含まれる。$z = 1$ は定義域に含まれるが、正則かどうかは分布による。詳細は複素関数論の本を見ていただきたい。

めた最初はケンドール (1951) である。彼は M/G/1 の客が退去時に後に残す系内客数は離散型マルコフ連鎖になることに注目し、マルコフ理論の均衡状態方程式から $\Pi(z)$ の方程式を作り、それを解いて $\Pi(z)$ を得た。つまり p_i より先に、$\Pi(z)$ を得たのである。以後 PGF を微分して、n 人の確率

$$p_n = \frac{1}{n!}\Pi^{(n)}(0),$$

と n 次の**階乗積率** (Factorial moment)

$$\sum_{i=n}^{\infty} i(i-1)\cdots(i-n+1)p_i = \lim_{z\uparrow 1}\Pi^{(n)}(z)$$

を得るようになった[35]。$\Pi^{(n)}(1)$ は定義できない分布もあって、右辺のように書くのが正確である。ただし、煩雑さ回避のため $\Pi^{(n)}(1)$ とも書かせてもらう。

　確率変数 X が $\{0,1,2,\cdots\}$ 上の値をとり、その PGF が $\Pi(z)$ ならば、1.4 節の**0 点回りの積率**は階乗積率から求まる。例えば

$$E(X) = \Pi'(1), \quad E(X^2) = \Pi''(1) + \Pi'(1), \quad E(X^3) = \Pi^{(3)}(1) + 3\Pi''(1) - 2\Pi'(1).$$

である。分散は $\displaystyle\sum_{i=0}^{\infty}(i - E(X))^2 p_i = \Pi''(1) + \Pi'(1) - \Pi'(1)^2.$

　分布は無限個の p_i からなるので、それら全体を簡便に捉えるために、数個の積率にしばしば代表させる。ところが i が大きいと $i(i-1)\cdots(i-n+1)$ は巨大な数になるので、積率は大きな i の p_i に敏感に反応するので注意が必要。これに関することを第 15 章で論じる。

　さて確率と積率を取り扱う上で

$$p_{I,n} = \frac{1}{n!}\Pi^{(n)}(I), \qquad I = 0,1 \; ; \; n = 0,1,2,...$$
$$p_{I,n} = 0 \qquad I = 0,1 \; ; n < 0$$

と表記すれば、確率 $p_{0,n} = p_n$ と階乗積率 $n!p_{1,n}$ を一括して議論できる。

　$p_{I,n}$ の性質をいくらか述べる。

　(1)　全ての n で $p_{I,n} \geq 0 (I = 0,1)$ である。$p_{0,n_i} > 0$ なる整数列 $n_1 < n_2 < \cdots$ があれば、全ての n について $p_{1,n} > 0$ である。ただし、$p_{1,n} = \infty$ となる n が存在しうる。$p_{1,n} = \infty$ ならば、$i \geq n$ において、$p_{1,i} = \infty$ である。

---

[35]拙著前掲書第 5 章参照。なお、一般に関数 $f(x)$ の n 回微分は $f^{(n)}(x)$ と表される。

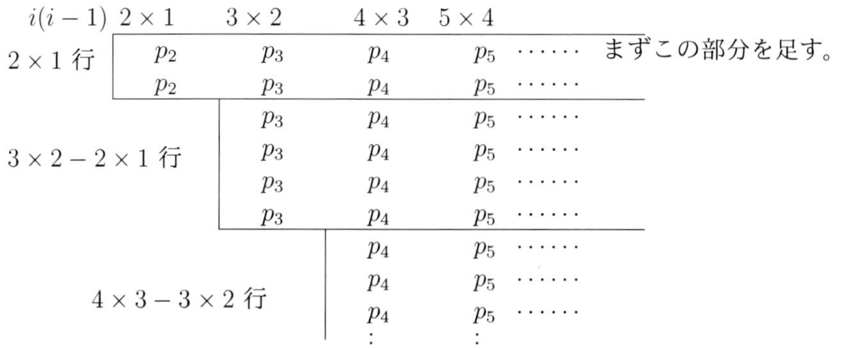

$i(i-1)$ 2×1 3×2 4×3 5×4

2×1 行

| | p_2 | p_3 | p_4 | p_5 | $\cdots\cdots$ | まずこの部分を足す。 |
| | p_2 | p_3 | p_4 | p_5 | $\cdots\cdots$ | |

$3 \times 2 - 2 \times 1$ 行

	p_3	p_4	p_5	$\cdots\cdots$
	p_3	p_4	p_5	$\cdots\cdots$
	p_3	p_4	p_5	$\cdots\cdots$
	p_3	p_4	p_5	$\cdots\cdots$

$4 \times 3 - 3 \times 2$ 行

	p_4	p_5	$\cdots\cdots$
	p_4	p_5	$\cdots\cdots$
	p_4	p_5	$\cdots\cdots$
	$\vdots$	$\vdots$

図 1.12.1 $2!p_{1,2} = \sum_{i=2}^{\infty} i(i-1)p_i$ の足し方

(2) 次定理のように、確率分布が大きい数の方向に移動すると、階乗積率も大きくなる。

定理 1.12.1 確率分布 $\{p_i\}$ と $\{\tilde{p}_i\}$ が

$$(1.12.1) \qquad \sum_{i=0}^{n} p_i \geq \sum_{i=0}^{n} \tilde{p}_i, \qquad n = 0, 1, 2, \cdots$$

を満たすとする。p_i, $\tilde{p}_i$ の積率 $p_{1,n}$ をそれぞれ $p_{1,n}$, $\tilde{p}_{1,n}$ とすると

$$p_{1,n} \leq \tilde{p}_{1,n}, \qquad n = 0, 1, 2, \cdots$$

となる。$n = k$ で $(1.12.1)$ が等号無しで成立すれば、$p_{1,k+1} < \tilde{p}_{1,k+1}$ である。

(証明) 条件から $\sum_{i=n}^{\infty} p_i \leq \sum_{i=n}^{\infty} \tilde{p}_i (n = 0, 1, 2, \cdots)$ が言える。定義式

$$n!p_{1,n} = \sum_{i=n}^{\infty} i(i-1)(i-2)\cdots(i-n+1)p_i$$

の右辺の各項は p_i を $i(i-1)\cdots(i-n+1)$ 個足していると考える。例えば、$n = 2$ では、図 1.12.1 において列ごとに足していることになる。これを図のように行ごとに足し方を変えてみよう。一般的には

$$n!p_{1,n} = n! \sum_{i=n}^{\infty} p_i + \{(n+1) \times \cdots \times 2 - n!\} \sum_{i=n+1}^{\infty} p_i$$

$$+ \{(n+2) \times \cdots \times 3 - (n+1) \times \cdots \times 2\} \sum_{i=n+2}^{\infty} p_i + \cdots$$

$$= n! \sum_{i=n}^{\infty} p_i + n \times n! \sum_{i=n+1}^{\infty} p_i + n\frac{(n+1)!}{2!} \sum_{i=n+2}^{\infty} p_i + \cdots.$$

よって $\tilde{p}_i$ に置き換えるとこの値は大きくなる。

後半は明らか。 $\square$

1.12.2 確率と積率の数値を求める。

従来、PGF から確率と積率を求めるのは各自でやるものであったが、短過程法は多数の PGF を引き出すので、便利な方法が切望される。

確率とは本来基礎確率空間 $(\Omega, \sigma(\Omega), \mathbb{P})$ 上で議論されるものである。しかし、本書の p_n のいくつかは Ω 上の $\mathbb{P}$ 測度とは限らず、

$$0 \le p_n \le 1, \qquad \sum_{n=0}^{\infty} p_n = 1$$

を満たすから確率母関数を使うのである。そこでこの場合 PGF $\Pi(z)$ の $p_{0,n}$ と呼ぶことにする。

本書で出てくる PGF は全て、微分が容易なある関数 $C(z)$ と $D(z)$ を使って、

$$\Pi(z) = \frac{D(z)}{C(z)}, \qquad |z| < 1$$

と表せる。$p_{I,n}$ を求める次の方法が便利である[36]。

$C^{(i)}(I) = 0(i < q)$, $C^{(q)}(I) \ne 0$ とする。q は I に依存してよい。上式を

$$C(z)\Pi(z) = D(z)$$

と表して、両辺を $n + q$ 回微分すると

$$\sum_{i=0}^{n+q} \binom{n+q}{i} C^{(n+q-i)}(z)\Pi^{(i)}(z) = D^{(n+q)}(z), \qquad |z| < 1.$$

これは

$$(1.12.2) \qquad \sum_{i=0}^{n+q} \frac{C^{(n+q-i)}(z)}{(n+q-i)!} \frac{\Pi^{(i)}(z)}{i!} = \frac{D^{(n+q)}(z)}{(n+q)!}$$

---

[36]拙著前掲書第五章参照

と表せる。我々は $z = I(= 0, 1)$ の場合のみに関心があるから、

$$\tilde{C}_{I,j} = \frac{1}{j!}C^{(j)}(I), \qquad \tilde{D}_{I,j} = \frac{1}{j!}D^{(j)}(I), \qquad j = 0, 1, 2, ...$$

とおくと、$C^{(i)}(I) = 0(i < q)$ より、$z = I$ の (1.12.2) は、$i \leq n$ の和となって、$\sum_{i=0}^{n} \tilde{C}_{I,n+q-i}p_{I,i} = \tilde{D}_{I,n+q}$ と表せる。ここから次の $p_{I,n}$ 導出式が得られる。

$$p_{0,0} = \Pi(0) = \frac{\tilde{D}_{0,q}}{\tilde{C}_{0,q}}, \qquad p_{1,0} = \Pi(1) = 1,$$

$$p_{I,n} = \frac{1}{\tilde{C}_{I,q}}\Big\{ -\sum_{i=0}^{n-1} \tilde{C}_{I,n+q-i}p_{I,i} + \tilde{D}_{I,n+q} \Big\}, \qquad n \geq 1.$$

よって $\tilde{C}_{I,n}$, $\tilde{D}_{I,n}$ を得ると、$p_{I,n}$ が順次得られる。

1.12.3　確率変数の和の PGF

Y_1, Y_2 はどちらも非負の整数をとる確率変数で独立とする。Y_1, Y_2, $Y_1 + Y_2$ の PGF を $\Pi_{Y_1}(z)$, $\Pi_{Y_2}(z)$, $\Pi_{Y_1+Y_2}(z)$ とすると

$$Pr(Y_1 + Y_2 = i) = \sum_{j=0}^{i} Pr\left(\begin{array}{c} Y_1 = j, \\ Y_2 = i - j \end{array} \right) = \sum_{j=0}^{i} Pr(Y_1 = j)Pr(Y_2 = i - j)$$

より[37]、$|z| < 1$ の範囲で次の簡潔な式が得られる。

$$\Pi_{Y_1+Y_2}(z) = \sum_{i=0}^{\infty} z^i Pr(Y_1 + Y_2 = i)$$

$$= \sum_{i=0}^{\infty} \sum_{j=0}^{i} z^j Pr(Y_1 = j)z^{i-j} Pr(Y_2 = i - j)$$

(i, j) の範囲は図 1.12.2 の斜線部分である。そこで Σ を交換すると

$$= \sum_{j=0}^{\infty} \sum_{i=j}^{\infty} z^j Pr(Y_1 = j)z^{i-j} Pr(Y_2 = i - j)$$

$$= \Pi_{Y_2}(z) \sum_{j=0}^{\infty} z^j Pr(Y_1 = j)$$

$$= \Pi_{Y_1}(z)\Pi_{Y_2}(z).$$

---

[37]ここの式を集合表記してみると、$\{\omega : Y_1(\omega) + Y_2(\omega) = i\} = \sum_{i=0}^{i}\{\omega : Y_1(\omega) = j, Y_2(\omega) = i - j\}$ となるので、本文左の等号が成立する。右の等号は独立の定義から言える。

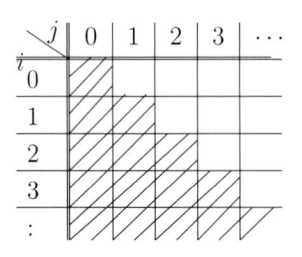

図 1.12.2　和の範囲

1.13　ラプラス・スチルチェス変換

X は非負の値を取る確率変数で、その確率分布関数を $F(x)$ とする。このとき **ラプラス・スチルチェス変換** (Laplace-Stieltjes transform, 略して LST)

$$F^*(s) \equiv E(e^{-sX}) = \int_0^\infty e^{-sx} dF(x)$$

が定義できる。LST が簡潔な分布はかなりあるので、よく用いられる。LST を微分すると積率が得られる。分布関数は LST から**反転公式**[38]によって得られるが、本書では利用しない。

LST には幾つかの特徴がある。確率変数 $Y_1, \cdots, Y_n$ は独立で、それぞれの分布関数の LST を $F_{Y_1}^*(s), \cdots, F_{Y_n}^*(s)$ とする。このとき第一に、$Y_1 + \cdots + Y_n$ の分布関数の LST $F^*(s)$ は、次のように積で表される。

$$F^*(s) = E(e^{-s(Y_1 + \cdots + Y_n)}) = \prod_{i=1}^n E(e^{-sY_i}) = \prod_{i=1}^n F_{Y_i}^*(s).$$

第二に、確率変数 Y は確率 p_i で Y_i をとるならば、その分布関数は $Pr(Y \leq x) = \sum_{i=1}^n p_i Pr(Y_i \leq x)$ であるから、その LST $F^*(s)$ は

$$F^*(s) = \sum_{i=1}^n p_i F_i^*(s).$$

第三に、積率は $F^{*(n)}(0)$ から得られる。

$$(1.13.1) \qquad F^{*(n)}(s) \equiv \frac{d^n}{ds^n} F^*(s) = \int_0^\infty (-x)^n e^{-sx} dF(x)$$

であるから $s = 0$ にすると、n 次の積率の式

$$E(X^n) = \int_0^\infty x^n dF(x) = (-1)^n F^{*(n)}(0)$$

---

[38]例えば、宮沢政清「待ち行列の数理とその応用」牧野書店

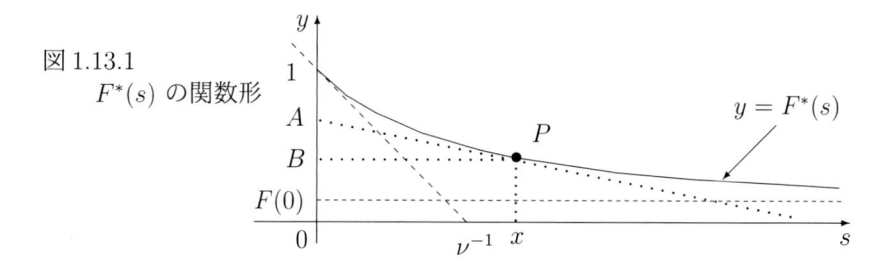

図 1.13.1
　　$F^*(s)$ の関数形

が得られる。期待値は $\nu \equiv -F^{*\prime}(0)$ であり、分散は

$$\int (x - \nu)^2 dF = F^{*\prime\prime}(0) - F^{*\prime}(0)^2$$

である。

F によっては $\int_0^\infty x^n dF(x) = \infty$ となりえて、(1.13.1) から $\lim_{s\to 0} |F^{*(n)}(s)| = \infty$ となる。このときは n 次以上の積率も存在しない。

第四に、$F^{*(n)}(s)$ の関数形の特徴をみてみよう。$F(0) = 1$ ならば $F^*(s) \equiv 1$ である。これ以外（$F(0) < 1$）の場合では、(1.13.1) から $(-1)^n F^{*(n)}(s) > 0$ である。また、$(x^n e^{-sx})' = (n - sx)x^{n-1}e^{-sx}$ より、$x^n e^{-sx}$ は $x = n/s$ で最大値 $(n/s)^n e^{-n}$ をとる。よって、$0 < (-1)^n F^{*(n)}(s) \le \left(\frac{n}{s}\right)^n e^{-n} < \infty.$ したがって、$s > 0$ ならば、$F^{*(n)}(s)$ は有限値をとり、s の減少連続関数である。

第五に、$F^*(s)$ の関数形を詳細に見てみよう。

$$F^*(0) = 1, \quad \lim_{s\to\infty} F^*(s) = F(0),$$
$$F^{*\prime}(s) = -\int_0^\infty x e^{-sx} dF(x) > -\int_0^\infty x dF(x) = -\nu$$

となるので、図 1.13.1 に示す関数形になる。$s = 0$ での接線 $y = 1 - \nu s$ は s 軸と $1/\nu$ で交わり、$F^{*\prime\prime}(s) > 0$ から、曲線 $y = F^*(s)$ より下にある。よって

$$F^*(s) > 1 - \nu s, \qquad s > 0$$

が成立する。

さらに、

(1.13.2)
$$-F^{*\prime}(s) < \frac{1 - F^*(s)}{s}$$

45

が成立する。図1.13.1で説明すると、任意の点 $(x, F^*(x))$ を選んで、P とする。P での接線が y 軸と交わる点を A、点 $(0, F^*(x))$ を B と表す。$F^{*\prime\prime}(s) > 0$ より、A の y 座標は 1 より小さい。よって、次より (1.13.2) が成立する。

$$-F^{*\prime}(x) = \frac{AB}{PB} < \frac{1 - F^*(x)}{x}.$$

第六に、具体例としてアーラン分布 $E_k(\kappa)(1.4節)$ と積率等を書留めておく。

$$F(x) = 1 - \sum_{j=0}^{k-1} \frac{(\kappa x)^j}{j!} e^{-\kappa x}, \qquad F'(x) = \frac{\kappa^k x^{k-1}}{(k-1)!} e^{-\kappa x},$$

$$F^*(s) = \int_0^\infty e^{-sx} F'(x) dx = \frac{\kappa^k}{(s+\kappa)^k},$$

$$F^{*(n)}(s) = (-1)^n \frac{\kappa^k}{(s+\kappa)^{n+k}} \frac{(k+n-1)!}{(k-1)!},$$

$$期待値 \quad \dots \quad \nu = \frac{k}{\kappa},$$

$$\int x^n dF(x) = (-1)^n F^{*(n)}(0) = \frac{(k+n-1)!}{(k-1)!} \frac{1}{\kappa^n}.$$

1.14　M/G/1 とサービス分布の LST

M/G/1、M/G/1/N_{policy}、M/G/1/MV 等のサービス時間は特定していない。その分布関数を $B(x)$、$B(x)$ の LST を

$$B^*(s) = \int_0^\infty e^{-sx} dB(x),$$

期待値を $b(= -B^{*\prime}(0))$ と表す。本書を通じて $0 < b < \infty$ とする。$0 < b$ は $B(0) < 1$ と同等である。

一つのサービス時間 S に到着する客数 A の分布は

$$Pr(A = m) = \int_0^\infty Pr\big((0, x)\, 間に\, m\, 人到着する。\big) dB(x)$$

$$= \int_0^\infty \frac{(\lambda x)^m}{m!} e^{-\lambda x} dB(x)$$

$$= \frac{(-\lambda)^m}{m!} B^{*(m)}(\lambda)$$

となる[39]。サービス開始後最初の到着時点を T とする、1人も来ない確率は、上式で $m = 0$ の場合であるから、$Pr(S < T) = B^*(\lambda)$ となる。さらに PGF は[40]

$$(1.14.1) \qquad \sum_{m=0}^{\infty} Pr(A = m)z^m = \sum_{m=0}^{\infty} \int_0^{\infty} \frac{(\lambda xz)^m}{m!} e^{-\lambda x} dB(x)$$

$$= \int_0^{\infty} e^{-\lambda x(1-z)} dB(x) \qquad \cdots \text{ 有界収束定理}$$

$$= B^*(\lambda - \lambda z).$$

よって A の分布について 1.12.1 節で定義した $p_{I,n}$ は

$$(1.14.2) \qquad p_{I,n} = \frac{(-\lambda)^n}{n!} B^{*(n)}(\lambda - \lambda I) > 0, \qquad \cdots \text{ 1.13 節の第四}$$

と表せる。期待値は $E(A) = \lambda b$ である。

　LST は役立つので、様々な分布の LST が見い出されている。本書では、$B^*(s)$ は既与として理論展開する。具体例はアーラン分布のみ使う。

　第三章で**集団到着**を扱う。1つの集団の人数を τ^b としたとき、$g_i = Pr(\tau^b = i)$ とおき、その PGF は $G(z) = \sum_{i=1}^{\infty} g_i z^i$ で表す。一人のサービス時間分布は $B(x)$ とする。次の補助定理はよく使う。証明は拙著前掲書定理 6.1 を見られたい。

　補助定理 1.14.1　二つの確率変数 y_1, y_2 において、y_2 が確率 1 で非負の整数値をとるならば、

$$E(y_1) = \sum_{n=0}^{\infty} E(y_1|y_2 = n)Pr(y_2 = n).$$

　二つ問題を解く。第一に、集団としてのサービス時間 S^b はその集団に属する客のサービス時間の和である。その分布の LST は、補助定理 1.14.1 より

$$\int_0^{\infty} e^{-sx} dP_{S^b}(x) = \sum_{n=1}^{\infty} g_n \int_0^{\infty} e^{-s(S_1+\cdots+S_n)} dP_{S_1,\cdots,S_n} = \sum_{n=1}^{\infty} g_n B^*(s)^n$$

これは $G(z)$ の式の z に $B^*(s)$ を入れた形なので、$G(B^*(s))$ と表される。

---

[39]測度論的確率論で厳密に説明しよう。0 時点からサービスが始まったとすると、$Pr(A = m) = \mathbb{P}(\omega : e(m,\omega) < S(\omega) \le e(m+1,\omega)) = \int \mathbf{1}(e(m), S, e(m+1)) dP_{e(m),S,e(m+1)}$ である。ただし、$\mathbf{1}(x,y,z)$ は $x < y \le z$ ならば 1、他では 0 である。フビニの定理によってこれは $\int (\int \mathbf{1}(e(m), x, e(m+1)) dP_2) dB(x) = \int Pr((0, x)$ 間に m 人到着する。$)dB(x)$ に等しい。右辺の被積分関数は $S = x$ を与えた条件付分布ではない。単に計算上のことである。拙著前掲書例 6.2 参照。サービスの開始時点が 0 でないときは、定理 1.8.1 により同様である。

[40]有界収束定理は、伊藤清三「ルベーグ積分入門」裳華房 P.91 参照。

第二に、強度 λ のポアソン到着において、一人の客をサービスしている間に到着する集団数を A、それらの集団の総客数を N とすると、N の PGF は

$$\sum_{n=0}^{\infty} Pr(N=n)z^n = \sum_{n=0}^{\infty}\sum_{m=0}^{\infty} Pr(N=n|A=m)Pr(A=m)z^n.$$

右辺は $|z| < 1$ の範囲で絶対収束するから Σ を交換すると次が得られる。

$$\sum_{n=0}^{\infty} Pr(N=n)z^n = \sum_{m=0}^{\infty} Pr(A=m)\sum_{n=0}^{\infty} Pr(N=n|A=m)z^n$$
$$= \sum_{m=0}^{\infty} Pr(A=m)G(z)^m$$
$$= B^*(\lambda - \lambda G(z)). \qquad \cdots (1.14.1)\ \text{から。}$$

後章ではクラスに分けした客を扱う。第 $i(\in \{1,\cdots,n\})$ クラスは強度 λ_i のポアソン到着をし、到着時点は、クラス間では独立とする。$B(x)$ のサービス中に到着する第 i クラスの客数を A_i とする。A_i の同時確率母関数は、

$$\sum_{m_1=0}^{\infty}\cdots\sum_{m_n=0}^{\infty} Pr(A_1=m_1,\cdots,A_n=m_n)z_1^{m_1}\cdots z_n^{m_n} = B^*\Big(\sum_{i=1}^{n}(\lambda_i-\lambda_i z_i)\Big).$$

クラス分けは男性と女性のように、はっきり区別できる場合が典型である。温度のような連続変数であってもそのまま扱えば解析困難な場合、有限個のクラスに分けることがある。それは元の問題の近似と言えるだろう。

1.15　M/G/1 の稼働期間

1.15.1　稼働期間の確率分布の LST

本節は、本書の根幹をなす技術を含むので、正しく理解してほしい。

$\lambda b < 1$ なる M/G/1 では無限個の空になる時点 t_i が生じる (1.11 節)。図 1.15.1 で言えば、再生点 t_i 以後最初の到着時点 a から t_{i+1} までサーバーは働き続けるので、区間 (a, t_{i+1}) は**稼働期間** (busy period) と呼ばれる[41]。稼働期間の長さ $\Theta = t_{i+1} - a$ の分布の LST $\Theta^*(s) = E(e^{-s\Theta})$ を求めてみよう。

---

[41] 辞書を紐解くと、busy period の訳として ” 稼働 ” でも ” 稼動 ” でも良いようである。ここは人であるサーバーが働く期間なので、前者を採用した。

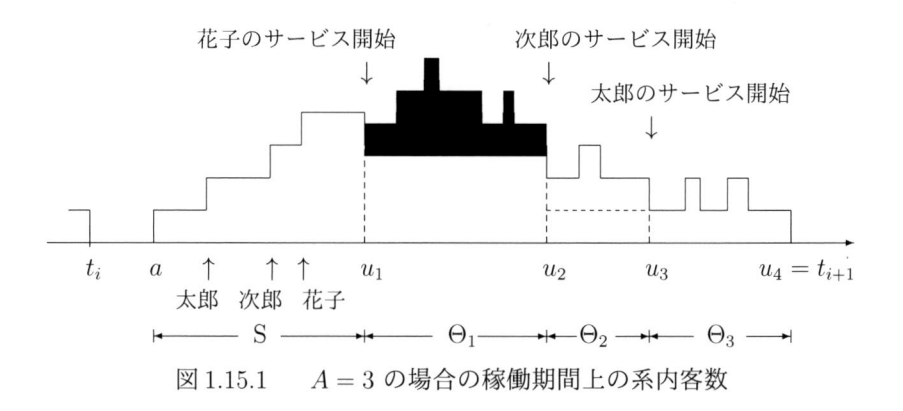

図 1.15.1　　$A = 3$ の場合の稼働期間上の系内客数

a 時点に来た客はただちにサービスを受け、その終了時 u_1 で退去する。このサービス時間を $S(\omega) = u_1 - a$ とおく。a 以後の入力を、$\Phi_a = \Phi_{(a,\infty)} = \{e_a(n) - a, \tau_{a,n}^S : n \in \mathbb{N}\}(\in \mathbb{M})$ とする。Φ_a は S を含まない。M/G/1 では $S, S_a^{\leftarrow}\Phi_a$ は、a や a 以前の事象とは独立であるから、それらから定まる $\Theta = \Theta(S, S_a^{\leftarrow}\Phi_a)$ もそうである。区間 (a, u_1) に A 人の客が来たとする。図では太郎、次郎、花子であるから $A = 3$ である。ここで次の考えが大事。

　　　"稼働期間はサービス時間の和であるから、先着順、後着順、ランダ
　　　ムな順ではその分布は同一である。そこで後着順で考える。"

ならば、u_1 にいる A 人の中の一番新しい客 (図では花子) が u_1 でサービスを受け始める。残り $A-1$ 人 (図では太郎と次郎) は u_1 以後到着した客が全て退去するまで待たされる。したがって次郎は u_2 からサービスを受け、太郎は u_3 から受ける。このように u_1 にいる A 人の客のサービス開始時点を $u_1 < \cdots < u_A (< u_{A+1} = t_{i+1})$ とする。$\Theta_j = u_{j+1} - u_j (j = 1, 2, \cdots)$ とおくと、

$$\Theta = S + \Theta_1 + \cdots + \Theta_A$$

となる。A も S と $S_a^{\leftarrow}\Phi_a$ が定まれば定まるので、$A = A(S, S_a^{\leftarrow}\Phi_a)$ と表すと、S と $S_a^{\leftarrow}\Phi_a$ は独立であるから、$S_a^{\leftarrow}\Phi_a$ の分布を P_a とすると、Θ の LST は

$$E(e^{-s\Theta}) = \int e^{-s\Theta(x,\phi)} d(B \times P_a)(x, \phi)$$

フビニの定理より

$$(1.15.1) \qquad = \int_0^\infty e^{-sx} \left[\int_{\mathbb{M}} exp\left\{ -s(\Theta_1 + \cdots + \Theta_{A(x,\phi)}) \right\} dP_a(\phi) \right] dB(x).$$

[ ] の部分は $exp\left\{ -s(\Theta_1 + \cdots + \Theta_{A(x,\phi)}) \right\}$ の $S_a^\leftarrow \Phi_a$ に関する期待値である。

補助定理 1.14.1 を使うと、(1.15.1) の [ ] の部分は

$$\sum_{n=0}^\infty E\left(exp\left\{ -s(\Theta_1 + \cdots + \Theta_n) \right\} \Big| A(x, S_a^\leftarrow \Phi_a) = n \right) Pr(A(x, S_a^\leftarrow \Phi_a) = n).$$

この式では x は固定しているから、E は $S_a^\leftarrow \Phi_a$ に関する期待値である。図 1.15.1
の (u_1, u_2) 上の黒塗り部分の確率構造[42]は、x に依存せず、稼働期間 (a, u_{A+1}) 上
の系内客数のそれと同じである。よって、Θ と Θ_i は同じ分布をしている。しか
も、Θ_1, $\Theta_2, \cdots$ は独立である。ここから上式は

$$= \sum_{n=0}^\infty \Theta^*(s)^n \frac{(\lambda x)^n}{n!} e^{-\lambda x} = exp\left\{ -\lambda x(1 - \Theta^*(s)) \right\}$$

となるので、(1.15.1) は

$$E(e^{-s\Theta}) = \int_0^\infty exp\{ -x(s + \lambda - \lambda\Theta^*(s)) \} dB(x).$$

したがって

$$(1.15.2) \qquad\qquad \Theta^*(s) = B^*(s + \lambda - \lambda\Theta^*(s))$$

が成立する。

三点追加しておく。第一に、図 1.15.1 の黒塗り部分の確率構造は稼働期間上の
それに等しいことを次章から使うので、詳しく述べておこう。時点 a 以後はサー
ビス時間 $S = u_1 - a$ とその後の入力 $\{e_a(n), \tau_{a,n}^S\}$ によって定まる。そこで $a+t$
時点の系内客数を

$$y_{a+t} = f(t, S, e_a(1), \tau_{a,1}^S, e_a(2), \tau_{a,2}^S, ...)$$

と表そう。右辺は ( ) 内の変数の関数であることに注意していただきたい。

---

[42]黒塗り部分の形状は確率的に定まる。その確率の仕組みの意味。第二章で詳述する。

次に u_1 からのサービス時間 (図 1.15.1 では花子のそれ) を S^* とすると、黒塗り部分の $d_1 + t$ 時点の系内客数は

$$f(t, S^*, e_{u_1}(1), \tau^S_{u_1,1}, e_{u_1}(2), \tau^S_{u_1,2}, ...)$$

と表せる。$\{S, \{e_a(n), \tau^S_{a,n}\}\}$ と $\{S^*, \{e_{u_1}(n), \tau^S_{u_1,n}\}\}$ は同じ確率分布をするので、二つの部分は同じ確率構造を持つと言っているのである。

第二に、(1.15.2) の $\Theta^*(s)$ の一意性は次小節で示す。しかし、陽には出せれない[43]。積率は (1.15.2) の両辺を微分して得られる。期待値は、

$$\theta \equiv E(\Theta) = -\Theta^{*\prime}(0) = \frac{b}{1 - \lambda b}$$

となる。次の定理から $\theta = b + \lambda b \theta$ が得られるので、θ はこれからでも求まる。また $|\Theta^{*(n)}(0)| < \infty$ となる必要十分条件は $B^{*(n)}(0) < \infty$ である。

定理 1.15.1 確率変数 $X_1, X_2, \cdots$ の期待値 $E(X_i)$ は同一とする。正の整数値をとる確率変数 N が $\{X_i : i \in \mathbb{N}\}$ と独立ならば、$E(X_1 + \cdots + X_N) = E(N)E(X_1)$ となる。

(証明) 補助定理 1.14.1 より

$$
\begin{aligned}
E\Big(\sum_{i=1}^{N} X_i\Big) &= \sum_{n=1}^{\infty} E\Big(\sum_{i=1}^{n} X_i\Big) Pr(N = n) \\
&= E(X_1) \sum_{n=1}^{\infty} n Pr(N = n) \\
&= E(N)E(X_1). \qquad \Box
\end{aligned}
$$

n 次積率 $E(\Theta^n) = (-1)^n \Theta^{*(n)}(0)$ は $b, B^{*(n)}(0), \cdots, B^{*(n)}(0)$ から引き出せる。$\Theta^{*\prime\prime}(0)$ と $\Theta^{*(3)}(0)$ は

$$\Theta^{*\prime\prime}(0) = \frac{1}{(1 - \lambda b)^3} B^{*\prime\prime}(0),$$

$$\Theta^{*(3)}(0) = \frac{1}{(1 - \lambda b)^4} B^{*(3)}(0) - \frac{3\lambda}{(1 - \lambda b)^5} B^{*\prime\prime}(0)^2.$$

---

[43]陽表現とは $\Theta^*(s) = g(s, \lambda, ...)$ なる形で表現できること。

第三に、M/G/1 の空の時間は母数 λ の指数分布をし、その LST は 1 次のアーラン分布のそれである。よって再生間隔 $\tilde{\Theta} = (空の時間) + \Theta$ の LST は

$$\tilde{\Theta}^*(s) = \frac{\lambda}{s+\lambda}\Theta^*(s)$$

となる。期待値 $\tilde{\theta} = E(\tilde{\Theta})$ は $\tilde{\theta} = \dfrac{1}{\lambda} + \dfrac{b}{1-\lambda b} = \dfrac{1}{\lambda(1-\lambda b)}$.

1.15.2　付録：$\xi = B^*(s+\lambda-\lambda\xi)$ について

(1.15.2) を発見したのは Takács(1961 年) である。本書後半でこの式は重要になるので、詳しく述べておこう。ただし、必要になって読めばよい。

$\lambda > 0$ とする。

(1.15.3)
$$\xi = B^*(s+\lambda-\lambda\xi)$$

の解 $\xi(s)$ を考えてみよう。$B(0) = 1$ ならば、$B^*(s) \equiv 1$ であるから、$\xi(s) \equiv 1$ である。以下は $B(0) < 1$、すなわち $b > 0$ の場合である。1.13 節の知識を前提とする。

(1)　ξ の一意性をまず示す。これが言えれば、$\xi = \Theta^*(s)$ である。ξ は二曲線 $y = x$ と $y = B^*(s+\lambda-\lambda x)$(これを以下では曲線 B^* と呼ぶ。) の交点の x 座標として与えられる (図 1.15.2)。後者は連続関数で、$x = 0$ のとき、$0 < y = B^*(s+\lambda) < 1$ である。また、$x = (s+\lambda)/\lambda(\geq 1)$ のとき $y = 1$ なので、交点は必ず存在する。微分、$y' = B^{*\prime}(s+\lambda-\lambda x)(-\lambda)$ は $0 \leq x \leq (s+\lambda)/\lambda$ において正であるから、y は x の増加関数である。さらに二回微分も正であるから、$s > 0$ ならば、$x = (s+\lambda)/\lambda > 1$ なので、交点はただ一つである。$s = 0$ ならば、曲線 B^* は $(x,y) = (1,1)$ を通り、かつ $y' = \lambda b$. よって $\lambda b \leq 1$ ならば、交点はこれのみである。$\lambda b > 1$ ならば、図 1.15.3 のように $x = 1$ 以外にもう一つの根ができる。この場合は 1 以外の根を ξ とする。

(2)　$B^*(s)$ が単調減少関数なので、(1.15.3) 式から $0 < s < \infty$ の範囲では $0 < \xi < 1$. よって $s+\lambda-\lambda\xi > s$. この不等号を (1.15.3) に使うと $\xi(s) < B^*(s)$ となる。

(3)　s が増大すれば、曲線 B^* は右に平行移動し、図 1.15.2 と図 1.15.3 から ξ は減少する。このため $\xi'(s) < 0$ である。曲線 B^* は $y = B^*(\lambda-\lambda x)$ を右に s/λ だけ平行移動しても得られる。

(4)　$s \to \infty$ のとき、$\xi \to B(0)$ である (図 1.13.1)。$s \to 0$ のときを考えると、$x = (s+\lambda)/\lambda$ での傾きは λb である。よって $\lambda b \leq 1$ ならば、$\xi \to 1$ となる。しかし、$\lambda b > 1$ ならば、前頁図 1.15.3 のように ξ の上限は図の a である。

(5)　前頁図 1.15.2 において、点 (ξ, ξ) を通り、傾き λb の直線が縦線 $x = 1$ と交わる点を C とする。曲線 B^* は区間 $(\xi, (s+\lambda)\lambda^{-1})$ においてこの直線の下に位置するので、

$$\frac{1-B^*(s)}{1-\xi} > \frac{BC}{1-\xi} = 1-\lambda b.$$

(6)　$\lambda b < 1$ ならば、$\xi(s) = \Theta^*(s) = \int_0^\infty e^{-sx}d\Theta(x)$ であるから、n が偶数ならば、$\xi^{(n)}(s) > 0$、奇数ならば、$\xi^{(n)}(s) < 0$ である。(1.15.3) の両辺を微分すると

$$\lim_{s\to 0}\xi' = \frac{-b}{1-\lambda b} = -\theta.$$

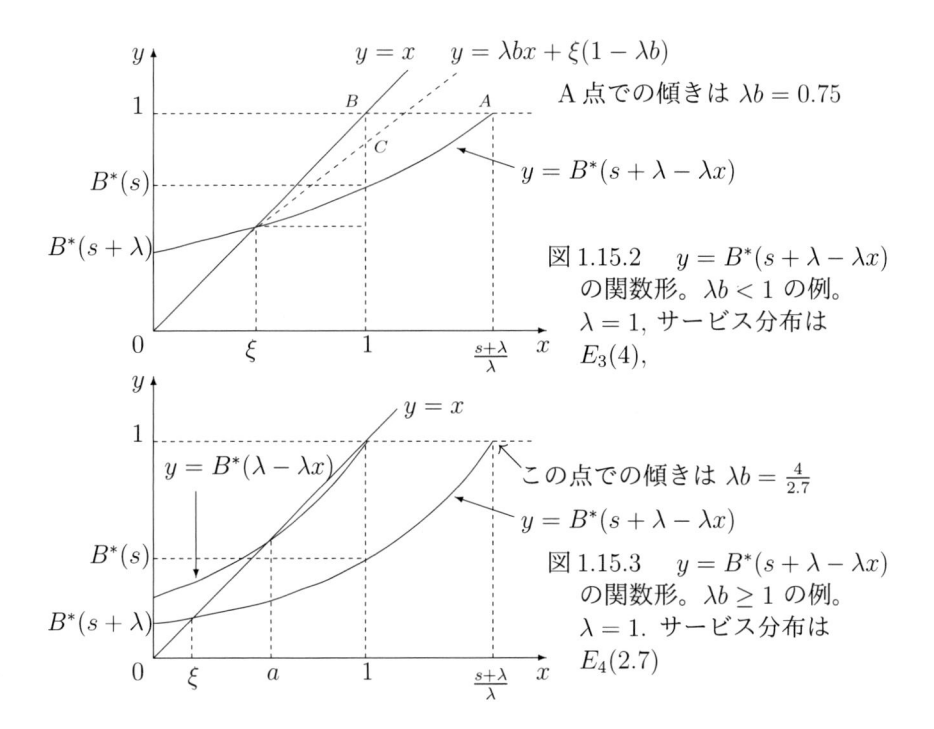

図 1.15.2 　　$y = B^*(s + \lambda - \lambda x)$
の関数形。$\lambda b < 1$ の例。
$\lambda = 1$, サービス分布は
$E_3(4)$,

図 1.15.3 　　$y = B^*(s + \lambda - \lambda x)$
の関数形。$\lambda b \geq 1$ の例。
$\lambda = 1$. サービス分布は
$E_4(2.7)$

が得られる。さらに (1.13.2) で $F^*(s) = \Theta^*(s)$ と置けば、

$$-\xi' < \frac{1 - \xi}{s}$$

が成立する。

　(7)　ξ の具体例として、$\lambda = 1$、サービス分布は $E_4(5)$ の場合を、第四章で述べる多倍長でパソコン計算した。それを図 1.15.4 に載せる。なお計算方法は、$\xi_0 = 0$, $\xi_1 = 1$, $\xi_2 = 0.5$, $\xi_i^u = \min\{\xi_j : j < i, \; \xi_j > \xi_i\}$, $\xi_i^l = \max\{\xi_j : j < i, \; \xi_j < \xi_i\}$ とおいて、$\xi_i > B^*(\lambda - \lambda\xi_i + s)$ ならば、$\xi_{i+1} = (\xi_i + \xi_i^l)/2$, $\xi_i < B^*(\lambda - \lambda\xi_1 + \zeta)$ ならば、$\xi_{i+1} = (\xi_i + \xi_i^u)/2$ として近似していった。

1.15.3　稼働期間でサービスを受ける客数

　一つの稼働期間がサービスを与える客数 Γ の PGF $\Gamma(z) = \sum_{i=0}^{\infty} z^i Pr(\Gamma = i)$ も同様に求まる。$(a_i, a_{i+1}]$ 間でサービスを受けた客数を Γ_i とすると

$$\Gamma = 1 + \Gamma_1 + \cdots + \Gamma_A$$

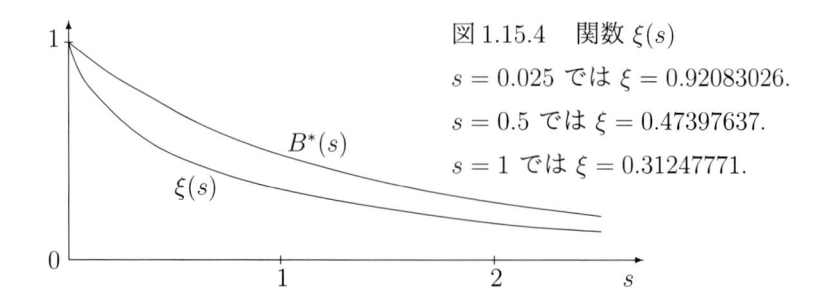

図 1.15.4　関数 $\xi(s)$

$s = 0.025$ では $\xi = 0.92083026$.

$s = 0.5$ では $\xi = 0.47397637$.

$s = 1$ では $\xi = 0.31247771$.

が成立する。Γ_i は i.i.d. であるから

$$\Gamma(z) = \sum_{k=0}^{\infty} E(z^{\Gamma}|A = k) Pr(A = k) = z \sum_{k=0}^{\infty} \Gamma(z)^k Pr(A = k).$$

A の分布の PGF は $B^*(\lambda - \lambda z)$ であるから、

$$(1.15.4) \qquad \Gamma(z) = zB^*(\lambda - \lambda\Gamma(z))$$

が得られる。

　指数サービス以外では、$\Gamma(z)$ を z の関数として陽に示すことは無理である。しかし、確率や積率は (1.15.4) の両辺を微分すれば求まる。詳しく言えば、

$$(1.15.5) \qquad \Gamma^{(n)}(z) = \sum_{i=0}^{n} \binom{n}{i} \frac{d^{n-i}}{dz^{n-i}} z \frac{d^i}{dz^i} B^*(\lambda - \lambda\Gamma(z))$$

$$= z \frac{d^n}{dz^n} B^*(\lambda - \lambda\Gamma(z)) + n \frac{d^{n-1}}{dz^{n-1}} B^*(\lambda - \lambda\Gamma(z))$$

を計算すればよい。少し例を挙げておこう。

$$\Gamma(0) = 0, \qquad \Gamma'(0) = B^*(\lambda), \qquad \Gamma''(0) = -2\lambda B^*(\lambda)B^{*\prime}(\lambda),$$

$$\Gamma^{(3)}(0) = 3\lambda^2 B^*(\lambda)^2 B^{*\prime\prime}(\lambda) + 6\lambda^2 B^*(\lambda)B^{*\prime}(\lambda)^2.$$

積率については 1.15.1 節の $\tilde{\theta}$ を使うと

$$\Gamma'(1) = E(\Gamma) = \frac{1}{1 - \lambda b} = \lambda\tilde{\theta}, \qquad \Gamma''(1) = \frac{2\lambda b}{1 - \lambda b} + \frac{\lambda^2}{(1 - \lambda b)^2} B^{*\prime\prime}(0).$$

　一つの稼働期間中に到着する客数は $\Gamma - 1$ であるから、その期待値は

$$E(\Gamma - 1) = \frac{1}{1 - \lambda b} - 1 = \frac{\lambda b}{1 - \lambda b} = \lambda\theta.$$

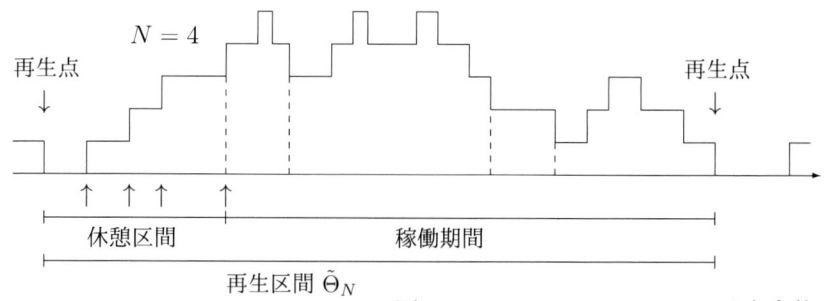

図 1.16.1　　M/G/1/N_{policy} の系内客数

　ところで、(1.15.5) のように積の式を多数回微分することが多い。次のように
まとめておこう。関数

$$h(z) = f(z)g(z)$$

の n 回微分は $h^{(n)}(z) = \sum_{i=0}^{n} \binom{n}{i} f^{(n-i)}(z)g^{(i)}(z)$ と表される。証明は数学的帰納
法を用いればよい。特に、c を定数として $h(z) = (z + c)f(z)$ の形がよく出てく
るが、このときは $h^{(n)}(z) = (z + c)f^{(n)}(z) + nf^{(n-1)}(z)$ である。

1.16　M/G/1/N_{policy} と M/G/1/MV の再生間隔

　前節で定義した M/G/1 の $\Theta^*(s)$ と $\Gamma(z)$ を使って、二つの変形モデルを分析
する。M/G/1/N_{policy} は、サービスを終了して空になる時点を再生点 (1.11 節) に
もつ。この再生区間は、図 1.16.1 のように再生点から N 人目の客が到着するま
でのサーバーの休憩期間とその後の稼働期間からなっている。

　N_{policy} の休憩期間は指数分布の期間が連なるから、LST は $\{\lambda/(s + \lambda)\}^N$ であ
る。その後の稼働期間は、後着順で考えれば、N 個の M/G/1 の稼働期間の和 (図
の点線で区分けした部分) である。よって再生間隔 $\tilde{\Theta}_N$ の LST は

$$\tilde{\Theta}^*\left(s : \genfrac{}{}{0pt}{}{M/G/1}{/N_{policy}}\right) = \left\{ \frac{\lambda}{s + \lambda}\Theta^*(s) \right\}^N$$

である。微分して得られた期待値は $E(\tilde{\Theta}_N) = \dfrac{N}{\lambda(1 - \lambda b)}$.

　M/G/1/N_{policy} の稼働期間でサービスを受ける客数の PGF は
$\Gamma\left(z : \genfrac{}{}{0pt}{}{M/G/1}{/N_{policy}}\right) = \Gamma(z)^N$ となる。これから期待値 $N/(1 - \lambda b)$ が得られる。

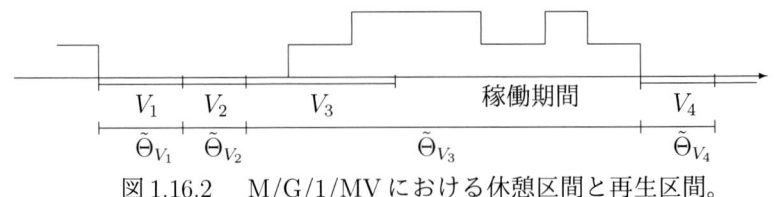

図 1.16.2　　M/G/1/MV における休憩区間と再生区間。

M/G/1/MV(V) では休憩開始時点を再生点に選ぶ。図 1.3.1 の再図 1.16.2 のように、各 V に対応して **M/G/1/MV(V)** の**再生区間**ができる。その長さを $\tilde{\Theta}_V$ と表す。休憩中に客が来なければ、再生区間は休憩区間と一致する。休憩時間を V、その間に到着した客数を A とする。V と $\tilde{\Theta}_V$ の LST をそれぞれ $V^*(s)$、$\tilde{\Theta}_V^*(s)$ とすると、M/G/1 の場合と同じく

$$\tilde{\Theta}_V = V + \Theta_1 + \cdots + \Theta_A$$

が成立する。$\Theta^*(s)$ と平行した議論から

$$\tilde{\Theta}_V^*(s) = \int_0^\infty exp\{-x(s + \lambda - \lambda\Theta^*(s))\}dV(x)$$
$$= V^*(s + \lambda - \lambda\Theta^*(s)).$$

これを微分し、$v = E(V)$ とおけば、期待値 $E(\tilde{\Theta}_V) = -\tilde{\Theta}_V^{*\prime}(0) = \dfrac{v}{1 - \lambda b}$ を得る。

M/G/1/MV(V) の稼働期間でサービスを受ける客数の PGF $\Gamma\left(z : \substack{M/G/1 \\ /MV}\right)$ は

$$\Gamma\left(z : \substack{M/G/1 \\ /MV}\right) = \sum_{i=0}^\infty \Gamma(z)^i Pr(A = i) = V^*(\lambda - \lambda\Gamma(z)).$$

期待値は $\Gamma'\left(1 : \substack{M/G/1 \\ /MV}\right) = \lambda v/(1 - \lambda b) = \lambda E(\tilde{\Theta}_V)$ である。

$B^*(\lambda - \lambda G(z))$、$\Gamma(z)$、$\Theta^*(s)$ 等から確率や積率を得るには、**合成関数の微分** が必要になる。合成関数の微分の電算プログラムは可能であるが、面倒で記せない。次章からは単一到着の場合の系内客数が主なので、合成関数を避けられる。

1.17　　付録：過去に依存する時点とポアソン到着

本節の結果は直観でわかるので、読むに値するかどうかは読者の判断にまかせよう。他書にも丁寧な説明は見当たらない。

$\{e(n)\}$ は到着率 λ のポアソン到着とする。t が $\{e(n)\}$ と独立ならば、t 時点以後はポアソン到着になる (1.8.1 節)。定理 1.8.1 は n を固定して、t が過去に依存している場合を

示している。応用では t が先に定義されるので、"過去に依存" の意味がわかりにくい。そこでよく使われる場合に一般化してみよう。U は到着時点列 $\{e(n)\}$ とは独立な確率変数とする。各 n に対し、$e(1), \cdots, e(n), U$ から定まる確率変数 $t_n = t_n(e(1), \cdots, e(n), U)$ が存在し、$t_n = \infty$ も認めて、常に $e(n) \leq t_n$ となるとする。

仮定 1.17.1　確率 1 を含むある集合内の ω に対しては、$e(n) \leq t_n < e(n+1)$ となる n が少なくとも一つ存在する。

この仮定の下で最初に $e(n) \leq t_n < e(n+1)$ となる t_n を t_ϕ と表す。すなわち

$$\begin{cases} e(i) \leq e(i+1) \leq t_i, & : i = 0, \cdots, n-1, \\ e(n) \leq t_n < e(n+1), \end{cases}$$

となる確率変数 $n = n(\omega)$ に対して、$t_\phi = t_n$ とおく。逆に t_ϕ がこのような t_n を使って表せれば、次の定理が成立する。その前に例を示そう。

例 1.17.1　M/G/1 の二番目の稼働期間の開始時点を ν とする。入力とは独立な正の確率変数 T があって、$t_\phi = \nu + T$ とする。明らかに t_ϕ と $\{e(n)\}$ は独立ではない。この場合、例えば、$\nu = e(5)$ としよう。まず、$t_i = \infty (1 \leq i \leq 4)$ とする。$\nu + T < e(6)$ ならば、$t_5 = \nu + T$ と置けば、$e(5) \leq t_\phi = t_5 < e(6)$ になる。$e(6) \leq \nu + T$ ならば、$t_5 = \infty$ かつ $t_6 = \nu + T$ とおく。$t_6 < e(7)$ ならば、$e(6) \leq t_\phi = t_6 < e(7)$ になる。以下同様にして、t_ϕ の条件を満たす。

例 1.17.2　上例で、二番目の稼働期間の終了時点を t_ϕ としてみよう。ならば、$t_5 = \nu + \tau_5^S$ に変える。$t_5 < e(6)$ ならば。稼働期間が t_5 で終わるので、$t_\phi = t_5$ である。$e(6) < t_5$ ならば終わらないので、$t_6 = \nu + \tau_5^S + \tau_6^S$ とおき、$\nu + T < e(7)$ ならば、$t_6 = \nu + T$ とおいて $t_\phi = t_6$ を得る。このように順次していけば t_ϕ の条件を。

待ち行列モデルでは、次の形が多い。$K_0 (\in \sigma(\mathbb{K}))$、$X_0 (\in \sigma(\mathbb{X}))$ はある集合とする。
(1)　ある時点 r 以後初めて $\boldsymbol{x}_t^0(\phi, \boldsymbol{a}) \in X_0$ となる時点。
(2)　ある時点 r 以後初めて $\boldsymbol{\tau}_n \in K_0$ かつ $\boldsymbol{x}_{e(n)}^0(\phi, \boldsymbol{a}) \in X_0$ なる到着時点 $e(n)$.

例 1.17.2 は (1) の場合であり、(1) は t_ϕ の形になる。(2) では、$e(n)$ がこの条件を満たさなければ、$t_n = \infty$、満たせば $t_n = e(n)$ とすれば、t_ϕ の形になる。

定理 1.17.1　n を固定し、$\alpha_0, \cdots, \alpha_m$ を正の定数とすると、次が成立する。ただし、$e(0) = 0$、$X_n = e(n+1) - e(n)$ である。

$$Pr\begin{pmatrix} e(n) \leq t_\phi < e(n+1) \\ e(n+1) - t_\phi \leq \alpha_0 \\ X_{n+i} \leq \alpha_i (i = 1, \cdots, m) \end{pmatrix} = Pr(e(n) \leq t_\phi < e(n+1)) \prod_{i=0}^{m} (1 - e^{-\lambda \alpha_i}).$$

(証明)

$$(\text{定理の左辺}) = Pr\begin{pmatrix} e(i) \leq e(i+1) \leq t_i \ (i = 0, \cdots, n-1) \\ e(n) \leq t_n < e(n) + X_n \\ X_n - t_n + e(n) \leq \alpha_0 \\ X_{n+i} \leq \alpha_i (i = 1, \cdots, m) \end{pmatrix}.$$

t_i は $e(1), \cdots, e(i), U$ から定まるので、条件 $e(i) \leq e(i+1) \leq t_i (i = 0, \cdots, n-1)$ は $e(1), \cdots, e(n), U$ を制約する。n は固定しているので、定理 1.8.1 の t に t_n を入れると

$$= Pr(e(n) \leq t_\phi < e(n+1)) \prod_{i=0}^{m} (1 - e^{-\lambda \alpha}). \qquad \Box$$

57

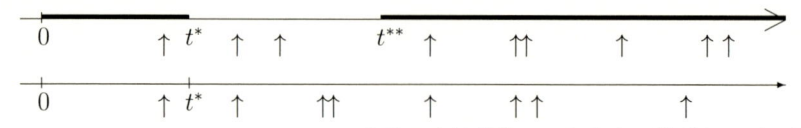

図 1.17.1　区間の取り除き

上段の太線部分のみを取出し繋げたのが下段

系　t_ϕ が確率 1 で有限ならば、

$$\sum_{n=0}^{\infty} Pr \left(\begin{array}{l} e(n) \le t_\phi < e(n+1) \\ e(n+1) - t_\phi \le \alpha_0 \\ X_{n+i} \le \alpha_i (i = 1, \cdots, m) \end{array} \right) = \prod_{i=0}^{m} (1 - e^{-\lambda \alpha_i}).$$

証明は自明。

定理 1.8.2 の t は、次のように t_ϕ に緩められる。

定理 1.17.2　Φ はポアソン到着 i.i.d. マークとする。$S_{t_\phi}^{\leftarrow}\Phi_{[t_\phi,\infty)}$ は $(t_\phi, \Phi_{(-\infty,t_\phi)})(\in \mathbb{R} \times \mathbb{M})$ とは独立で、$\Phi_{[0,\infty)}$ と同じ分布を持つ。

応用として、二時点 $(0 <) t^* (<) t^{**}$ はどちらも、上記 t_ϕ の形になるして、図 1.17.1 のように、$(t^*, t^{**}]$ 間を取り除いて、残りの合体 $\Phi_{(0,t^*]} + S_{t^{**}-t^*}^{\leftarrow}\Phi_{(t^{**},\infty)}$ はやはり同じ到着率のポアソン到着であることを証明しよう。合体した到着過程を $\{\tilde{e}(n)\}$ とする。$\{\tilde{e}(n+1) - \tilde{e}(n)\}$ が母数 λ の指数分布をする i.i.d. の列であることを示せばよい。

元の $\{e(n)\}$ はポアソン到着であるから、例えば、n を固定すると

$$(1.17.1) \qquad Pr \left(\begin{array}{l} e(n+1) - e(n) \le x \\ e(n+2) - e(n+1) \le y \end{array} \right) = (1 - e^{-\lambda x})(1 - e^{-\lambda y}).$$

$\phi^* = \phi_{(0,t^*]}$ とすると、(1.17.1) の事象を ϕ^* と $S_{t^*}^{\leftarrow}\phi_{(t^*,\infty)}$ で表せる。(1.17.1) の事象が成立すれば、$\mathbf{1}(\phi^*, S_{t^*}^{\leftarrow}\phi_{(t^*,\infty)}) = 1$、そうでないなら 0 とする。ならば、

$$(1.17.1) = \int \int \mathbf{1}(\phi, \psi) dP(\phi|\Phi^*) dP(\psi|S_{t^*}^{\leftarrow}\Phi_{(t^*,\infty)}).$$

定理 1.17.2 より、$P(\bullet|S_{t^*}^{\leftarrow}\Phi_{(t^*,\infty)})$ と $P(\bullet|S_{t^{**}}^{\leftarrow}\Phi_{(t^{**},\infty)})$ は同じ確率測度なので、

$$(1.17.1) = \int \int \mathbf{1}(\phi, \psi) dP(\phi|\Phi^*) dP(\psi|S_{t^{**}}^{\leftarrow}\Phi_{(t^{**},\infty)})$$
$$= Pr\big(\tilde{e}(n+1) - \tilde{e}(n) \le x, \ \tilde{e}(n+2) - \tilde{e}(n+1) \le y\big).$$

よって $\{\tilde{e}(n)\}$ は到着率 λ のポアソン到着である。

これを拡大すれば次が言える。

定理 1.17.3　無限個の時点 $(0 = t_0^{**}) < t_1^* < t_1^{**} < t_2^* < t_2^{**} < \cdots$ はいずれも、上記 t_ϕ の形になるとする。確率 1 で $\sum_{i=0}^{\infty}(t_{i+1}^* - t_i^{**}) = \infty$ とする。ならば、$\bigcup_{i=1}^{\infty}(t_i^*, t_i^{**}]$ を取り除いて、残りを詰めて作った到着時点列 $\{\tilde{e}(n)\}$ は到着率 λ のポアソン到着である。

第二章　短過程の μ 平均分布

　入力の確率分布が既与の下で、出力変数の分布 (理論値) の獲得が目的であると 1.2.1 節で述べた。ではどの出力変数を選ぶか。その分布と言っても、確率過程では複数ある。どの分布を選び、いかにして手に入れるか。このように大上段に考えるのは大事であるが、本書は反対に、最も手に入れやすい分布は何かを考える。M/G/1 変形モデルでは、確率構造が同じ有限区間上の標本路が繰り返し現れる。これに注目する。そこで有限区間上の確率過程を短過程と呼び、複数種の短過程が混在して実現したものとしてモデルの標本路を捉える。

　一つの短過程を独立に繰り返せば、再生過程になる。再生過程には時間平均や時点平均、一般化して μ 平均が相性が良いので、短過程で作った再生過程のその分布を短過程の μ 平均分布と呼ぶ。単純な短過程から始まって、より複雑な短過程の μ 平均分布を求め、分析したい待ち行列モデルの μ 平均分布に辿り着けるならば、それでもって目的の理論値とする。

　このようにして手に入れたものが意味ある、あるいは役立つ理論値かという問題は依然残る。そこでここに至った背景を述べておく。なお、本章では、短過程の数学的定義、異種の短過程の結合短過程の μ 平均分布等について述べる。応用は次章からである。

2.1　時間平均、到着平均、退去平均、客平均

　待ち行列モデルを与えられて、それを解析しようとするととまどうことが多い。そもそも目的は何か。どの変数を調べれば良いか。変数が決まってもその何を … 等々、事前に決定しなければならないことがいくつもあり、その一つ一つに自信が持てない。もちろん 1.8 節に述べた状態過程 $\{x_t^0(\Phi, \boldsymbol{a}) : 0 \le t < \infty\}$ がとる $\mathbb{D}_{\mathbb{X}^S}$ 上の分布を得て、それから必要な部分的分布を自由に引き出せれば、それに越したことはない。しかし、それは現段階では理想に過ぎず、不可能である。

　とは言え、何かを書き出さねば、先に進めない。本書は再生過程になっているモデルを主に取り扱いたいが、再生過程は時間 (到着) 平均分布と相性が良いので、平均の定義から始めさせていただきたい。短過程の定義は 2.5 節から始める。

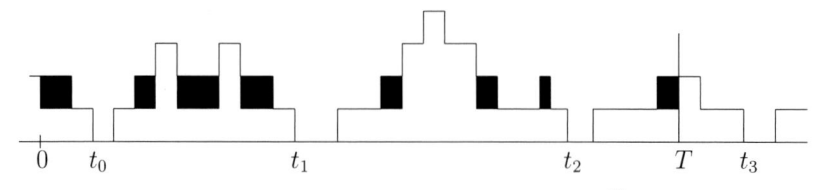

図 2.1　y_t が系内客数のとき、その標本路の　$\int_0^T \mathbf{1}(y_t = 2)dt$

　我々は、状態過程が生むある変数 $y_t = y(\boldsymbol{x}_t^0(\phi, \boldsymbol{a}))$ に注目しているとしよう。y_t はある距離空間 $(\mathbb{Y}, \sigma(\mathbb{Y}))$ を値域空間に持つ第一種不連続関数で左連続とする。ただし、本書の応用は系内客数の場合 $\mathbb{Y} = \mathbb{N}$ と待ち時間の場合 $\mathbb{Y} = \mathbb{R}$ である。

　t の関数 $\mathbf{1}(t : A(t))$ は、定理 1.8.1 直前に定義した。1.8 節から y_t は (ϕ, t) 可測なので、$\mathbf{1}(y_t \in u)(u \in \sigma(\mathbb{Y}))$ も (ϕ, t) 可測。そこで ϕ を固定すると、t の可測関数になり[1]、積分が可能である。そこで

$$(2.1) \qquad TA(u) \equiv \lim_{T \to \infty} \frac{1}{T} \int_0^T \mathbf{1}(y_t \in u)dt, \qquad u \in \sigma(\mathbb{Y})$$

が存在するならば、これを 時間平均 (Time Average) と呼ぶ。言葉で言えば、

　　「y_t が u の値をとっている時間の割合を $T \to \infty$ にした極限」

である。図 2.1 では、黒塗り部分の時間割合が (2.1) である。

　$TA(u)$ が $(\mathbb{Y}, \sigma(\mathbb{Y}))$ 上の全測度 1 の測度になるとき、それを**時間平均分布**と呼ぶ。これを表 1.2.1 のような理論値に使いたい。"分布"と呼んでいるが、ϕ は固定しているので、基礎の確率測度 $\mathbb{P}$ から生まれる分布ではない。

　i 番の客または集団の到着時点 $e(i)$ での値 $y_{e(i)}$ を使って、**到着平均**

$$\lim_{n \to \infty} \frac{1}{n} \sum_{i=1}^n \mathbf{1}(y_{e(i)} \in u),$$

あるいは i 番目の退去時点 d_i 直後の値 y_{d_i+} を使えば、**退去平均**となる。確率 1 で $e(n) \to \infty$ (仮定 1.6.1) より、この定義は意味をもつ。到着平均や退去平均のように時点で平均をとる場合を、総称して**時点平均**と呼ぶ。ϕ を固定して、これらが $(\mathbb{Y}, \sigma(\mathbb{Y}))$ 上の全測度 1 の測度になるとき、それぞれ**到着平均分布**、**退去平均分布**、**時点平均分布**と呼ぶ。

---

[1] 二変量の組で可測なとき、一方を固定すると他の変量で可測になる。フビニの定理の一部。

客ごとの変量では**客平均**がある。例えば、n 番の客の待ち時間を W_n とすると、客平均は、$W_i \leq a$ となる人数割合の極限

$$\lim_{n \to \infty} \frac{1}{n} \sum_{i=1}^{n} \mathbf{1}(W_i \leq a)$$

である。これを待ち時間が a 以下になる指標として使うのである。単一到着では到着時点と客は1対1に対応するので、到着平均と客平均は同一である。同様に、退去平均も客平均である。集団到着では、到着時点を一つと勘定した到着平均と、客ごとに勘定する客平均は異なる。

　集団到着において n を客番号 (通し番号) として系内客数 $\{h_n : n = 1, 2, \cdots\}$ を表してみよう。例えば、5人が系内にいるときに客番号 $n, n+1, n+2$ の3人が同時 $(e(n) = e(n+1) = e(n+2))$ に到着したとする。ならば、n 番の客は5人を系内に見たとして $h_n = 5$ とする。$n+1$ 番の客は、n 番の客も加えて、$h_{n+1} = 6$ とする。そして $h_{n+2} = 7$ とする。今度は5人系内にいて客番号 $n, n+1, n+2$ の3人が同時 $(d_n = d_{n+1} = d_{n+2})$ に退去するとき、n 番の客が後に残す客は4人、$n+1$ 番は3人、$n+2$ は2人として客平均を計算する。

　このようにすれば、客が系内では子を生まないならば、**バークの定理**[2]

　「系内客数の客退去平均と客到着平均は等しい。」

が成立する。というのも何度も系内客数が0になるモデルでは、ある客の到着で h_n が i から $i+1$ になれば、次に $i+1$ から i になる退去客が出る。つまり、i を固定すれば、これらの時点が交互に来るので、この命題が成り立つ。

　系内客数は便利である。その PGF から確率と積率が出る。標本路も描きやすい。客退去平均は客到着平均に等しく、次節の定理2.1は有益。後章では待ち時間にも応用する。これらから、系内客数の時間（到着）平均を主に議論する。

　なお図2.2 のように、時間 (時点) 平均分布は標本路の分布を定めない。

2.2　一時解、極限分布、時間平均

　前節では ϕ を固定して時間 (時点) 平均分布を定義した。後節で ϕ を確率変数 Φ に替えて確率的特性を議論する。時間 (時点) 平均分布は定義自体が少し込み

---

[2]Burke(1956) は M/M/m 等の退去時点がポアソン点過程になることを示した。同時に示した上記命題を含めてバークの定理と呼ぶ。ただし、バークの定理は系内客数に限定し、一般的には**率保存則**の語が用いられる。

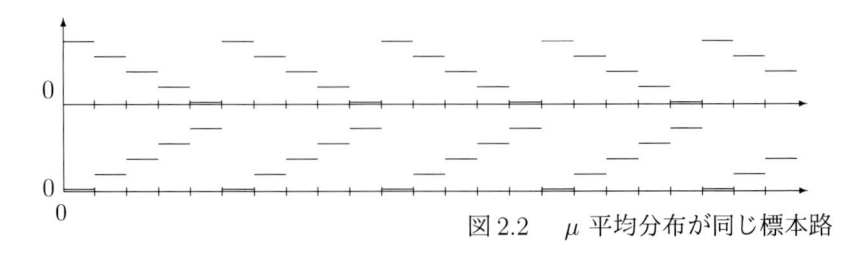

図 2.2　　μ 平均分布が同じ標本路

入っているので、早くから議論されたわけではない。読者も、なぜこれらに焦点を合わせるのか疑問に思われるであろう。そこで色々な分布が登場したことについて述べておこう。

20 世紀初頭にアーランが待ち行列論を始めたときから確率は使われたが[3]、本格化したのは第二次世界大戦前後からである。戦後 M/M/1 などで**一時解**の研究に幾つかの成果があった。一時解とは、初期状態を固定し、時点 t も固定した注目変数 y_t の確率測度 $Pr(y_t \in u)$ のことである。これが求まれば、この時点での客数予測ができるので有益である。筆者が待ち行列を始めた 1970 年代後半、ある発表者が待ち行列論の目的は一時解を求めることだとおっしゃったことを覚えている。一時解はそれほど重要な概念であった。しかし、その後はそのような意見は聴かない。というのも一時解を求めるのは困難で、可能でも t に依存する複雑な式になる。そのため一時解の研究は下火になった。

一方、**極限分布**が議論されたのは早かった。一時解が t を固定するのに対し、極限分布は、初期状態を固定して、時点 t を無限に向けたとき、分布 $Pr(y_t \in u)$ が全測度 1 の測度に何らかの基準で向かうならば、その測度である (図 2.3)。収束が早いならば、これは一時解の近似にもなる。

極限分布に注目が集まったのは、それがいくつかのモデルにおいて簡潔な式として数学的に導き出されたからであろう。アーランの損失式もこの範疇に入るのかもしれないが、最初の成果は大戦前のポラチェックとキンチンの待ち時間の研究としよう。続いてジェンセン (1948 年) がマルコフ連鎖の成果を M/M/m に応用して系内客数の分布を示している。さらに、ケンドール (1951 年) は M/G/1 の

---

[3]日本ではアーランに少し遅れて、寺田寅彦が「電車の混雑」(大正 11 年「寺田寅彦随筆集」) を書いている。日本の待ち行列研究は戦後河田龍夫が米国留学から帰り広めたというのが、常識であったが、筆者の調査では、戦前にも待ち行列理論を輸入しようと文献の刊行や研究グループもできた。しかし、戦局の本格化のため立ち消えになったようである。

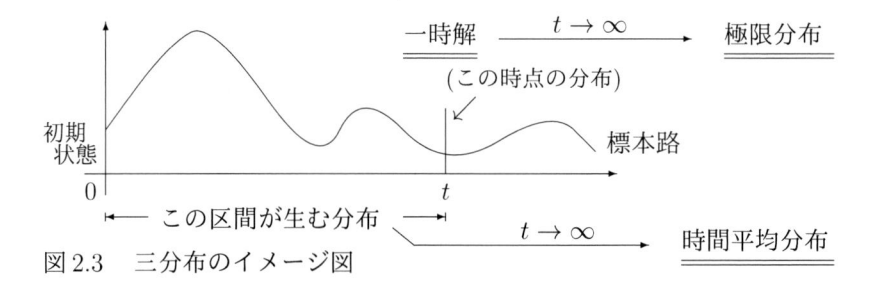

図2.3 三分布のイメージ図

退去直後の系内客数等を離散時点のマルコフ連鎖とみてその分布の PGF を引き出した。これらを契機に、極限分布が盛んに議論されるようになった。

一時解や極限分布は、通常初期状態を固定する。一方、初期条件を示さず、

$$x_t^* = f(x_s^*, S_s^{\leftarrow}\phi, t - s), \qquad s < t$$

を満たす定常過程 x_t^* が存在するならば[4]、その一時点の分布 $Pr(x_i \in u)$ を**定常分布**と呼ぶ。定常過程であるからこれは t に依存しない。極限分布が遠い未来の話なので不安感を与えやすいが、定常分布はどの時点でも同じである。そのため極限分布の不安感がやわらぐ。離散型マルコフ連鎖では、当時極限分布、時点平均分布、定常分布の一致条件が明らかになってきたので[5]、ケンドールが見つけた分布の信頼性も高まった。

これら以外では、平均群については、前述のバークが最初のようである。少し遅れてウォルフ (1982) が、ポアソン到着では一般的に時間平均分布と到着平均分布は一致するという PASTA を発表した[6]。

図2.4 を見ていただきたい。一時解も含めると系内客数だけでこのように8つ

---

[4] マルコフ連鎖論では推移行列を使って定義する。

[5] 例えば、K. L. Chung "Markov Chains", Springer。

[6] "時間平均 (Time Average)" の命名について。アーレンフェスト夫妻の本 (原本は独語 1912 年 (未確認)、英訳本 1959 年 p.22) が最初のようだ。待ち行列論では、1970 年のウォルフの論文。彼の造語 PASTA (Poisson Arrivals See Time Average) によって、"Time Average" が定着した。そこで本人に確かめた。記録の意味で、彼の返事をそのまま載せる。

"I have always been a "sample path guy" in the way I think about the evolution of stochastic processes, before the term "sample path" gained popularity. In this mode, terms "time average" and "arrival average" seemed natural to me.

1970 is too long ago for me to be sure, but I don't recall borrowing these terms from someone else, and don't know whether anyone used either term before I did in a published paper in queueing theory." (2011/4/14 Professor Ron Wolff からのメールの一部)

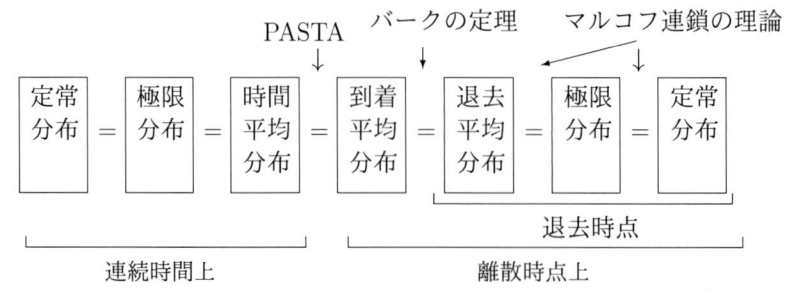

図2.4　M/G/1における系内客数の分布

も検討すべき分布がある[7]。マルコフ連鎖論、バークの定理、PASTA を使って、M/G/1 では右の 5 つは等しくなる。ケンドールが退去時点という特殊な時点に着目したことは高く評価されたが、特殊であることは使いにくい。それを PASTA が連続時間上の分布と繋げたことは、応用上も有意義であろう。

　しかし PASTA が繋げたのは時間平均分布であって、まだ左端の二つが残っている。これらの分布の存在は点過程の導入時に証明されたが、二つの等号については筆者の論文[8]でも証明している。以上より、M/G/1 では、証明が簡潔かどうかは別にすると、図の右端から始まって左端に 20 世紀中に到達した。短過程法の出番は全くなかった。一方、モデルは無数にあって、論文競争に資するところ大であるが、少しのモデル変形でも上記の右端から左端への論理が破綻する。例えば、ケンドールの方法は、マルコフ連鎖論に合うように時点と変数を選び、その均衡方程式を解くものである。しかし、変形モデルの均衡方程式は複雑で解けない。マルコフ連鎖論が使えないとすると、他の方法の代表は補助変数法であろう。この方法は汎用性があり、20 世紀後半の中心的手法であったが、筆者には、その論理性が明確でなく、使うのがためらわれた。もう一つは再生過程を利用しようとするものであるが、結果は大きなものとは言いがたい。というのも、モデルの再生性が自明でも再生間隔の期待値有限性をまず証明しなければならない。

<hr>

[7]厳密に言えば、到着時点で見た系内客数の極限分布と定常分布があるので、10 個である。

[8]Journal of Applied Probability, Vol.35(1998 年)pp.418-426. この論文の ergodicity で証明している。この論文の主目的は、図 2.4 の左端の意味を示した点である。他の点過程関係の論文でも言及しているかもしれない。ともかくこの図の完成までに約 47 年かかったことになる。このテーマに関しては、一般論と特殊論、あるいは系内客数と待ち時間が入り乱れ、さらに非定常議論まで参入し、気が狂いそうであった。もちろん図 2.4 は本書独自である。

これは少し複雑な M/G/1 変形モデルでも当時は困難であった。

　さて、本書は、焦点を時間 (到着) 平均に合わせる。退去時点ではない。そしてどちらも単独では力を発揮できない再生過程と平均群を結び付ける。結果として、多数の M/G/1 変形モデルで時間 (到着) 平均分布の PGF を得る。時間平均分布と到着平均分布は平行して求めるので、PASTA は使わない。多くの変形モデルでも図 2.5 の右 5 つは、M/G/1 と同様にして等しいことがわかる。この続きは 2.4.4 節で話す。

2.3　μ 平均

　本節から本書独特の表記に入る。I は時間軸 $(0, \infty)$ 上の区間として、以下の $\mu(I, u)$ を使えば、時間平均と時点平均を統一して扱える。

　(2.1) の時間平均の場合

$$(2.2) \qquad \mu(I, u) = \int_I \mathbf{1}(y_t \in u) dt,$$

$\lim_{i \to \infty} s_i = \infty$ (仮定 1.5.1.) なる時点 $(0 <) s_1 \leq s_2 \leq \cdots$ で取る時点平均では、

$$(2.3) \qquad \mu(I, u) = \sum_{s_p \in I} \mathbf{1}(y_{s_p} \in u)$$

とおく。これら両形式のみ考える。

　今後 μ をよく使うので、混乱を避けるため次のようにする。

(1)　　(2.2) のみを指すときは時間平均と記す。(2.3) のみを指すときは時点平均と記す。μ 平均と言えば、その両方を含んでいる。

(2)　　$\mathbb{Y}$ については $\{0, 1, 2, \cdots\}$、$\mathbb{R}$、距離空間一般のいずれかを記す。

$\mu(I) \equiv \mu(I, \mathbb{Y})$ とおくと、μ は (2.2) ではルベーグ測度、(2.3) では時点 s_i の測度が 1 の計数測度となる。そしてどちらも $\mu(I, u) = \int_I \mathbf{1}(y_t \in u) d\mu$ と表せる。

$\mathbb{Y}$ は距離空間として、μ は次の性質を持つ。

(1)　　$u_1 \subset u_2$ ならば、$\mu(I, u_1) \leq \mu(I, u_2)$. $u_1, u_2, \cdots$ が排反集合ならば、

$$\sum_{i=1}^{\infty} \mu(I, u_i) = \mu\Big(I, \sum_{i=1}^{\infty} u_i\Big).$$

(2) $I_1 \subset I_2$ ならば、$\mu(I_1, u) \le \mu(I_2, u)$. 特に、$I_1, I_2, \cdots$ が排反ならば、
$$\sum_{i=1}^{\infty} \mu(I_i, u) = \mu\Big(\sum_{i=1}^{\infty} I_i, u\Big).$$

(3) I が有界ならば、$0 \le \mu(I, u) < \infty$.

(4) $\lim_{T \to \infty} \mu((0, T)) = \infty, \quad w.p.1.$

μ と y_t が定まると、$\mu((0, T)) > 0$ なる T において

$$\mu A_T(u) = \frac{\mu((0, T), u)}{\mu((0, T))}, \qquad u \in \sigma(\mathbb{Y})$$

とおく。上記 (1) から $\mu A_T(u)$ は $\sigma(\mathbb{Y})$ 上の確率測度の性質をもつ。

$T \to \infty$ のとき、$\mu A_T(u)$ の極限

$$\mu A(u) = \lim_{T \to \infty} \mu A_T(u)$$

が存在すれば、これを u の μ 平均 (μ average) と呼ぶ。μA が $\mu A(\mathbb{Y}) = 1$ となる $\sigma(\mathbb{Y})$ 上の測度ならば、μ 平均分布と呼ぼう。時間平均ならば、時間平均分布、到着平均ならば、到着平均分布である。

μ 平均分布が存在しない典型は、発散 (距離 $d(y_t, 0) \to \infty$) する場合である。このときは全ての有界集合 u に対して、$\mu A(u) = 0$ となる。

2.4 確率過程の μ 平均

2.4.1 μ 平均分布

ここからは確率を考える。0 時点である初期状態 $\boldsymbol{a}(\in \mathbb{X}^S)$ をもって状態過程 $\boldsymbol{x}_t^0(\phi, \boldsymbol{a})$ が始まるとする (1.8 節)。注目変数 $y(\boldsymbol{x})$ は $(\mathbb{X}^S, \sigma(\mathbb{X}^S))$ からある距離空間 $(\mathbb{Y}, \sigma(\mathbb{Y}))$ への可測写像とする。そして、$y_t = y(\boldsymbol{x}_t^0(\phi, \boldsymbol{a}))$ は

$$(\phi, t) \quad \longrightarrow \quad \boldsymbol{x}_t^0(\phi, \boldsymbol{a}) \quad \longrightarrow \quad y(\boldsymbol{x}_t^0(\phi, \boldsymbol{a})) \quad \longrightarrow \quad \{y_t : 0 < t < \infty\}$$

$$(\mathbb{M} \times \mathbb{R}, \sigma(\mathbb{M} \times \mathbb{R})) \quad (\mathbb{X}^S, \sigma(\mathbb{X}^S)) \qquad (\mathbb{Y}, \sigma(\mathbb{Y})) \qquad\qquad (\mathbb{D}_\mathbb{Y}, \sigma(\mathbb{D}_\mathbb{Y}))$$

を経て、$(\mathbb{D}_\mathbb{Y}, \sigma(\mathbb{D}_\mathbb{Y}))$ への可測写像になる。そして前節の式は

(2.4)
$$\mu(I, u) = \int_I \mathbf{1}\big(y(\boldsymbol{x}_t^0(\phi, \boldsymbol{a}) \in u)\big) d\mu$$

66

と表せる。

μA は一本の標本路に対して定まるから、$\mu A_T(u)$ と $\mu A(u)$ は本来それぞれ $\mu A_T(u, \omega)$、$\mu A(u, \omega)$ と記すべきである。ここで確率を導入したとき、本書は次の命題が成立する $F(u)$ を、各モデルで求めるよう努める。

命題 2.1　$(\mathbb{Y}, \sigma(\mathbb{Y}))$ 上の全測度 1 の測度 $F(u)$ があって、任意の $u(\in \sigma(\mathbb{Y}))$ に対して、確率 1 で $\mu A(u, \omega)$ が存在し、$\mu A(u, \omega) = F(u)$ となる。

この命題は、確率 1 で標本路は μ 平均分布を持つことを意味しない。というのも (2.5) は、任意に u を固定したとき、確率 1 の集合 $D_u(\in \sigma(\Omega))$ があって、$\omega \in D_u$ ならば、$\mu A(u, \omega)$ が存在し、$F(u)$ に一致するということである。しかし、D_u は u に依存するから、$\bigcap_u D_u$ は確率 1 の集合を含まないかもしれない。幸いなことに、系内客数では、次の定理で確率 1 の集合を含む。

定理 2.1　$\mathbb{Y} = \{0, 1, 2, \cdots\}$ の場合、命題 2.1 が成立すれば、Ω に確率 1 の集合があって、ω がその元ならば、任意の $u(\subset \mathbb{Y})$ に対し[9]、$\mu A(u, \omega) = F(u)$ となる。すなわち、y_t の標本路は、確率 1 で同一の μ 平均分布 F をもつ。このとき μA_T は、全変動 (付録 2.7 節) で収束する。

（証明）　$\{j\}(j \in \mathbb{Y})$ は j のみからなる一点集合とする。命題 2.1 が成立するので、$D_{\{j\}}$ は確率 1 である。$\mathbb{Y}$ は可算集合より、$D \equiv \bigcap_{j \in \mathbb{Y}} D_{\{j\}}$ も確率 1 で、

$$(2.5) \qquad \lim_{T \to \infty} \mu A_T(\{j\}, \omega) = \mu A(\{j\}, \omega) = F(\{j\}), \qquad {}^\forall j \in \mathbb{Y}, \quad \omega \in D$$

となる[10]。

次に任意の u に対し、$D \subset D_u$ を証明しよう。任意に $\omega(\in D)$ と $u(\subset \mathbb{Y})$ を選ぶ。さらに、任意に正の数 ϵ_1 と ϵ_2 を選ぶ。F は $F(\mathbb{Y}) = 1$ なる測度であるから、$0 \leq F(\{n+1, n+2, ...\}) < \epsilon_1$ なる整数 n が存在する。$C_n = \{0, \cdots, n\}(\subset \mathbb{Y})$ とおく。(2.5) より、正の数 $T_n(\omega)$ があって、$T > T_n(\omega)$ ならば、

$$\left| \mu A_T(u \cap C_n, \omega) - F(u \cap C_n) \right| = \left| \sum_{0 \leq i \leq n, i \in u} \left(\mu A_T(\{i\}, \omega) - F(\{i\}) \right) \right|$$
$$\leq \sum_{0 \leq i \leq n} \left| \mu A_T(\{i\}, \omega) - F(\{i\}) \right| < \epsilon_2,$$

---

[9] $\sigma(\mathbb{Y})$ は 1.2.1 節。

[10] $\{0, 1, 2, \cdots\}$ は可算集合であるが、この部分集合の全体は連続体の濃度を持つから、後半の証明が必要。拙著前掲書第 1 章参照。

かつ $\epsilon_2 \to 0$ ならば、$T_n(\omega) \to \infty$ となる $T_n(\omega)$ が存在する。よって

$$\mu A_T(u \cap (\mathbb{Y} - C_n), \omega) \le \mu A_T((\mathbb{Y} - C_n), \omega) = 1 - \mu A_T(C_n, \omega)$$
$$\le 1 - F(C_n) + \epsilon_2 < \epsilon_1 + \epsilon_2.$$

したがって、

$$\left| \mu A_T(u, \omega) - F(u) \right| \le \left| \mu A_T(u \cap C_n, \omega) - F(u \cap C_n) \right|$$
$$+ \left| \mu A_T(u \cap (\mathbb{Y} - C_n), \omega) \right| + \left| F(u \cap (\mathbb{Y} - C_n)) \right|$$
$$< 2\epsilon_1 + 2\epsilon_2.$$

ここから $\lim_{T \to \infty} \mu A_T(u, \omega) = \mu A(u) = F(u)$ となり、$\omega \in D_u$、すなわち $D \subset D_u$ である。

　最後に上記 n, ϵ_1, ϵ_2 は u に依存しないので、μA_T は全変動で収束する。　□

　$\mathbb{Y} = \mathbb{R}$ ではこの定理のような強い結果は得られていないが、次の定理から、確率 1 の集合上で、少なくとも $\mu A_T(u, \omega)$ は $F(u)$ に弱収束する。

定理 2.2　$\mathbb{Y} = \mathbb{R}$ かつ命題 2.1 が成立するとする。Ω に確率 1 の集合があって、その元 ω では、全ての x に対し、$\mu A((-\infty, x], \omega) = F((-\infty, x])$ となる。

　（証明）　命題 2.1 から $D_{(-\infty, r]}$ の確率は 1 である。有理数の全体は可算なので、$D \equiv \cap D_{(-\infty, r]}$ (r は有理数) の確率は 1 である。$\omega \in D$ ならば、命題 2.1 から全ての有理数 r に対し、$\mu A((-\infty, r], \omega) = F((-\infty, r])$ となる。x が $F((-\infty, x])$ の連続点では、任意の正の数 ϵ に対し、

$$r_1 \le x < r_2, \quad F((-\infty, r_2]) - F((-\infty, r_1]) < \epsilon$$

となる有理数 r_1, r_2 が存在する。μA_T の定義から

$$\mu A_T((-\infty, r_1], \omega) \le \mu A_T((-\infty, x], \omega) \le \mu A_T((-\infty, r_2], \omega).$$

$\omega \in D$ ならば、$T \to \infty$ のとき、左辺と右辺はそれぞれ $F((-\infty, r_1])$, $F((-\infty, r_2])$ に向かう。x は F の連続点であるから、$r_1 \to x$, $r_2 \to x$ とすれば、$\mu A_T((-\infty, x], \omega)$ も極限を持ち、$\mu A((-\infty, x], \omega) = F((-\infty, x])$ が言える。よって、$D \subset D_{(-\infty, x]}$.

$F((-\infty, x])$ の非連続点の全体 E は可算であるから[11]、$D \bigcap \left(\bigcap_{x \in E} D_{(-\infty, x]} \right)$ は確率 1 である。ω がこの集合の元ならば、連続、非連続に関わらず (2.5) が成立する確率 1 の集合が存在する。 $\qquad \square$

この定理は任意の $u \in D$ ではなく、$(-\infty, x]$ の形の集合に対してのみであることが、前定理と違うところである。

2.4.2　$S_s^{\leftarrow} \mu$

$S_t^{\leftarrow} \phi$ は 1.6.2 節で定義した。ここでは $S_s^{\leftarrow} \mu$ について述べる。これは測度 μ を左に移動したもので、$(S_s^{\leftarrow} \mu)(D) = \mu(D + s)$ と定義できる。時間平均では、μ はルベーグ測度なので、$S_s^{\leftarrow} \mu$ もルベーグ測度、すなわち $(S_s^{\leftarrow} \mu)(D) = \mu(D)$ が成立する。問題は時点平均である。(2.3) の s_i には条件が付いていない。待ち行列ではほとんどの場合、ϕ と $\boldsymbol{x}_t^0(\phi, \boldsymbol{a})$ から s_i が定まる。

定義 2.1　時点平均の計数測度 μ において、$\mu(\{s_i\}) > 0$ となる時点 s_i の全体を J とする。J のすべての時点が次の (1) で定まるならば、μ は ϕ から定まるという。(2) から定まるならば、$\boldsymbol{x}_t^r(\phi, \boldsymbol{a})$ から定まるという。(1)(2) どちらも J に含まれるならば、ϕ と $\boldsymbol{x}_t^r(\phi, \boldsymbol{a})$ から定まるという。

(1)　ある集合 $K_0 (\in \sigma(\mathbb{K}))$ があって、ϕ のある到着時点 $e(n)(> r)$ のマークが $\boldsymbol{\tau}_n \in K_0$ を満たすとき $e(n) \in J$.

(2)　ある集合 $X_0 (\in \sigma(\mathbb{X}))$ があって、状態が X_0 から出る $(\boldsymbol{x}_t^r(\phi, \boldsymbol{a}) \in X_0,\ \boldsymbol{x}_{t+}^r(\phi, \boldsymbol{a}) \notin X_0)$、または X_0 に入る $(\boldsymbol{x}_t^r(\phi, \boldsymbol{a}) \notin X_0,\ \boldsymbol{x}_{t+}^r(\phi, \boldsymbol{a}) \in X_0)$ ならば、$t \in J$.

定義の (1) の典型は到着平均、(2) のそれは退去平均である。

計数測度 μ が ϕ と $\boldsymbol{x}_t^0(\phi, \boldsymbol{a})$ から定まるとする。ϕ のある到着時点 $e(n)$ のマークが $\boldsymbol{\tau}_n \in K_0$ を満たすとしよう。$e(n) - s$ は $S_s^{\leftarrow} \phi$ の到着時点であり、そのマークは $\boldsymbol{\tau}_n$ なので、K_0 に含まれる。同様に $\boldsymbol{x}_t^0(\phi, \boldsymbol{a}) \in X_0$ ならば、1.9.3 節より $\boldsymbol{x}_{t-s}^{-s}(S_s^{\leftarrow} \phi, \boldsymbol{a}) \in X_0$ である。よって $S_s^{\leftarrow} \mu$ は $S_s^{\leftarrow} \phi$ と $\boldsymbol{x}_{t-s}^{-s}(S_s^{\leftarrow} \phi, \boldsymbol{a})$ から定まる。

2.4.3　再生過程の μ 平均分布

1.11 節の条件 (3) を満たす再生過程 $\boldsymbol{x}_t^0(\Phi, \boldsymbol{a})$ において、その再生点を $\{t_i\}$、区

---

[11] 拙著前掲書 5.2 節

間を $I_k = (t_k, t_{k+1}]$、状態を $\boldsymbol{h}_k = \boldsymbol{x}^0_{t_k}(\Phi, \boldsymbol{a})(\in H)$ とおく。このとき距離空間 $\mathbb{Y}$ の値をとる確率過程 $y_t \equiv y(\boldsymbol{x}^0_t(\Phi, \boldsymbol{a}))$ は、命題 2.1 を満たすことを示そう。

$u \in \sigma(\mathbb{Y})$ ならば、

$$\mu(I_k, u) = \int_{I_k} \mathbf{1}(y(\boldsymbol{x}^0_t(\phi, \boldsymbol{a})) \in u) d\mu$$

$\boldsymbol{x}^0_t(\phi, \boldsymbol{a}) = \boldsymbol{x}^{-t_k}_{t-t_k}(S^{\leftarrow}_{t_k}\phi, \boldsymbol{a}) = \boldsymbol{x}^0_{t-t_k}(S^{\leftarrow}_{t_k}\phi, \boldsymbol{h}_k)$ より

$$(2.6) \qquad = \int_0^{t_{k+1}-t_k} \mathbf{1}(y(\boldsymbol{x}^0_t(S^{\leftarrow}_{t_k}\phi_{[t_k,\infty)}, \boldsymbol{h}_k)) \in u) d(S^{\leftarrow}_{t_k}\mu).$$

$\boldsymbol{h}_k \in H$ なので、(2.6) に影響する確率変数は $(t_{k+1} - t_k, S^{\leftarrow}_{t_k}\Phi_{[t_k,\infty)})$ になる。1.11 節の条件 (3) を満たすので (2.6) は i.i.d. である。

補助定理 2.1　任意の区間 I に対し、$0 < E(\mu(I)) < \infty$ ならば

$$G(u) = \frac{E(\mu(I, u))}{E(\mu(I))}$$

は $(\mathbb{Y}, \sigma(\mathbb{Y}))$ 上で全測度 1 の測度である。

（証明）　$G(\mathbb{Y}) = 1$ は明らか。$\sigma(\mathbb{Y})$ の元 $u_1, u_2, \cdots$ は排反集合とする。$\mu(I, \sum_{i=1}^j u_i) \leq \mu(I) < \infty$ であるから、ルベーグ積分の有界収束定理によって、

$$\sum_{i=1}^{\infty} E(\mu(I, u_i)) = E\Big(\mu\Big(I, \sum_{i=1}^{\infty} u_i\Big)\Big).$$

ここから $G(u)$ は完全加法性をもち、全測度 1 の測度になる[12]。　　　　□

定理 2.3　$\boldsymbol{x}^0_t(\phi, \boldsymbol{a})$ が上記の再生性をもてば、y_t について命題 2.1 が成立する。すなわち、任意の $u(\in \sigma(\mathbb{Y}))$ に対し、確率 1 の集合 D_u があって、

$$\mu A(u, \omega) = \frac{E(\mu(I_1, u))}{E(\mu(I_1))}, \qquad \omega \in D_u$$

となる。右辺は命題 2.1 の $F(u)$ になり得る。

（証明）　時間 T に対し、$t_{q+1} \leq T < t_{q+2}$ で整数 q を定める。1.11 節の定義から $0 < E(t_{i+1} - t_i) < \infty$ なので、大数の法則により、$T \to \infty$ のとき確率

---

[12]拙著前掲書 2.2.2 節

1 で $q \to \infty$ となる。(2.7) から任意の u に対し、$\mu(I_k, u)(k \geq 1)$ は i.i.d. かつ $E(\mu(I_k, u)) \leq E(\mu(I_k)) < \infty$. そこで、大数の法則より、$T \to \infty$ のとき、

$$\frac{\mu((0,T),u)}{q} = \frac{1}{q}\Big\{ \sum_{k=0}^{q} \mu(I_k, u) + \mu((t_{q+1}, T), u) \Big\}, \qquad I_0 = (0, t_1].$$

は確率 1 で $E(\mu(I_1, u))$ に向かう。よって、

$$\mu A(u, \omega) = \lim_{T \to \infty} \frac{q}{\mu((0,T))} \frac{\mu((0,T),u)}{q} = \frac{E(\mu(I_1, u))}{E(\mu(I_1))}, \qquad w.p.1.$$

補助定理から右辺は確率測度の性質を持つので、命題 2.1 が成立する。 □

系　y_t が $\mathbb{Y} = \{0, 1, 2, ...\}$ の値をとる再生過程ならば、定理の条件下で、確率 1 で標本路は同一の μ 平均分布をもつ。

定理 2.1、2.3 からこの系が言える。以後はこの系のみで十分であるが、定理 2.2 のように $\mathbb{Y}$ を広げてもある程度のことは言える。そこで定理 2.3 の $F(u)$ を再生過程 y_t の μ **平均分布**と呼ぶ。

2.4.4　μ 平均分布と極限分布

M/G/1 では図 2.4 の 7 つの分布は等しい。しかし、他のモデルでは μ 平均分布が存在しても、**極限分布**

$$\lim_{t \to \infty} Pr(y_t \in u)$$

が存在するとは限らない。図 2.4 で言えば、左から二つ目の等号である。例えば、基本モデルの M/G/1/MV において、サービス時間と休憩時間は自然数をとる確率変数としよう。このとき最初の休憩が 0 時点で始まるならば、その休憩終了時点は自然数である。その時点に客がいればサービスが始まり、その終了時点も自然数である。M/G/1/MV ではどの時点もサービス中か休憩中なので、ポアソン到着にもかかわらず、退去時点は自然数の時点になる。ならば、自然数の時点の直前と直後を比べると、系内客数が減ることはあっても、増える確率は 0 である。よって直前は直後より系内客数が確率的に大きい。よって極限分布は存在しない。つまり、$\lambda b < 1$ ならば、$Pr(y_t \in u)$ は振動する。極限分布は、その意味を訴えやすい指標であるが、それに言及するときは、存在条件を丹念に調べる必要がある。これが容易ではない場合が多い。

一方、μ 平均分布の存在については、再生間隔が期待値有限の再生過程であることだけを確認すればよい。この分布の欠点としては、その現実的意味がわかりにくいことである。本書では証明しない[13]が、サーバー一人のモデルでは極限分布、定常分布、μ 平均分布の三者は一致する場合が多い。したがって、多重休憩以外は気にしなくて良いと思う。

　以上より本書の考えは、μ 平均分布の存在条件は簡単で、分布も得られやすそうなので、それをまず求めてみようということである。

　μ 平均分布は存在するが、極限分布は存在しないというこの問題は、そもそも待ち行列論が最初ではなかった。19 世紀に物理学者のボルツマンが閉じた空間内の気体を、多数の飛び交う分子の集まりと見て、それら分子群の挙動を論じた。まもなく他の研究者たちが、一つの分子を、位置、方向、速度等の数個の指標で示し、それを全分子についてまとめ、巨大次元空間の一点で表し、気体の挙動を微分方程式の解、すなわちこの巨大次元空間の曲線で表した。ボルツマンは、数学は使っていないが、彼らの表現形式を取り入れ、その解曲線を一本の道 (Bahn)[14] と呼び、さらに、それが任意に指定した空間の領域を何度も通過するその通過時間の和を全時間 T で割った比を考えた。それは我々の言葉で言えば時間平均分布である。つまり確率とは関係ない微分方程式の解から生まれる確率測度によって、ある日ある一瞬に見た分子の散らばりを表現しようとしたのである。

　我々は最初から確率を設定しているが、μ 平均は各 ω について存在し得ることを知った。それに合わせて言えば、ボルツマンの Bahn とは、一つの ω に確率 1 が集中している場合のことである。そして彼は我々が言うところの時間平均分布をもって、分子の分散状態を表現しようとしたのである。

　ボルツマンの論文を論評したのは、マクスウェルであった。マクスウェルは、

---

[13]筆者はこの研究をしてきたので、詳説したいが、その対象は複数サーバー等のより複雑なモデルが主である。そのためそれを本格的に記せば、短過程と関係ないことに多数の頁を割くことになる。このために書かないことにする。モデルによっては、予想外のことがありうる。例えば、2.2 節で、定常分布は極限分布に伴う心理的不安を取り除くと説明した。定常分布の存在を仮定する文献も多いが、これもモデルによっては特殊な現象を呈する。例えば、待合室がない複数サーバーのモデルでは、入力分布は一つなのに複数の出力分布が存在することが報告されている。Bernd Lisek の論文、Math. Operationsforsch, Ser. Statistics, Vol.10(1979).

[14]ボルツマンは、その後この系をエルゴードと呼んだが、理由は全く述べていない。アーレンフェスト夫妻の説明では、ギリシャ語で "エネルギーの道" という意味らしい。ボルツマンは歴史の講義もし、論文では "Bahn" を多用していることからも、その解釈は正しいと思う。

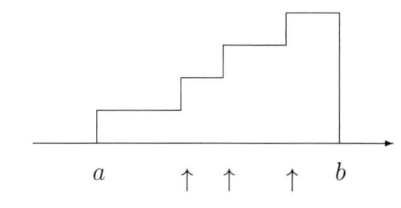

M/G/1 最初の客は a 時点に到着し、ただちにサービスを受け、b で退去する。

図2.5　M/G/1 最初の客のサービス期間上の短過程

若きボルツマンを最高にほめているが、時間平均分布で現実を見ることには相当不安であったようで、自分にはわかりにくいと言っている。

　この続きは、9.5節を経由して 15.2.3 と 15.2.4 節で話す。

2.5　短過程とその μ 平均分布

2.5.1　短過程の定義

　いよいよ短過程の説明をする。待ち行列論では有限区間上の確率過程が鍵になることがある。これを広い意味で**短過程**と呼ぶ。例えば、図2.5 は次章からよく利用するM/G/1 の稼働期間最初の客のサービス期間 $(a, b]$ 上の短過程である。また図1.15.1 の黒塗り部分は有限区間上の確率過程とみなせるから短過程である。短過程が、これらの例のようにサービスや休憩の開始とともに始まるならば、1.15.1 節の説明が有効である。十三章まではそのような短過程を扱う。しかし、サービスや休憩の途中での開始もありうる。

　例2.1　M/G/1の n 回目の稼働期間の開始時点を $a(n)$、終了時点を $b(n)$ とする。$a(n)$ から3人目の到着時点がその稼働期間内ならば、それを ν_n とし、そうでないならば、$\nu_n = b(n)$ とする。$(\nu_n, b(n))$ 間の系内客数や仮の待ち時間に関心があるとする。ところで、$\nu_n < b(n)$ ならば、ν_n はサービス途中である。

　この例の $(\nu_n, b(n))$ 間の系内客数は時点 ν_n の状態に依存するから、その確率構造の説明には、1.8節の状態過程が都合が良い。そこで**短過程**[15]とは、状態過程において確率変数 ν と v が与えられた有限区間上の部分

$$\{\boldsymbol{x}_t^0(\phi, \boldsymbol{a}) : \nu < t \leq \nu + \mathrm{v}\}, \qquad 0 \leq \nu < \infty,\ 0 \leq \mathrm{v} < \infty$$

---

[15]筆者の論文以前にも regenerative cycle(略して cycle) の語がちらほら論文に見えていた。しかし、この語は再生過程を意識しすぎで、また再生サイクルと訳せば長い。そこで、本書では"短過程"と呼ぶことにした。

と定義しよう[16]。

図 1.15.1 の黒塗り部分のように定数部分を除く場合は、状態を $\boldsymbol{x}_t = (\boldsymbol{x}_{1,t}, \boldsymbol{x}_{2,t})$ と表示し、$(\nu, \nu + \mathrm{v}]$ 上では、$\boldsymbol{x}_{1,t}$ は一定で、$\boldsymbol{x}_{2,t}$ がある関係式 $\boldsymbol{x}_{2,t}^\nu(\phi, \boldsymbol{b}) = f_2(\boldsymbol{b}, \phi, t - \nu)$ を満たすとする。式で書けば、$\nu < t \leq \nu + \mathrm{v}$ において

$$\begin{pmatrix} \boldsymbol{x}_{2,t} \\ \boldsymbol{x}_{1,t} \end{pmatrix} = f\left(\begin{pmatrix} \boldsymbol{b} \\ \boldsymbol{a} \end{pmatrix}, S_\nu^\leftarrow \phi, t - \nu\right) = \begin{pmatrix} f_2(\boldsymbol{b}, S_\nu^\leftarrow \phi, t - \nu) \\ \boldsymbol{a} \end{pmatrix}.$$

ν は、一部の ϕ に対してのみ定義することもある。例 2.1 でも、$\nu_n < b(n)$ の条件下での $(\nu, \nu + \mathrm{v}) = (\nu_n, b(n))$ 上の短過程は、$\{\phi : \nu_n < b(n)\}$ 上で定まる[17]。そこで、ν は 集合 $\tilde{E}(\in \sigma(\Omega))$ 上で定義されるとし、条件付き確率測度

$$\mathbb{P}(D|\tilde{E}) = \frac{\mathbb{P}(D \cap \tilde{E})}{\mathbb{P}(\tilde{E})}, \qquad D \in \sigma(\Omega)$$

の下で短過程を考えるとしよう。

2.5.2 短過程の確率構造

短過程の開始時点 ν の状態を $\boldsymbol{h}$ とおく。$\boldsymbol{h}$ に自由さを持たせたいので、短過程の区間は左半開区間 $(\nu, \nu + \mathrm{v}]$ とする。つまり、$\boldsymbol{h}$ が $\boldsymbol{x}_\nu^0(\phi, \boldsymbol{a})$ と異なってもその後が同じならば同じ短過程である。(1.8.3) 式より、ν 以後の状態は、$\boldsymbol{h}$ と $S_\nu^\leftarrow \phi_{[\nu,\infty)}$ を使って

$$\boldsymbol{x}_t^\nu(\phi, \boldsymbol{h}) = \boldsymbol{x}_{t-\nu}^0(S_\nu^\leftarrow \phi_{[\nu,\infty)}, \boldsymbol{h})$$

となる。間隔 v も $(\mathbb{X}^S \times \mathbb{M}, \sigma(\mathbb{X}^S \times \mathbb{M}))$ 上の非負値可測関数 $\mathrm{v}(\boldsymbol{h}, \phi)$ があって、$\mathrm{v} = \mathrm{v}(\boldsymbol{h}, S_\nu^\leftarrow \phi_{[\nu,\infty)})$ と表されるとしよう。ならば、短過程の標本路の ν 以後の形は $\boldsymbol{h}$ と $S_\nu^\leftarrow \phi_{[\nu,\infty)}$ から定まる (図 2.6)。

小さな仮定をしておこう。v が $\nu + \mathrm{v}$ 以後の入力にも依存するのは、短過程の主旨に反するので、$\nu + \mathrm{v}$ は、仮定 1.17.1 の t_ϕ の形になっているとする。

したがって短過程の位置に条件づけられない確率構造は、$\tilde{E}$ の条件下 (”ν が定義される”と同意。) で、確率変数 $(\boldsymbol{h}, S_\nu^\leftarrow \Phi_{[\nu,\infty)})$ の確率空間

$$(\mathbb{X}^S \times \mathbb{M}, \ \sigma(\mathbb{X}^S \times \mathbb{M}), \ \tilde{P})$$

$$\tilde{P}(D) = \mathbb{P}((\boldsymbol{h}, S_\nu^\leftarrow \Phi_{[\nu,\infty)}) \in D|\tilde{E}), \qquad D \in \sigma(\mathbb{X}^S \times \mathbb{M})$$

---

[16]状態過程を持ち込むのはこの定義と厳密な証明のためである。

[17]無条件の場合は、正の確率で $\mathrm{v} = 0$ となりうるので、区間の長さの期待値等が異なる。

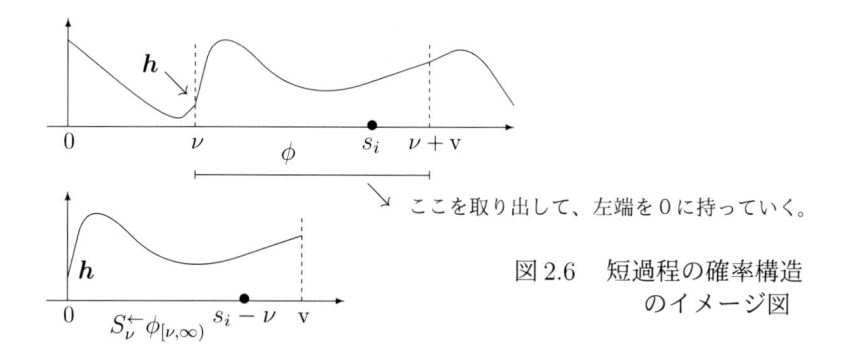

図2.6　短過程の確率構造
のイメージ図

によって定まる。図2.6で言えば、下図の形の確率構造である。

　本書は、同じ確率構造をもった短過程が繰り返し生じることに注目するから、位置はそれほど重要ではない。そこで、$\tilde{P}$ を**短過程の入力分布**と呼ぶ。また $(\nu_i, \boldsymbol{h}_i, \mathrm{v}_i)(\nu_1 + \mathrm{v}_1 \leq \nu_2)$ をもった二つの短過程において、確率変数 $(\boldsymbol{h}_1, S_{\nu_1}^{\leftarrow}\Phi_{[\nu_1, \nu_1 + \mathrm{v}_1)})$ と $(\boldsymbol{h}_2, S_{\nu_2}^{\leftarrow}\Phi_{[\nu_2, \nu_2 + \mathrm{v}_2)})$ が独立ならば、これら二つは、ν_1 と ν_2 に関係があっても、独立としばしば言う。

　$\tilde{E}$ の条件下で、$\mathrm{v} = \mathrm{v}(\boldsymbol{h}, S_{\nu}^{\leftarrow}\Phi_{[\nu, \infty)})$ の期待値は

$$E(\mathrm{v}|\tilde{E}) = \int \mathrm{v}(\boldsymbol{h}, S_{\nu}^{\leftarrow}\Phi_{[\nu, \infty)})d\mathbb{P}(\omega|\tilde{E}).$$

右辺の被積分関数のうち、$\boldsymbol{h}, \nu, \Phi$ が ω の関数である。これは

$$
\begin{aligned}
(2.7) \qquad &= \int \mathrm{v}(\boldsymbol{h}, \phi)d\tilde{P}(\boldsymbol{h}, \phi) \\
&= E(\mathrm{v}|\tilde{P})
\end{aligned}
$$

と、ν を明示しない形で表せる。

　以上の定義では、$\mathbb{X}^S \times \mathbb{M}$ 上の任意の確率測度が $\tilde{P}$ になりうる。そこで最初の条件として、短過程と言えば、常に次が成立しているとしよう。

　仮定 2.1　$0 < E(\mathrm{v}|\tilde{P}) < \infty.$

$(\nu, \nu + \mathrm{v}]$ 上の注目変数 $y_t = y(\boldsymbol{x}_t^{\nu}(\Phi, \boldsymbol{h}))$ は $\boldsymbol{h}$ と $S_{\nu}^{\leftarrow}\Phi_{[\nu, \infty)}$ から定まるので、この確率構造も $\tilde{P}$ によって定まる。このため $E(\mu((\nu, \nu + \mathrm{v}], u)|\tilde{E})$ も (2.7) のよ

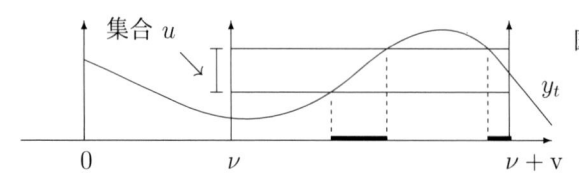

図 2.7　短過程の時間
平均分布

うに、ν を明示しない表記が可能になる。詳しく示せば、

$$E(\mu((\nu, \nu + \mathrm{v}], u)|\tilde{E}) = \int_{\tilde{E}} \int_{\nu}^{\nu+\mathrm{v}} \mathbf{1}(y(\boldsymbol{x}_t^0(\Phi(\omega), \boldsymbol{a})) \in u)d\mu d\mathbb{P}(\omega|\tilde{E})$$

$$= \int_{\tilde{E}} \int_{\nu}^{\nu+\mathrm{v}} \mathbf{1}(y(\boldsymbol{x}_t^\nu(\Phi(\omega), \boldsymbol{h})) \in u)d\mu d\mathbb{P}(\omega|\tilde{E})$$

$$= \int_{\tilde{E}} \int_{0}^{\mathrm{v}} \mathbf{1}(y(\boldsymbol{x}_t^0(S_\nu^{\leftarrow}\Phi, \boldsymbol{h})) \in u)d(S_\nu^{\leftarrow}\mu)d\mathbb{P}(\omega|\tilde{E})$$

$\tilde{\mu} = S_\nu^{\leftarrow}\mu$ とおくと、$\tilde{\mu}$ は、時間平均ではルベーグ測度である。時点平均では、$\psi = S_\nu^{\leftarrow}\phi$ と $\boldsymbol{x}_t^0(\psi, \boldsymbol{h})$ から定まる計数測度である。v も $(\boldsymbol{h}, \psi)$ から定まる。よって

$$= \int \int_0^{\mathrm{v}} \mathbf{1}(y(\boldsymbol{x}_t^0(\psi, \boldsymbol{h})) \in u)d\tilde{\mu}d\tilde{P}(\boldsymbol{h}, \psi)$$

$$= \int \tilde{\mu}((0, \mathrm{v}], u)d\tilde{P}$$

$$= E(\tilde{\mu}((0, \mathrm{v}], u)|\tilde{P}).$$

2.5.3　短過程の μ 平均分布

本書を通じて、追及するのは次の μ 平均分布である。

定義 2.2　$\mathbb{Y}$ は距離空間で、$0 < E\{\mu((\nu, \nu + \mathrm{v}])|\tilde{E}\} < \infty$ であるとき[18]、

$$q(u) = \frac{E\{\mu((\nu, \nu + \mathrm{v}], u)|\tilde{E}\}}{E\{\mu((\nu, \nu + \mathrm{v}])|\tilde{E}\}} = \frac{E(\mu((0, \mathrm{v}], u)|\tilde{P})}{E(\mu((0, \mathrm{v}])|\tilde{P})}, \qquad u \in \sigma(\mathbb{Y})$$

を $(\nu, \nu + \mathrm{v}]$ 上の短過程 y_t の μ **平均分布**と呼ぶ。

この定義を図 2.7 で言えば、区間 $(\nu, \nu + \mathrm{v})$ の長さ v に対する太線部分の長さの比を求めたいが、ν, v, y_t は確率変数なので、期待値の比で示している。

---

[18]時間平均では μ はルベーグ測度であるから、仮定 2.1 より $0 < E\{\mu((\nu, \nu + \mathrm{v}])|\tilde{E}\}$. 時点平均では $E\{\mu((\nu, \nu + \mathrm{v}])|\tilde{E}\} = 0$ もありうる。この場合、μ 平均分布は定義しない。

以下はこの定義の解釈。無限積 $((\mathbb{X}^S \times \mathbb{M})^{\mathbb{N}}, \sigma(\mathbb{X}^S \times \mathbb{M})^{\mathbb{N}}, \tilde{P}^{\mathbb{N}})$ を想定してみよう。これを確率空間と見れば、$\tilde{P}$ にしたがう確率変数 $(\boldsymbol{h}_i, \Phi_i)(i \in \mathbb{N})$ を独立に生起させる確率空間である。仮定 2.1 から $\mathrm{v}_i = \mathrm{v}(\boldsymbol{h}_i, \Phi_i)$ とおき、

$$t_i = \sum_{j=1}^{i} \mathrm{v}_j, \qquad i = 0, 1, 2, \cdots,$$

$$\Phi^*_{(t_{i-1}, t_i]} = S^{\leftarrow}_{-t_{i-1}} \Phi_{i,(0,\mathrm{v}_i]}, \qquad i = 1, 2, \cdots$$

でもって、t_i と Φ^* を作る。仮定 2.2 より確率 1 で $t_i \to \infty$ となる。さらに

$$y^*_{t_{i-1}+s} = y(\boldsymbol{x}^0_s(\Phi_i, \boldsymbol{h}_i)), \qquad 0 < s \le \mathrm{v}_i, \qquad i = 1, 2, \cdots,$$

とおく。これは $y(\boldsymbol{x}^0_s(\Phi_i, \boldsymbol{h}_i))(0 < s \le \mathrm{v}_i)$ を隙間なく繋げて作った再生過程である。よって定理 2.3 より、y^*_t の μ 平均分布は

$$\mu A(u, \omega) = \frac{E\{\mu((0, \mathrm{v}_1], u)|\tilde{P}\}}{E\{\mu((0, \mathrm{v}_1])|\tilde{P}\}}, \quad w.p.1$$

となり、定義 2.2 の式に等しい。

まとめると短過程の μ 平均分布の意義を問うと、

”この短過程と同じ確率構造の短過程を独立に生起させ、繋げて

作った架空[19]の再生過程の μ 平均分布 ”

のことである。以下の証明では、このような再生過程はほとんど持ち込まず、定義 2.2 をそのまま使う。

2.6 短過程の結合

次章から短過程の μ 平均分布を求める。その際、種になる単純な短過程の μ 平均分布をまず求める。次に異種の短過程を結合した短過程のそれを求める方法で、μ 平均分布が求まる短過程を増やしていく。このための結合方式を三つ説明する。三方式とも、ν は $\tilde{E}$ 上で定まり、$(\nu, \nu + \mathrm{v}]$ 上の短過程の y_t の μ 平均分布を $q(u)$ とする。

第一の結合方式 y_t の値域空間 $(\mathbb{Y}, \sigma(\mathbb{Y}))$ は距離空間とする。A は非負の整数値をとる確率変数で、$p^A_n = \mathbb{P}(A = n|\tilde{E})$ とおく。$0 < E(\mathrm{v}|\{A = n\} \cap \tilde{E}) < \infty$、か

---

[19]$(\Omega, \sigma(\Omega), \mathbb{P})$ から生まれるわけではないということ。

つ、$\psi_n \equiv E(\mu((\nu, \nu + v]) | \{A = n\} \cap \tilde{E})$ は $0 \le \psi_n < \infty$ を満たすとする。$\psi_n > 0$ ならば、$A = n$ の条件下での μ 平均分布を

$$q_n(u) = \frac{1}{\psi_n} E(\mu((\nu, \nu + v], u) | \{A = n\} \cap \tilde{E}), \qquad u \in \sigma(Y)$$

とおく。

補助定理1.14.1から $E(v|\tilde{E}) = \sum_{n=0}^{\infty} E(v|\{A = n\} \cap \tilde{E}) p_n^A$. $\psi \equiv E(\mu((\nu, \nu + v]) | \tilde{E})$ と $q(u)$ は次の定理で、ψ_n と $q_n(u)$ から得られる。なお応用の多くは有限個 $\psi_n = 0(n \ge m + 1)$ の場合である。

定理 2.4

$$(2.8) \qquad \qquad \psi = \sum_{n=0}^{\infty} \psi_n p_n^A$$

が成立する。$0 < \psi < \infty$ ならば、

$$(2.9) \qquad \qquad \psi q(u) = \sum_{n=0}^{\infty} \psi_n q_n(u) p_n^A, \qquad u \in \sigma(\mathbb{Y})$$

が成立する[20]。ただし、$\psi_n = 0$ または $p_n^A = 0$ の右辺の項は0とする。

(証明) 補助定理1.14.1から

$$(2.10) \qquad E\big(\mu((\nu, \nu + v], u) | \tilde{E}\big) = \sum_{n=0}^{\infty} E\big(\mu((\nu, \nu + v], u) | \{A = n\} \cap \tilde{E}_n\big) p_n^A.$$

この式に $u = \mathbb{Y}$ を代入すると (2.8) が得られる。

$0 < \psi < \infty$ ならば、前節の定義2.2の式に (2.10) を代入して (2.9) を得る。 $\square$

よく登場する $\mathbb{Y} = \{0, 1, 2, \cdots\}$ の場合、定理の q と q_n を PGF で表し、

$$\Pi(z) = \sum_{i=0}^{\infty} z^i q(\{i\}), \qquad \Pi(z : n) = \sum_{i=0}^{\infty} z^i q_n(\{i\}),$$

とする。このような表現を、**短過程の μ 平均PGF** と呼ぶ。定理の条件下で左の式に定理の式を代入すると

$$\psi \Pi(z) = \sum_{i=0}^{\infty} \sum_{n=0}^{\infty} z^i \psi_n q_n(\{i\}) p_n^A.$$

---

[20](2.9) の左辺を $q(u)$ ではなくて、$\psi q(u)$ にしたのは、左は $\tilde{P}$ について、右は $\tilde{P}_n$ についてと分けたもので、応用になるとこの表現が覚えやすいように思えるのでこうした。

右辺は $|z| \le 1$ において絶対収束するから[21]、Σ を交換すると、

$$\psi \Pi(z) = \sum_{n=0}^{\infty} \psi_n \Pi(z:n) p_n^A, \qquad |z| \le 1$$

が得られる。

$\mathbb{Y} = [0, \infty)$ のときは LST を、それぞれ

$$q^*(s) = \int e^{-st} dq(t), \qquad q_n^*(s) = \int e^{-st} dq_n(t)$$

とする。定理 2.4 から、

$$q(u) = \lim_{k \to \infty} \frac{\sum_{n=1}^k \psi_n p_n^A}{\psi} \frac{1}{\sum_{n=1}^k \psi_n p_n^A} \sum_{n=1}^k \psi_n q_n(u) p_n^A$$

$$= \lim_{k \to \infty} \frac{1}{\sum_{n=1}^k \psi_n p_n^A} \sum_{n=1}^k \psi_n q_n(u) p_n^A.$$

右辺を各 k について $\tilde{q}_k(u)$ とおくと、$\tilde{q}_k$ は確率測度と見なせる。すべての u で成立するから $\tilde{q}_k$ は q に弱収束する。よって本節付録の定理 2.8 より

$$\psi q^*(s) = \psi \lim_{k \to \infty} \int e^{-st} d\tilde{q}_k(t)$$

$$= \psi \lim_{k \to \infty} \frac{1}{\sum_{n=1}^k \psi_n p_n^A} \sum_{n=1}^k \psi_n p_n^A \int e^{-st} dq_n(t)$$

$$= \sum_{n=0}^{\infty} \psi_n q_n^*(s) p_n^A.$$

第二の結合方式　$(\mathbb{Y}, \sigma(\mathbb{Y}))$ は距離空間とする。区間 $(\nu, \nu + \mathrm{v}]$ は高々可算無限個の区間 $\nu = t_0 \le t_1 \le t_2 \le \cdots \le \nu + \mathrm{v}$ に分割され、$\psi_n \equiv E\big(\mu((t_n, t_{n+1}])|\tilde{E}\big)$ とおく。$\psi_n > 0$ ならば、$(t_n, t_{n+1}]$ 上の短過程の μ 平均分布を

$$q_n(u) \equiv \frac{1}{\psi_n} E\big(\mu((t_n, t_{n+1}], u)|\tilde{E}\big), \qquad u \in \sigma(\mathbb{Y})$$

とする。ならば、$(\nu, \nu + \mathrm{v}]$ 上の短過程の $\psi = E(\mu((\nu, \nu + \mathrm{v}])|\tilde{E})$ と μ 平均分布 $q(u)$ は次の定理で、ψ_n と q_n から得られる。

---

[21] $|z| \le 1$ ならば、$\sum_i \sum_n |z^i \psi_n p_n^A q_n(\{i\})| \le \sum_i \sum_n \psi_n p_n^A q_n(\{i\}) = \psi \sum_i q(\{i\}) = \psi.$

定理 2.5　$\psi = \sum_{n=0}^{\infty} \psi_n.\ 0 < \psi < \infty$ ならば、

$$\psi q(u) = \sum_{n=0}^{\infty} \psi_n q_n(u).$$

ただし、$\psi_n = 0$ の項は $\psi_n q_n(u) = 0$ とする。

(証明)
$$E\big(\mu((\nu, \nu + \mathrm{v}], u)|\tilde{E}\big) = E\Big(\sum_{n=0}^{\infty} \mu((t_n, t_{n+1}], u)\Big|\tilde{E}\Big)$$

$$= \sum_{n=0}^{\infty} E\big(\mu((t_n, t_{n+1}], u)|\tilde{E}\big), \qquad \cdots 単調収束の定理$$

$$= \sum_{n=0}^{\infty} \psi_n q_n(u).$$

ここから定理が言える。　　　　　　　　　　　　　　　　　　　　□

$\mathbb{Y} = \{0, 1, 2, \cdots\}$ のとき、この定理の $q(\{i\})$ と $q_n(\{i\})$ の PGF をそれぞれ

$$\Pi(z) = \sum_{i=0}^{\infty} z^i q(\{i\}), \qquad \Pi(z:n) = \sum_{i=0}^{\infty} z^i q_n(\{i\}),$$

とすると第一の結合方式と同様に、定理 2.5 から

$$\psi \Pi(z) = \sum_{n=0}^{\infty} \psi_n \Pi(z:n), \qquad |z| \le 1$$

が言える。

同じく $\mathbb{Y} = [0, \infty)$ のとき、$q(u)$ と $q_n(u)$ の LST をそれぞれ

$$q^*(s) = \int e^{-st} dq(t), \qquad q_n^*(s) = \int e^{-st} dq_n(t)$$

とすると、$\psi q^*(s) = \sum_{n=0}^{\infty} \psi_n q_n^*(s).$

注意：　定理の $\{\mu((t_n, t_{n+1}], u) : n = 0, 1, 2, \cdots\}$ は独立でなくてもよい。図 2.8 は連結短過程 $\triangle + \square$ の再生過程とする。図では $\triangle$ が小さければ、次の $\square$ も小さいように、連結短過程内では $\triangle$ と $\square$ は独立でない。連結短過程間で独立ならば、$\triangle$ の列は独立になるので、大数の法則から μ 平均が求まる。$\square$ も同様である。そして定理より $\triangle + \square$ の再生過程の μ 平均も得られる。

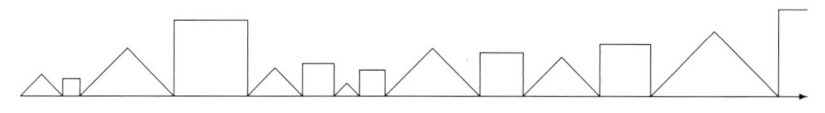

図2.8　独立でない二つの短過程 Δ と □ からなる再生過程

第三の結合方式　$\mathbb{Y} = \{0, 1, 2, \cdots\}$ とする[22]。$(\nu, \nu + \text{v}]$ において、y_t の μ 平均PGF を

$$\Pi(z) = \psi^{-1} \sum_{j=0}^{\infty} z^j E(\mu((\nu, \nu + \text{v}], j)|\tilde{E})$$

とする。ここでは y_t に定数 δ が加算された場合を示す。

定理 2.6　確率変数 δ は非負の整数値をとり、$(\boldsymbol{h}, S_\nu^{\leftarrow}\Phi_{[\nu,\infty)})$ とは独立で、$(\nu, \nu + \text{v}]$ 上で一定とし、そのPGF を $\Pi^\delta(z)$ とする。さらに δ は時点平均の μ に影響を与えないとする。ならば、$y_t + \delta$ の $(\nu, \nu + \text{v}]$ 上の μ 平均分布のPGF は $\Pi^\delta(z)\Pi(z)$ である。

（証明）　y_t の $\mu((\nu, \nu + \text{v}])$ と $y_t + \delta$ のそれは一致する。定数 $\delta = m$ の $y_t + \delta$ は、$j < m$ ならば、$\mu((\nu, \nu + \text{v}], j) = 0$、$j \geq m$ ならば、$\mu((\nu, \nu + \text{v}], j)$ は y_t が $j - m$ となる時間帯の長さまたは時点数である。よって PGF は

$$\frac{1}{\psi} \sum_{j=m}^{\infty} z^j E(\mu((\nu, \nu + \text{v}], j - m)|\tilde{E}) = \frac{1}{\psi} z^m \sum_{j=0}^{\infty} z^j E(\mu((\nu, \nu + \text{v}], j)|\tilde{E})$$
$$= z^m \Pi(z).$$

δ が確率的に定まる場合、定理 2.4 より、$\psi_n = \psi$ とおいて次を得る。

$$\sum_{n=0}^{\infty} Pr(\delta = n) z^n \Pi(z) = \Pi^\delta(z)\Pi(z). \qquad \square$$

この定理は、Y_1 と Y_2 が独立のときの式 $\Pi_{Y_1 + Y_2}(z) = \Pi_{Y_1}(z)\Pi_{Y_2}(z)$ (1.11 節) を思い出させる。しかし、短過程では独立性だけではこれは言えない。例えば、y_{1t} は、確率1で、$(\nu, \nu + \text{v}]$ 上で単調増加とする。y_{2t} も同様ならば、$y_{1t} + y_{2t}$ も同様であるが、y_{2t} が単調減少ならば、和は変動の小さな関数になる。よってその μ 平均分布は y_{2t} が単調増加か単調減少かで異なる (図2.2)。

---

[22]本書で使うのはこの場合のみなので、煩雑さを避けるため。

2.7 ポアソン到着における時間 (到着) 平均分布

$\{e(n)\}$ がポアソン到着ならば、短過程の系内客数の時間平均分布と到着平均分布は等しいことを示そう。ただし、この結果は次章からは使わない。平行した議論で両者の PGF は別々に求められるからである。

h と $S_\nu^{\leftarrow} \Phi_{[\nu,\infty)}$ の分布 $\tilde{P}$ が与えられたとき、2.5.3 節のようにそれを隙間なく独立に繰り返すと、到着時点が到着率 λ のポアソン到着になるとき、**区間内でポアソン到着**と呼ぼう。大数の法則より、一つの短過程の区間に到着する客数の期待値は、$\lambda E(\mathrm{v})$ になる。

この繰り返しにおいて、$y_t = n$ の μ 平均を考えてみよう。短過程を独立に繰り返して作った再生過程の再生点を $t_i = \sum_{j=1}^i \mathrm{v}_j$ とする。$(t_{i-1}, t_i]$ 間で $y_t = n$ となっている時間において、その時間の和を u_i、到着客数を h_i とすると、$\lim_{i \to \infty} (\sum_{j=1}^i u_j)/t_i$ が時間平均である。また t_i までの到着客数を H_i とすると、$\lim_{i \to \infty} (\sum_{j=1}^i h_j)/H_i$ が到着平均である。ところで $y_t = n$ の時間帯のみを取り出して繋げると、定理 1.17.3 より到着率 λ のポアソン到着になる。$(0, t_i]$ においては、この和は $\sum_{j=1}^i u_j$、到着時点数は $\sum_{j=1}^i h_j$、よって $\lim_{i \to \infty} \sum_{j=1}^i h_j / \sum_{j=1}^i u_j = \lambda$ となる。ここから

$$\lim_{i \to \infty} \frac{\sum_{j=1}^i h_j}{H_i} = \lim_{i \to \infty} \frac{\sum_{j=1}^i h_j}{\sum_{j=1}^i u_j} \frac{\sum_{j=1}^i u_j}{t_{i+1}} \frac{t_{i+1}}{H_i} = \lim_{i \to \infty} \frac{\sum_{j=1}^i u_j}{t_{i+1}}.$$

すなわち到着平均は時間平均に確率 1 で等しい。よって分布も等しい。

2.8 付録：確率測度の収束

空間 $(\mathbb{X}, \sigma(\mathbb{X}))$ 上の確率測度列 P_1, $P_2, \cdots$ の収束を、本書に役立つ範囲で述べておく。まず、ある全測度 1 の測度 P があって、全ての $B (\in \sigma(\mathbb{X}))$ で

$$(2.11) \qquad\qquad P(B) = \lim_{i \to \infty} P_i(B)$$

となることが、分布の収束の自然な定義のように見える。本書では少し使うが (9.6 節)、これ用の専門用語はないようだ。次の点も注意しよう。$\mathbb{X} = \mathbb{R}$ の場合、確率測度は分布関数によって定まるから、P_i の分布関数列 F_i がすべての x で $\lim_{i \to \infty} F_i(x) = F(x)$ となる確率分布関数 $F(x)$ が存在すれば、(2.11) の成立を予想しがちである。しかし、これは言えない。反例としては、$F(x)$ を $(0,1]$ 上の一様分布の確率分布関数とする。$F_i(x)$ は $\{k/2^i : k = 1, \cdots, 2^i\}$ の各点に確率 $1/2^i$ を持つ離散型確率分布関数とする。$F_i(x)$ は各 x で $F(x)$ に収束する。しかし、有理数の全体を B とすると、B の確率は F_i では 1、F では 0 なので、(2.11) は成立しない。

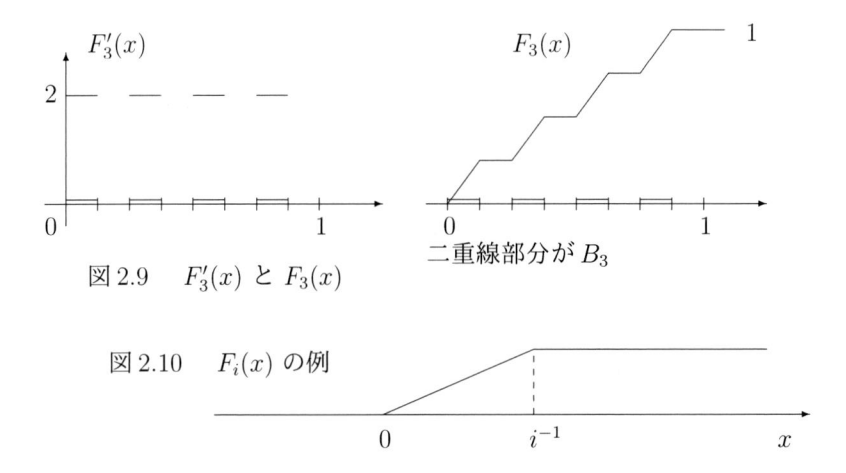

図 2.9　$F_3'(x)$ と $F_3(x)$

二重線部分が B_3

図 2.10　$F_i(x)$ の例

通常は (2.11) より弱い**弱収束** (weak convergence) を使うが、より強い**全変動** (total variation) も使うことがある。全変動の収束は次が 0 に向かうことである。

$$\| P - P_i \| = \sup_{B \in \sigma(X)} |P(B) - P_i(B)|.$$

明らかにこの収束は (2.11) を含むから、より強い収束である。

(2.11) は満たされるが、F_i は F に全変動の収束はしない例を示そう。$F(x)$ は区間 $(0,1)$ 上の一様分布、$F_i(x)$ は区間和 $B_i = \sum_{j=0}^{2^{i-1}-1} \left(\dfrac{2j}{2^i}, \dfrac{2j+1}{2^i} \right)$ の上では 2、他では 0 の確率密度関数を持つとする (図 2.9)。B_i は F_i では確率 1 であるので、どんなに i を大きくしても、$P_i(B_i) - P(B_i) = \int_{B_i} dF_i(x) - \int_{B_i} dF(x) = \frac{1}{2}$ となるから全変動では収束しない。しかし、$j > i$ ならば、$P_j(B_i) = P(B_i) = 1/2$ である。

続いて弱収束。次の例を考えよう。実数空間 $\mathbb{X} = \mathbb{R}$ 上の確率分布関数列 $F_i(x)(i = 1, 2, \cdots)$ が $(0, i^{-1})$ 上の一様分布ならば、直感では、$i \to \infty$ のとき、0 上の 1 点分布 F に収束する (図 2.10)。しかし、$B = (-\infty, 0]$ では

$$\int_B dF_i = 0, \qquad \int_B dF = 1$$

なので、(2.13) は満たさない。そこでこの場合も収束というには新しい基準を考えねばならない。$\mathbb{X} = \mathbb{R}$ 上の確率分布関数 $F(x)$ の連続点 x では、$\lim_{i \to \infty} F_i(x) = F(x)$ となるとき、F_i は F に**弱収束**すると言う。

上例では F は 0 上の一点分布なので、

$$x \neq 0 \text{ ならば、} \lim_{i \to \infty} F_i(x) = F(x),$$
$$F_i(0) = 0, \quad F(0) = 1, \quad x = 0 \text{ は } F(x) \text{ の非連続点}$$

である。$F_i(x)$ は 0 以外の x では収束するから弱収束である。なお確率分布関数の非連続点は高々可算であるから[23]、F に弱収束するならば、連続の濃度の集合上で $F_i(x)$ は $F(x)$ に向かう。

弱収束は距離 d をもった距離空間 $\mathbb{X}$ に一般化できる。集合 $A(\subset \mathbb{X})$ の**境界** ∂A を、A 内からも A 外からも収束 (1.5 節) する点列が存在する点の集合とする。P_i は $(\mathbb{X}, \sigma(\mathbb{X}))(\sigma(\mathbb{X})$ は 1.5 節) 上の確率測度とする。このときある確率測度 P があって、$P(\partial A) = 0$ となる任意の A に対し、

$$(2.12) \qquad \lim_{i \to \infty} P_i(A) = P(A)$$

となるならば、P_i は P に弱収束するという。

全変動の収束は (2.12) を保証するから、弱収束でもある。

弱収束の利点の一つは次の定理である。

定理 2.7 P_i が P に弱収束するならば、$(\mathbb{X}, \sigma(\mathbb{X}))$ 上の実数値連続関数 $f(x)$ は、

$$\lim_{i \to \infty} \int f(x) dP_i(x) = \int f(x) dP$$

を満たす。

証明は略す[24]。1 次元の例では、$F_i(x)$ が $F(x)$ に弱収束するならば、その LST も収束する。すなわちすべての s で $F_i^*(s) = \int_0^\infty e^{-sx} dF_i(x)$ は $F^*(s) = \int_0^\infty e^{-sx} dF(x)$ へ収束する。

最後に、我々がよく使う離散型分布 $(\mathbb{X} = \{0, 1, 2, \cdots\})$ を見ておこう。j 番目の分布 $\{p_{ji}\}(\sum_{i=0}^\infty p_{ji} = 1)$ を実数軸上で見ると、その確率分布関数は

$$(2.13) \qquad F_j(x) = \sum_{i=0}^k p_{ji}, \qquad k \le x < k+1, \ k = 0, 1, 2, \cdots$$

と書ける。

定理 2.8 (2.13) が、$j \to \infty$ のとき、ある確率分布関数

$$F(x) = \sum_{i=0}^k q_i, \qquad k \le x < k+1, \ k = 0, 1, 2, \cdots$$

に弱収束する必要十分条件は、$\lim_{j \to \infty} p_{ji} = q_i$ である。このとき全変動でも収束する。

(証明) 任意の $\epsilon_1(> 0)$ に対し、$n > n_1$ ならば、$\sum_{i=0}^n q_i > 1 - \epsilon_1$ とする。

$F(x)$ では、集合 $A = (i - \epsilon, i + \epsilon)(0 < \epsilon < 1)$ の境界 $i - \epsilon, \ i + \epsilon$ は確率 0 で、F の連続点である。F_j は F に弱収束するならば、

$$\lim_{j \to \infty} p_{ji} = \lim_{j \to \infty} \{F_j(i + \epsilon) - F_j(i - \epsilon)\} = F(i + \epsilon) - F(i - \epsilon) = q_i.$$

---

[23]拙著前掲書 5.2 節参照。

[24]P. Billingsley, Convergence of P robability Measures", John Wiley and Sons 参照

反対に、$\lim_{j \to \infty} p_{ji} = q_i (i = 0, 1, 2, \cdots)$ ならば、p_{ji} の分布関数 $F_j(k) = \sum_{i=0}^{k} p_{ji}$ は定理の F に各点で収束するから弱収束である。

$I = \{0, 1, \cdots, n\}(n > n_1)$ とおく。任意の $\epsilon_2(> 0)$ に対し、$j > j_n$ ならば、

$$\sup_{A \subset I} \left| \sum_{i \in A} p_{ji} - \sum_{i \in A} q_i \right| \le \sum_{i=0}^{n} |p_{ji} - q_i| < \epsilon_2.$$

これから $-\epsilon_2 < \sum_{i=0}^{n} p_{ji} - \sum_{i=0}^{n} q_{ji} < \epsilon_2$. これを使って $1 - \epsilon_1 - \epsilon_2 < \sum_{i=0}^{n} q_i - \epsilon_2 < \sum_{i=0}^{n} p_{ji}$ となり、$\sum_{i=n+1}^{\infty} p_{ji} < \epsilon_1 + \epsilon_2$ となる。

次に任意の $A \subset \{0, 1, 2, \cdots\}$ に対し、$B = A \cap \{n+1, n+2, \cdots\}$ とすると、

$$\left| \sum_{i \in A} p_{ji} - \sum_{i \in A} q_i \right| \le \left| \sum_{i \in A \cap I} p_{ji} - \sum_{i \in A \cap I} q_i \right| + \left| \sum_{i \in B} p_{ji} \right| + \left| \sum_{i \in B} q_i \right| < 2\epsilon_1 + 2\epsilon_2.$$

よって全変動でも収束する。 $\square$

離散型では PGF をよく使う。PGF では p_{ji} が q_i に収束するならば、定理2.7、2.8から、$|z| < 1$ において

$$(2.14) \qquad \Pi_j(z) = \sum_{i=0}^{\infty} z^i p_{ji} \xrightarrow{j \to \infty} \Pi(z) = \sum_{i=0}^{\infty} z^i q_i$$

となる。反対に $|z| < 1$ の範囲で (2.14) が成立すれば、Weierstrass の二重級数定理[25]より、$\Pi_j^{(k)}(z) \to \Pi^{(k)}(z)$. これから $p_{ji} \to q_i$ が言える。

離散型はこのように弱収束ならば、確率も PGF も収束し、定理2.8から全変動での収束でもある。そのため弱収束という言葉も使わない。しかし、積率が収束するとはかぎらない。その反例として

$$p_{j0} = \frac{\sqrt{j} - 1}{\sqrt{j}}, \quad p_{jj} = \frac{1}{\sqrt{j}}, \quad \text{その他の } i \text{ では } p_{ji} = 0$$

は $p_{j0} \to q_0 = 1$、$i > 0$ ならば、$p_{ji} \to q_i = 0$ となり、q_i に収束する。PGF も

$$\Pi_j(z) = \frac{\sqrt{j} - 1}{\sqrt{j}} + z^j \frac{1}{\sqrt{j}} \xrightarrow{j \to \infty} 1.$$

しかし、期待値は、$\sqrt{j} \to \infty$ となり、q_i の期待値 0 とは異なる。

---

[25]辻正次著「複素関数論」槇書店、p.90 参照

第三章　短過程が生む稼働期間

一つの短過程から稼働期間上の短過程が生まれる。両短過程の μ 平均 PGF の関係を求める。これは本書全体の基礎となる関係式である。証明は短過程の定義から導かれるので、待ち行列モデルに限定せず、一般的に論述する。後章で役立つ関連事項も述べる。

3.1　短過程の記号と稼働期間

本節は三つに分ける。第一に、短過程に関する記号を決めておこう。短過程は Δ (デルタ)、$\square$ (スクエア)、$\oplus$ (オプラス) 等で表す。例えば、ある短過程を Δ で表すと、その区間を $I_\Delta = (\nu, \nu + \mathrm{v}]$、$\nu$ での状態を $\boldsymbol{h}_\Delta$、Δ の状態式 (2.5 節の f_1) を

$$\boldsymbol{x}_t^\nu(\phi, \boldsymbol{h}_\Delta) = f_\Delta(\boldsymbol{h}_\Delta, \phi, t - \nu) \in \mathbb{X}^S$$

と表す。$\boldsymbol{h}_\Delta$ も一種の入力と考え、過去から定まる $\boldsymbol{x}_\nu^0(\phi, \boldsymbol{a})$ に限定しない。到着時点とそのマークの入力は $\phi_\Delta \equiv S_\nu^\leftarrow \phi_{[\nu,\infty)}$、その確率変数は $\Phi_\Delta \equiv S_\nu^\leftarrow \Phi_{[\nu,\infty)}$ とする。入力 $(\boldsymbol{h}_\Delta, \Phi_\Delta)$ の分布を $\tilde{P}_\Delta$ とする。Δ の形状 $f_\Delta(\boldsymbol{h}_\Delta, \phi_\Delta, t)(0 < t \le \mathrm{v})$ をもたらす**短過程内規則**を R_Δ とする。区間 I_Δ の長さ $\mathrm{v} = \mathrm{v}(\boldsymbol{h}_\Delta, \Phi_\Delta)$ は仮定 2.1 を満たし、その LST を $C_\Delta^*(s)$、期待値を $m_\Delta = -C_\Delta^{*\prime}(0)$ と表す。よって Δ の**確率構造**は、f_Δ の関数形 (または R_Δ)、$\mathrm{v}(\boldsymbol{h}, \phi)$ の関数形、それに $\tilde{P}_\Delta$ から定まる。時間平均の μ はルベーグ測度、時点平均の μ は ϕ と $\boldsymbol{x}_t^0(\phi, \boldsymbol{a})$ から定まる計数測度 (2.4.2 節) とし、$E_\Delta = E(\mu(I_\Delta))$ とおく。ルベーグ測度ならば、$E_\Delta = m_\Delta = E(\mathrm{v})$ である。

M/G/1 の最初のサービス時間上の短過程 (図 2.5) は、この客のサービス時間とそのサービス中の到着時点のみに関与し、確率構造も定まる。よってこれは客に備わった短過程と見なせる。抽象化して集団や客を因子と呼び、因子には短過程が備わっているとする。この短過程を一般化して $\square$ で表す。

ある因子は $\square$ を発生し、R_Δ に従って、その継続中又は終了時点で消滅するとする。$\square$ の進行中に新しい因子を生むこともある[1]。生まれた子因子は、$\square$ 内で

---

[1] M/G/1 では、一人のサービス中に客が到着することがこれに当たる。

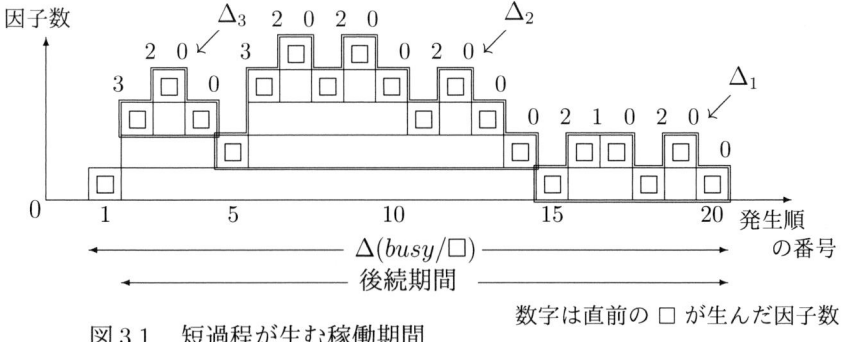

図 3.1　短過程が生む稼働期間

は消滅、復活も可能である。$\square$ が終了した直後に残っている子因子数の PGF を $L_\square(z)$、期待値を $l^\square$ と表す[2]。これらの子因子も、$\square$ と同じ確率構造の短過程を、$\square$ とは時間的に重ならないで、独立に発生するとし、それも $\square$ と表す。よって発生する短過程 $\square$ は i.i.d. である。

　第二に、$\square$ が生む稼働期間を述べる。初期状態は系に $\square$ がない状態とする。やがて最初の $\square$ が発生する。図 3.1 の横軸は時間ではなく、$\square$ の発生順の番号である。左端の一番 $\square$ の終了とともにこれを発生した因子も消滅する。一番 $\square$ が後に残す子因子は 3 個である。この一つが、一番 $\square$ の終了時に二番 $\square$ を発生させる。他の二因子はそのまま系に留まる。二番 $\square$ は一番 $\square$ とは独立に発生し、二因子を生んで後に残し、消滅する。そして待っている二つと生まれた二つを合わせた四つの中から一つの因子が、一番二番とは独立に、時間を置かず三番の $\square$ を生む。こうして $\square$ を発生し続ける。

　しかし $l^\square < 1$ ならば、やがて因子はなくなる。なぜなら i 番の因子が残す子因子数を X_i とすると、j 番 $\square$ の直後、$X_1 + \cdots + X_j - j + 1$ 個の因子が系にある。X_i は i.i.d. なので、j で割って $j \to \infty$ にすると大数の法則から負の値 $l^\square - 1$ に向かう。つまりいつかは 0 になる。

　最後の $\square$ の終了時点までを**短過程 $\square$ が生む稼働期間**と呼ぶ[3]。この稼働期間上の短過程を図 3.1 では Δ、あるいは $busy/\square$ と表す。

　$\square$ は i.i.d. であるから、その発生が早い順でも遅い順でも、あるいはランダム

　[2] 区間の $I_\square$ と間違いやすいので、$\square$ を上付にした。
　[3] 待ち行列では客は外部から来る。自然界では、親が子を産み、子が孫を生む。ここの定義は、自然界のような増え方である。しかし、増える力は弱く、やがて絶滅する。

な順でも Δ の確率構造は同じである。因子が遅く生まれた順に □ を発生するな
らば、図3.1の二重線で囲った部分 Δ_i は、生成方式が同じなので、Δ と同じ確
率構造である。よって次が言える。

定理3.1 $l^\square < 1$ とする。$busy/\square$ 内で発生する □ の数のPGFを $\Gamma_\Delta(z)$ と
すると、方程式

$$\Gamma_\Delta(z) = zL_\square(\Gamma_\Delta(z))$$

を満たす。期待値は $\Gamma'_\Delta(1) = 1/(1 - l^\square)$ である。

(証明) $\Gamma_\Delta(z)$ の式は1.15.3節に平行した議論で言える。両辺を微分して $z = 1$
を入れれば、$\Gamma'_\Delta(1)$ が得られる[4]。 □

系 $E_\square < \infty$ ならば、$E_\Delta = E_\square/(1 - l^\square)$. 特に、$m_\Delta = m_\square/(1 - l^\square)$.

(証明) 定理1.15.1と定理より言える。 □

第三に、注目変数 y_t を指定しなければならない。集団が複数の客からなってい
るように、一つの因子はいくつかの**個体**からなっているとする。個体数は因子間
では独立で同一の分布をするとする。その数が j である確率を g_j とし、$g_0 = 0$
とする。そしてPGFと期待値を

$$(3.1) \qquad G(z) = \sum_{i=0}^{\infty} g_i z^i, \quad g = \sum_{i=0}^{\infty} i g_i, \qquad 1 \le g < \infty$$

で表す。

t 時点に系に存在する全因子の個体数の和を y_t と表し、これを注目変数とす
る。短過程 □ における y_t の μ 平均PGFを $\Pi(z : \square)$ とする。そして □ が生む
稼働期間上の短過程 Δ の y_t の μ 平均PGFを $\Pi(z : \Delta)$ とする。3.3節でこの関
係を示す。

3.2 後続期間上の短過程の μ 平均PGF

図3.1で一番 □ の終了時点 t_2 から稼働期間の終了時点 t^* までの**後続期間**上
の短過程の μ 平均PGF $\Pi(z : (t_2, t^*])$ を求めておけば、$\Pi(z : \Delta)$ 以外でも役立
つので求めよう。図3.2は図3.1の後続期間を示している。μ は3.1節で定義した

---

[4]マルコフ連鎖論を使っても言える。この理論では正の再帰性という。

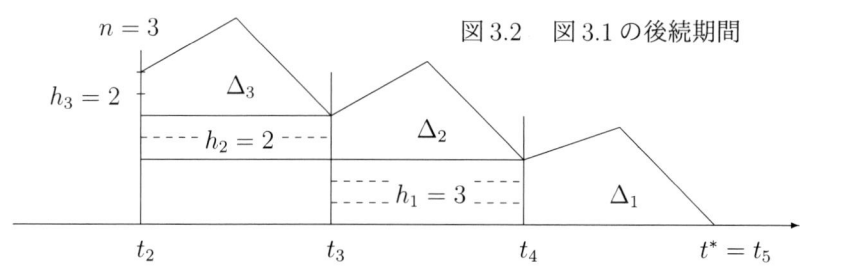

図 3.2　図 3.1 の後続期間

それとする。t_2 直後の系内因子数を N_L とする。$p_n^L = Pr(N_L = n)$、その PGF を $L(z) = \sum_{n=0}^{\infty} z^n p_n^L$, 期待値を $l(> 0)$ とする。$p_0^L > 0$ も許される。図 3.1 は $L(z) = L_\square(z)$ の場合。

$N_L = n$ のとき、その個体数を $h_1, \cdots, h_n$ とする。h_i は i.i.d. で、個体数 h_n の因子は t_2 からある短過程 Δ_n を生むとする。典型は前節で述べた因子が生む稼働期間上の短過程であるが、それに限る必要はない。$0 < E_{\Delta_n} < \infty$ とする。Δ_n に定数分 $h_1 + \cdots + h_{n-1}$ を加えて区間 (t_2, t_3) 上の個体数の短過程になる。Δ_n の間にそれを生んだ因子とその個体は消滅する。t_3 時点から、個体数 h_{n-1} の因子の Δ_{n-1} に $h_1 + \cdots + h_{n-2}$ を加えた短過程が始まる。同様のことが続き、t^* で終了する。

Δ_i の状態式 f_{Δ_i} は i に関し、同一とする。よって Δ_i は i.i.d. である。また Δ_i は $h_1 + \cdots + h_{i-1}$ と独立とする。そこでどれも Δ で表す。ならば、(t_2, t^*) 間の μ 平均分布は次の定理から $L(z)$, $G(z)$, $\Pi(z : \Delta)$ によって決まる。

準備に記号 $F_n^\Sigma(x)$ を定める。証明は明らか。

補助定理 3.1　$x \neq 1$ において $F_n^\Sigma(x) \equiv \dfrac{1 - x^n}{1 - x} = \sum_{i=0}^{n-1} x^i$ とおく。ならば任意の分布 p_n^Γ の PGF を $\Gamma(z) = \sum_{i=0}^{\infty} z^n p_n^\Gamma$ とおくと、$x \neq 1$ では、$\sum_{n=0}^{\infty} F_n^\Sigma(x) p_n^\Gamma = \dfrac{1 - \Gamma(x)}{1 - x}$ となる。

定理 3.2　$0 < l < \infty$ ならば、

$$\psi \equiv E(\mu(t_2, t^*)) = l E_\Delta, \quad \Pi(z, : (t_2, t^*]) = \frac{1 - L(G(z))}{l(1 - G(z))} \Pi(z : \Delta).$$

(証明)　$h_1 + \cdots + h_i$ の PGF は 1.12.3 節から $G(z)^i$ である。まず、n を固定する。

t_2 から数えて i 番目の区間上の短過程の PGF は、定理 2.6 から $G(z)^{n-i}\Pi(z:\Delta)$ となる。さらに、$\psi_n \equiv E(\mu(t_2, t^*)|N_L = n) = nE_\Delta$ である。よって、区間 (t_2, t^*) 上の短過程の μ 平均 PGF は、定理 2.5 から、

$$\frac{1}{\psi_n} \sum_{i=1}^{n} E_\Delta G(z)^{n-i}\Pi(z:\Delta) = n^{-1}F_n^\Sigma(G(z))\Pi(z:\Delta), \qquad n \geq 1.$$

次に、n の PGF は $L(z)$ であるから、補助定理 1.14.1 と $0 < l < \infty$ より

$$\psi \equiv E(\mu(t_2, t^*)) = \sum_{n=0}^{\infty} nE_\Delta p_n^L = lE_\Delta < \infty. \text{ さらに、} \psi_0 = 0 \text{ と定理 2.4 より}$$

$$\Pi(z:(t_2, t^*]) = \frac{1}{\psi} \sum_{n=1}^{\infty} \psi_n p_n^L n^{-1} F_n^\Sigma(G(z))\Pi(z:\Delta)$$

$$= \frac{1 - L(G(z))}{l(1 - G(z))}\Pi(z:\Delta). \qquad \square$$

確率と積率については、$\Pi(z:(t_2, t^*])$ と $\Pi(z:\Delta)$ との次の関係が有益である。$0 < \gamma < \infty$ なる期待値 γ の PGF $\Gamma(z)$ に対して

$$\Pi^R(z:\Gamma) = \frac{1 - \Gamma(z)}{\gamma(1 - z)}$$

と定義する[5]と、定理の式は次のようになる。

$$(3.2) \qquad\qquad \Pi(z:(t_2, t^*]) = \Pi^R(G(z):L)\Pi(z:\Delta).$$

$G(z) = z$ のとき、$\Pi^R(z:\Gamma)$ の $p_{I,n}$ を $p_{I,n}^R$ とすると、(3.2) の微分は

$$\Pi^{(n)}(z:(t_2, t^*]) = \sum_{i=0}^{n} \binom{n}{i} \Pi^{R(n-i)}(z:L)\Pi^{(i)}(z:\Delta).$$

ここから、$\Pi(z:(t_2, t^*])$ の $p_{I,n}$ は、$p_{I,n} = \sum_{i=0}^{n} p_{I,n-i}^R p_{I,i}^\Delta$ を使って、$p_{I,n}^R$ と $p_{I,n}^\Delta$ から求まる。

さらに $p_{I,n}^R$ については次が成立する。

---

[5] 右肩の R は次章の累積 (Ruiseki) の頭文字からとった。

定理 3.3

$$p_{0,n}^R = \frac{1}{\gamma}\Big\{1 - \sum_{i=0}^{n} p_{0,i}^\Gamma\Big\}, \qquad\qquad n = 0, 1, 2, \cdots,$$

$$p_{1,n}^R = \frac{1}{\gamma}p_{1,n+1}^\Gamma, \qquad\qquad n = 0, 1, 2, \cdots.$$

ただし、$p_{1,n+1}^\Gamma = \infty$ ならば、$p_{1,n}^R = \infty$.

(証明)

$$\Pi^{R(n)}(z:\Gamma) = \frac{1}{\gamma}\frac{d^n}{dz^n}\Big\{\frac{1}{1-z} - \frac{\Gamma(z)}{1-z}\Big\}$$

$$= \frac{1}{\gamma}\Big\{n!(1-z)^{-n-1} - \sum_{i=0}^{n}\binom{n}{i}\Gamma^{(i)}(z)(n-i)!(1-z)^{-n+i-1}\Big\}$$

$z = 0$ を代入すれば、定理の第一の式が出る。第二の式は、$z \to 1$ のために

$$\Pi^{R(n)}(z:\Gamma) = \frac{n!}{\gamma(1-z)^{n+1}}\Big\{1 - \sum_{i=0}^{n}\frac{1}{i!}\Gamma^{(i)}(z)(1-z)^i\Big\}$$

の分母、分子を一回づつ微分すれば、ロピタルの公式から出る。　　　　□

3.3　短過程が生む稼動期間上の短過程

図 3.1 の Δ の μ 平均 PGF を $\Pi(z:\square)$ を使って表そう。

定理 3.4　　$l^\square < 1$ ならば、次が成立する。

$$\Pi(z:busy/\square) \equiv \Pi(z:\Delta) = \frac{(1-l^\square)(1-G(z))}{L_\square(G(z)) - G(z)}\Pi(z:\square).$$

(証明)　定理 3.1 より $E(t^* - t_2) = l^\square E_\Delta$、かつ $E_\Delta = E_\square/(1-l^\square)$ である。Δ は $\square$ と後続期間上の短過程との結合であるから、定理 3.2 の $\Pi(z:(t_2, t^*])$ を使うと、定理 2.5 より

$$\Pi(z:busy/\square) = \frac{E_\square}{E_\square + l^\square E_\Delta}\Pi(z:\square) + \frac{l^\square E_\Delta}{E_\square + l^\square E_\Delta}\Pi(z:(t_2, t^*])$$

$$= (1-l^\square)\Pi(z:\square) + \frac{1 - L_\square(G(z))}{1 - G(z)}\Pi(z:\Delta).$$

この方程式を解くと定理の式が得られる。　　　　□

$\Pi(z : busy/\square)$ を $\Pi^R(G(z) : L_\square)$ を使って表せば、証明中の式は

$$\Pi(z : \Delta) = (1 - l^\square)\Pi(z : \square) + l^\square \Pi^R(G(z) : L_\square)\Pi(z : \Delta)$$

と書けるので、

$$\Pi(z : busy/\square) = \frac{1 - l^\square}{1 - l^\square \Pi^R(G(z) : L_\square)}\Pi(z : \square).$$

この式は後程使う。

　ある区間 $(t_0, t_1]$ 上では $y_t = 0$、t_1 時点から、$\square$ が生む稼働期間 $(t_1, t^*]$ が始まるとして、区間 $(t_0, t^*]$ 上の短過程が独立に繰り返す再生過程は M/G/1 の拡張でもあるので、仮に G/C/1 と表そう[6]。$t_1 - t_0$ の分布関数を $V_0(x)$、その期待値を v_0 とする。次の証明は明らか。

定理 3.5　$\alpha = E(\mu((t_0, t_1]))$ とおくと、G/C/1 の μ 平均 PGF は

$$\begin{aligned}\Pi(z : G/C/1) &= \frac{\alpha}{\alpha + E_\Delta} + \frac{E_\Delta}{\alpha + E_\Delta}\Pi(z : \Delta) \\ &= \frac{\alpha(1 - l^\square)}{\alpha(1 - l^\square) + E_\square} + \frac{E_\square}{\alpha(1 - l^\square) + E_\square}\Pi(z : \Delta).\end{aligned}$$

と表される。

　α は時間平均では $\alpha = v_0$ である。発生時点平均では $(t_0, t_1]$ に因子が一つ発生したと考える。$\mu((t_0, t_1])$ はその個体数であるから、$\alpha = g$ である。消滅平均ではその区間に消滅しないから、$\alpha = 0$ である。

---

[6]C は短過程 $\square$ を表すつもりで、cycle の頭文字からとった。ここの G は、M/G/1 等のケンドール記号に合わせるために付けたが、$\square$ の出どころを問わないぐらいの意味である。

第四章　M/G/1の時間(到着)平均PGF

　系内客数についてM/G/1の時間(到着)平均PGFを求める。前章の結果を利用するために、稼働期間の最初のサービス時間上の短過程の時間(到着)平均PGFを求める。結果、M/G/1では

$$(時間平均PGF)=(到着平均PGF)=(退去平均PGF)$$

が成立する。

　典型的なフィードバックはM/G/1に帰着できることも示す。

4.1　累積過程の μ 平均PGF

　客数0から出発するM/G/1の最初の客のサービスに注目してみよう。この時間帯に2番客、3番客等が到着し、待ち客が増えていく。サービス時間に限らず、このように一方的に増える系内客数の変遷を**累積過程**と呼び、その μ 平均を求める。ここでの μ 平均は時間平均PGFと到着平均PGFを指す。そしてこれを使って、4.3節でM/G/1全体の時間(到着)平均PGFを引き出す。

　$(0 = e(0) \leq) e(1) < e(2) < \cdots$ は到着率 λ のポアソン到着時点とする。t_1 は $0 < E(t_1) < \infty$ なるある確率変数とし、$(0, t_1]$ 間に到着した客数のPGFで、この区間上の累積過程のPGFを表そう。

　t_1 の決め方として、図4.1は N ポリシーの休憩上の短過程を独立に繰り返して再生過程を作ったものである。再生点を $(0 =) t_0 \leq t_1 \leq \cdots$ とする。t_i は Ni 番目の到着時点である。図4.2は、t_i が到着時点とは独立で、$t_{i+1} - t_i$ がi.i.d.の場合である。

　これらを一般化して、$t_1 = e(J) + U$ とする[1]。J は期待値有限の非負整数値確率変数で、$\{e(i)\}$ とは独立とする。U は期待値有限の非負値確率変数で、$\{e(k+1) - e(k) : k \geq J\}$ とは独立とする。U は J や $e(1), \cdots, e(J)$ と相関があってよい。$Pr(J = N、U = 0) = 1$ が、N ポリシーの休憩の場合、$Pr(J = 0) = 1$ が図4.2の下図の場合である。

---

[1]本書では図4.1、4.2の例で十分である。補助定理4.2はLoris-Teghem(1990年)が一般化として提示したが、証明は雑。そこで筆者が2009年に証明を与えたが、まだ雑である。そこで緊張感をもって書き換えた。

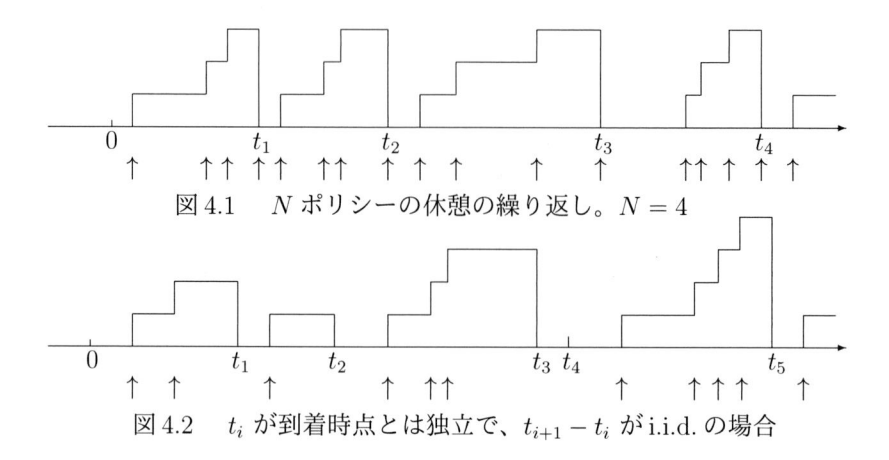

図 4.1　　N ポリシーの休憩の繰り返し。$N = 4$

図 4.2　　t_i が到着時点とは独立で、$t_{i+1} - t_i$ が i.i.d. の場合

補助定理 4.1　　区間 $(0, t_1]$ に到着する客数の期待値は $\lambda E(t_1)$ である。

（証明）　　$J = j$ と固定して、$\xi_n = e(j+n) - e(j)$, $\eta_n = e(j+n+1) - e(j)$ とおくと、これらは U とは独立である。よって定理 1.7.2 より、この補助定理の客数の期待値は

$$
\begin{aligned}
j + \sum_{n=0}^{\infty} nPr\big(\xi_n \leq U < \eta_n | J = j\big) &= j + \sum_{n=0}^{\infty} n \int \frac{(\lambda u)^n}{n!} e^{-\lambda u} dP_{\{U|J=j\}} \\
&= j + \int \lambda u dP_{\{U|J=j\}} \\
&= j + \lambda E(U|J = j).
\end{aligned}
$$

ここから求める期待値は

$$
\sum_{j=0}^{\infty} \big\{ j + \lambda E(U|J=j) \big\} Pr(J = j) = E(J) + \lambda E(U) = \lambda E(t_1). \qquad \square
$$

次の ι_k は、$(0, t_1]$ 間において k 人滞在している時間の長さである。

補助定理 4.2　　任意の非負の整数 k に対し、

$$
\iota_k = \begin{cases} e(k+1) - e(k) & : e(k+1) \leq t_1 \\ t_1 - e(k) & : e(k) \leq t_1 < e(k+1) \\ 0 & : t_1 < e(k) \end{cases}
$$

とおくと、

$$
E(\iota_k) = \frac{1}{\lambda} Pr\big(e(k+1) \leq t_1\big).
$$

94

(証明)[2]　$\alpha_k = e(k+1) - e(k)$ とおく。$E(\iota_k)$ を基礎確率空間 $(\Omega, \sigma(\Omega), \mathbb{P})$ 上の積分で表すと、

$$E(\iota_k) = \int \iota_k d\mathbb{P} = \int_{e(k) \le t_1 < e(k+1)} \{t_1 - e(k)\} d\mathbb{P} + \int_{e(k+1) \le t_1} \alpha_k d\mathbb{P}$$

$$= \int_{e(k) \le t_1 < e(k+1)} \{t_1 - e(k+1) + \alpha_k\} d\mathbb{P} + \int_{e(k+1) \le t_1} \alpha_k d\mathbb{P}$$

$$(4.1) \qquad = -\int_{e(k) \le t_1 < e(k+1)} \{e(k+1) - t_1\} d\mathbb{P} + \int_{e(k) \le t_1} \alpha_k d\mathbb{P}.$$

第二項を考えるに、$J \le k$ のとき、α_k と $\{e(k), t_1, J\}$ とは独立であり、$k < J$ のときは $e(k) < t_1$ であるから、

$$\int_{e(k) \le t_1, \ J \le k} \alpha_k d\mathbb{P} = \frac{1}{\lambda} Pr\big(e(k) \le t_1, \ J \le k\big),$$

$$\int_{e(k) \le t_1, \ k < J} \alpha_k d\mathbb{P} = \int_{k < J} \alpha_k d\mathbb{P} = \frac{1}{\lambda} Pr(k < J) = \frac{1}{\lambda} Pr\big(e(k) \le t_1, \ k < J\big).$$

よって

$$\int_{e(k) \le t_1} \alpha_k d\mathbb{P} = \frac{1}{\lambda} Pr\big(e(k) \le t_1\big).$$

(4.1) 第一項は、$m(A) = \mathbb{P}(A \cap \{e(k) \le t_1 < e(k+1)\})$ なる測度を使って、$\int \{e(k+1) - t_1\} dm$ と表せる。さらにこれは $\mathbb{P}(e(k) \le t_1 < e(k+1)) \int x dF$ と表せる。ただし、F は条件付分布 $F(x) \equiv \mu(e(k+1) - t_1 \le x)/\mathbb{P}(e(k) \le t_1 < e(k+1))$ で、これは指数分布であるから、$\int x dF = 1/\lambda$. よって

$$E(\iota_k) = -\frac{1}{\lambda} Pr\big(e(k) \le t_1 < e(k+1)\big) + \frac{1}{\lambda} Pr\big(e(k) \le t_1\big)$$

$$= \frac{1}{\lambda} Pr\big(e(k+1) \le t_1\big). \qquad \qquad \square$$

y_t は $(0, t]$ 間に到着した客数とする。$(0, t_1]$ 上の累積過程 y_t の時間平均分布は、定理 2.3 から

$$TA(u) = \frac{1}{E(t_1)} E\Big(\int_0^{t_1} \mathbf{1}(y_t \in u) dt\Big)$$

である。補助定理 4.1 から $E(y_{t_1}) = \lambda E(t_1)$. さらに累積過程では到着直前に i 人いる到着時点は $e(i+1)$ のみであるから、その数は、$e(i+1) \le t_1$ ならば 1 、そ

---

[2]積分記号の下の集合 $\{\omega : e(k) \le t_1 < e(k+1)\}$ 上で積分する。$t_1 - e(k)$ も ω の関数である。

れ以外は 0 である。よって定理 2.3 から

$$(4.2) \qquad AA(i) = \frac{Pr\bigl(e(i+1) \le t_1\bigr)}{\lambda E(t_1)}$$

と表される。

y_t の PGF を $\Pi^t(z)$ とおく。

定理 4.1 $(0, t_1]$ 上の系内客数の累積過程の時間平均 PGF $\Pi(z) = \sum_{i=0}^{\infty} TA\{i\}z^i$ と到着平均 PGF $\Pi(z) = \sum_{i=0}^{\infty} AA\{i\}z^i$ は一致し、

$$\Pi(z) = \Pi^R(z : \Pi^{t_1}) = \frac{1 - \Pi^{t_1}(z)}{\lambda E(t_1)(1-z)}, \qquad |z| < 1$$

で与えられる[3]。

(証明) 補助定理 4.2 から、時間平均では

$$(4.3) \qquad \Pi(z) = \sum_{k=0}^{\infty} \frac{E(\iota_k)}{E(t_1)}z^k = \frac{1}{\lambda E(t_1)} \sum_{k=0}^{\infty} Pr\bigl(e(k+1) \le t_1\bigr)z^k.$$

右辺は (4.2) そのものである。よって両平均 PGF は一致する。計算を続けると

$$\begin{aligned}
\Pi(z) &= \frac{1}{\lambda E(t_1)} \sum_{k=0}^{\infty} \sum_{i=k+1}^{\infty} Pr\bigl(e(i) \le t_1 < e(i+1)\bigr)z^k \\
&= \frac{1}{\lambda E(t_1)} \sum_{i=1}^{\infty} Pr\bigl(e(i) \le t_1 < e(i+1)\bigr) \sum_{k=0}^{i-1} z^k \\
&= \frac{1}{\lambda E(t_1)} \sum_{i=0}^{\infty} \frac{1-z^i}{1-z} Pr\bigl(e(i) \le t_1 < e(i+1)\bigr) \\
&= \frac{1 - \Pi^{t_1}(z)}{\lambda E(t_1)(1-z)}. \qquad\qquad \square
\end{aligned}$$

(4.3) が示すように、これは PGF の定義に沿った証明である。これを図 4.1、4.2 に適用すると[4]、

$$(4.4) \qquad \Pi(z) = \frac{1-z^N}{N(1-z)} \qquad\qquad\quad : N \text{ ポリシーの休憩,}$$

$$(4.5) \qquad \Pi(z) = \frac{1 - T^*(\lambda - \lambda z)}{\lambda E(t_1)(1-z)} \qquad\quad : \text{到着点とは独立な } t_1.$$

---

[3] $\Pi^R(z : \Pi^{t_1})$ は 3.2 節

[4] 到着平均を確認しよう。例えば、$N = 2$ の N ポリシーならば、y_t は左連続であるから、$0 < t \le e(1)$ で $y_t = 0$、$e(t) < t \le e(2)$ で $y_t = 1$. つまり到着時点 $e(1)$, $e(2)$ では 0 と 1 になるから、時点平均の定義では $\Pi(z) = 0.5 + 0.5z$. これは (4.4) に一致する。

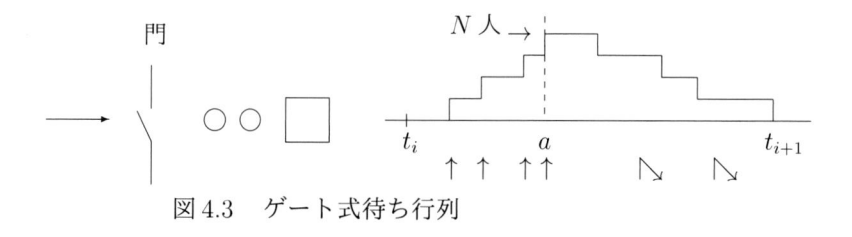

図 4.3　ゲート式待ち行列

ただし、$T^*(s)$ は $t_{i+1} - t_i$ の確率分布関数の LST[5]。

4.2　例、ゲート式待ち行列

　門 (Gate) があるモデルで例示しよう。客が 0 人になると門を開いて N ポリシーの休憩をサーバーは取る。客が N 人になると、サーバーは休憩を終了し、門を閉め、客のサービスをする。閉門中の到着客は、系に入らず去る。ならば、系内客数は図 4.3 の右のような短過程が繰り返す。その時間 (到着) 平均分布の PGF は、$(t_i, a]$ 間と $(a, t_{i+1}]$ 間の PGF を別々に求めれば得られる。

　今後、多くの PGF を区別するために

$$\Pi(z:\text{モデル名}), \quad \Pi(z:\text{短過程名})$$

等と表記する。$(t_i, a]$ 間の時間 (到着) 平均 PGF $\Pi(z:(t_i,a])$ は累積過程の (4.4) で与えられる。$a - t_i$ は N 次のアーラン分布をするので、$E(a - t_i) = N/\lambda$ となる。区間 $(a, t_{i+1}]$ 上では、期待値 b のサービス時間が N 回続き、この区間には客が入らないので、人数は一人ずつ減る。よって、j 人である時間帯は、$u = \{j\}$ を代入すると、

　○　時間平均では、$E\{\mu((a, t_{i+1}], u)\} = E(j \text{ 人の時間帯の長さ}) = b$、

　○　到着平均では、閉門区間 $(a, t_{i+1}]$ の到着時点も勘定すると、

$$E\{\mu((a, t_{i+1}], u)\} = E(j \text{ 人の時間帯に到着する人数}) = \lambda b.$$

よって定理 2.3 から、どちらの平均でも

$$\Pi(z:(a, t_{i+1}]) = \sum_{j=1}^{N} \frac{E(j \text{ 人の時間帯})}{E(t_{i+1} - a)} z^j = \sum_{j=1}^{N} \frac{b}{Nb} z^j = \frac{z(1 - z^N)}{N(1 - z)},$$

---

[5](4.5) は $F^*(s) = (1 - T^*(s))/(sE(t_1))$ の s に $\lambda(1 - z)$ を入れた形である。$F^*(s)$ は待ち時間に注目して研究する場合の基本 LST である。例えば、片山勁「レベルクロッシング法による情報通信トラヒック理論」三惠社 (2009 年、首都大学東京図書館所蔵)。

が得られる。区間の長さの期待値は $E(t_{i+1} - a) = Nb.$

$E(t_{i+1} - t_i) = N(\lambda^{-1} + b)$ であり、定理 2.7 の条件が成立して時間平均と到着平均は等しい。よって、定理 2.5 から、時間 (到着) 平均 PGF が次で得られる。

$$\Pi(z) = \frac{1}{1 + \lambda b}\Pi(z : (t_i, a]) + \frac{\lambda b}{1 + \lambda b}\Pi(z : (a, t_{i+1}])$$
$$= \frac{(1 + \lambda bz)(1 - z^N)}{N(1 + \lambda b)(1 - z)}.$$

到着平均の勉強のために、閉門中の到着客は除外して、系に入る客のみを勘定してみよう。このときの区間 (t_i, t_{i+1}) 上の短過程の到着平均分布は

$$AA(i) = \frac{到着時に i 人いる回数}{(t_i, t_{i+1}) 間の到着数} = \frac{1}{N}, \qquad i = 0, \cdots, N$$

となる。PGF は N ポリシーの休憩と同じ $\Pi(z) = (1 - z^N)/\{N(1-z)\}$ であり、これは上記時間 (到着) 平均 PGF とは異なる。

4.3　M/G/1 の系内客数の PGF

短過程法最初の成果として、M/G/1 の系内客数 y_t の時間 (到着) 平均 PGF を求める。サービス時間は i.i.d. なので、先着順、後着順、ランダムサービス等のサービス順の PGF は同じである。そこでこれらの場合を考える。$\lambda b < 1$ を仮定する。M/G/1 の再生区間は、系に客がいない区間（図 1.15.1 の $(t_i, a]$）と稼働期間（図 1.15.1 の $(a, t_{i+1}]$）からなる。よって、稼働期間上の短過程の時間 (到着) 平均 PGF を $\Pi\left(z :_{/M/G/1}^{busy}\right)$ と表すと、定理 2.5 から M/G/1 のそれは

$$\Pi(z : M/G/1) = \frac{\psi_1}{\psi_1 + \psi_2} + \frac{\psi_2}{\psi_1 + \psi_2}\Pi\left(z :_{/M/G/1}^{busy}\right)$$

と書ける。ただし、時間平均ならば、$\psi_1 = 1/\lambda,\ \psi_2 = \theta = b/(1 - \lambda b)$ である[6]。到着平均ならば、$\psi_1 = 1,\ \psi_2 = \lambda\theta$ である。よって両平均とも

$$(4.5) \qquad \Pi(z : M/G/1) = 1 - \lambda b + \lambda b\Pi\left(z :_{/M/G/1}^{busy}\right)$$

となる。

---

[6]1.15.1 節から $\theta = E(\Theta)$。稼働期間中に到着する期待値は 1.15.3 節参照

次に $\Pi\left(z:_{/M/G/1}^{busy}\right)$ は定理 3.4 から得られる。この場合、$G(z)$ は z で、$L_\square(z)$ には $B^*(\lambda - \lambda z)$ を代入する。この期待値は λb である。そして $\Pi(z:\square)$ には 4.1 節の結果から、$z\{1 - B^*(\lambda - \lambda z)\}/\{\lambda z(1-z)\}$ を代入する。ならば、

$$(4.6) \qquad \Pi\left(z:_{/M/G/1}^{busy}\right) = \frac{(1 - \lambda b)z\{1 - B^*(\lambda - \lambda z)\}}{\lambda b\{B^*(\lambda - \lambda z) - z\}}$$

が得られ (定理 3.4 に相当。)、両平均は一致する。

M/G/1 の時間 (到着) 平均 PGF は、(4.5) から、

$$(4.7) \qquad \Pi(z : M/G/1) = \frac{(1 - \lambda b)(1 - z)B^*(\lambda - \lambda z)}{B^*(\lambda - \lambda z) - z}$$

となる[7]

三点追加しておく。ここでは確率から PGF を求めるのではなく、モデルの特性を利用して PGF を得た。よって PGF から確率を求めることになるが、それは次章で述べる。参考までに結果のみ表 4.1 に一例を載せておく。

第二に、待ち時間では以上の論理は通用しない。先着順と後着順では異なるからである。このことからも分析上は系内客数の分析はより基礎的である。

第三に、M/G/1 の稼働期間上の確率構造が、同期間の後続期間に現れるのを発見したのは Takács(1961 年) である。彼はそれを使って、稼働期間の長さの分布の LST の方程式 (1.15.2) を見出した。しかし、解は陽に表せないこともあって、それ以上の発展はなかった。筆者 (2009 年) は、稼働期間を短過程に置き換えて、稼働期間上の短過程の μ 平均分布の PGF を、彼が見出した事実を使って、陽に表した。ケンドールの発見から 50 年以上かかったが、我々の方法は数学的に厳密、簡潔、一般的、しかもさらなる発展が可能である。

4.4 フィードバック

サービスを受けた客は、確率 $(0 <)\sigma(\le 1)$ で退去し、確率 $1 - \sigma$ でまた列に並び同じ確率分布 $B(x)$ のサービスを受ける (図 4.4)。サービスの終了時点で退去するかしないかが決まるので、系内客数分布はサービス順に依存しない。

そこで 2 回目、3 回目等のサービスは一回目のサービスに引き続いて受けることにしよう。k 回サービスを受けるならば、その長さの LST は $B^*(s)^k$ であるか

---

[7]2.2 節で述べたように、20 世紀では、この式を退去時点の系内客数の分布として紹介した。

客数	確 率	分布関数
0	0.2	0.2
1	0.21472	0.41472
2	0.16876 3392	0.58348 3392
3	0.12223 88416 512	0.70572 22336 512
4	0.08670 31809 47128 32	0.79242 54145 98328
5	0.06120 41215 88546 40435 2	0.85362 95361 86875
6	0.04316 31706 06554 35449 63072	0.89679 27067 93429
7	0.03043 52421 28866 02749 93378 0992	0.92722 79489 22295
8	0.02146 00754 51189 68482 29830 09370 112	0.94868 80243 73484
9	0.01513 16123 18782 94233 26599 48116 45624	0.96381 96366 92268
10	0.01066 93835 23489 77505 97881 06889 39284	0.97448 90202 15757
11	0.00752 30426 55976 04466 93499 53827 03858	0.98201 20628 71734
12	0.00530 45401 76011 54780 06766 56296 95753	0.98731 66030 47745
13	0.00374 02614 94754 96613 93791 38875 16741	0.99105 68645 42500
14	0.00263 72796 90518 90049 01249 09361 69124	0.99369 41442 33019
15	0.00185 95609 36388 42130 99517 65631 66479	0.99555 37051 69407
20	0.00032 41018 68602 83352 38479 13466 20568	0.99922 50576 81770
30	0.00000 98451 82612 05946 18733 17763 89428	0.99997 64597 20304
60	0.00000 00002 75962 77227 33645 22232 27971	0.99999 99993 40160

$\lambda = 1$. サービス分布は $E_4(5)$。確率は小数点以下第 36 桁目を四捨五入。分布関数は同 16 桁目を四捨五入。

表 4.1　M/G/1 の系内客数の確率と分布関数を多倍長で求める。

図 4.4　フィードバック

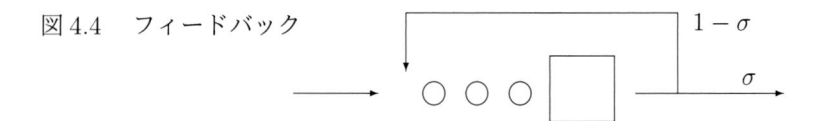

ら、フィードバックのサービス時間の分布の LST $B_F^*(s)$ は、

$$B_F^*(s) = \sum_{k=1}^{\infty} (1-\sigma)^{k-1} \sigma B^*(s)^k = \frac{\sigma B^*(s)}{1 - (1-\sigma)B^*(s)}$$

となる。この期待値は b/σ である。

$B_F^*(s)$ を $\Pi(z : M/G/1)$ 等の $B^*(s)$ に用いれば、それぞれのモデルをフィードバックのあるモデルにした PGF が得られる。

第五章　確率母関数の $p_{I,n}$ を求める。

前章で M/G/1 の系内客数の PGF を得たが、確率と積率を得なければ、実務には役立たない。理論家にとっても、それらの数値やグラフを見ることによって具体的な印象が得られる。そこで本書に出てくる PGF のどれにも通じる一般的方法を述べる。第一段階では、1.12.2 節の $p_{I,n}$ 導出式を使って、$p_{I,n}$ の繰り返し式を出す。これを使えば、計算はかなり容易になり、少しなら手計算でもできる。第二段階として、計算機を使う際の多倍長プログラミングについて話す。例は M/G/1 とする。

5.1　繰り返し式

PGF $\Pi(z)$ から、その確率と積率 $p_{I,n} = \Pi^{(n)}(I)/n! (I = 0, 1)$ を得たい。この後登場する PGF は、微分可能な比較的簡単な関数 $C(z), D(z)$ を使って、$\Pi(z) = D(z)/C(z)$ と表される。この形では 1.12.1 節の

$$\tilde{C}_{I,n} = \frac{1}{n!}C^{(n)}(I), \qquad \tilde{D}_{I,n} = \frac{1}{n!}D^{(n)}(I), \qquad I = 0, 1, \ n = 0, 1, 2, \cdots$$

を求めることになるので、この計算をさらに簡便化しよう。

前章で見出した $\Pi(z : M/G/1)$ の式には $B^*(\lambda - \lambda z)$ がある。このようにある分布の LST $F^*(s)$ が $F^*(\lambda - \lambda z)$ として、あるいは $F^*(\lambda - \lambda z + \zeta)$ の形で $C(z), D(z)$ に入り込んでいることがよくある。これらを

$$F^*(\lambda_z + J\zeta), \qquad \lambda_z = \lambda - \lambda z, \quad J = 0, 1$$

と表す。$(d^n/dz^n)F^*(\lambda_z + J\zeta) = (-\lambda)^n F^{*(n)}(\lambda_z + J\zeta)$ であるから、

$$f_n^F(x) = \begin{cases} 0 & : n < 0, \\ \frac{(-\lambda)^n}{n!}F^{*(n)}(x) & : n \geq 0. \end{cases}$$

とおくと、

$$\frac{1}{n!}\frac{d^n}{dz^n}F^*(\lambda_z + J\zeta)\Big|_{z=I} = f_n^F(\lambda_I + J\zeta), \qquad I = 0, 1$$

$\Pi(z)$	$C(z)$	$D(z)$	$z\ (=\chi_0(z))$	$1\ (=\chi_1(z))$	$B^*(\lambda_z + J\zeta)$
$\downarrow$	$\downarrow$	$\downarrow$	$\downarrow$	$\downarrow$	$\downarrow$
$p_{I,n}$	$\tilde{C}_{I,n}$	$\tilde{D}_{I,n}$	$\chi_n(I)$	$\chi_{n+1}(I)$	$f_n^B(\lambda_I + J\zeta)$

$B^*(\lambda_z + J_1\zeta)F^*(\lambda_z + J_2\zeta),$	$(z+c)B^*(\lambda_z + J\zeta)$
$\downarrow$	$\downarrow$
$\sum_{i=0}^n f_{n-i}^B(\lambda_I + J_1\zeta)f_i^F(\lambda_I + J_2\zeta)$	$(I+c)f_n^B(\lambda_I + J\zeta) + f_{n-1}^B(\lambda_I + J\zeta)$

上段を n 回微分して $n!$ で割り、$z=I$ を入れると下段になる。。

表 5.1　n 回微分して $n!$ で割る。

と表せる。つまり、$C(z)$, $D(z)$ に単独で $F^*(\lambda_z + J\zeta)$ があると、$\tilde{C}_{I,n}$, $\tilde{D}_{I,n}$ 中のその部分は $f_n^F(\lambda_I + J\zeta)$ になる。

もう一つ次の特殊関数を使う。

$$\chi_n(z) = \begin{cases} 0 & : n < 0, \\ \dfrac{1}{n!}\dfrac{d^n}{dz^n}z & : n \geq 0. \end{cases}$$

$\chi_n(z)$ を個別に書けば、

$$\chi_0(z) = z, \quad \chi_1(z) = 1, \quad n \notin \{0,1\}\ \text{ならば、}\ \chi_n(z) = 0.$$

これらの関数が $C(z)$, $D(z)$ に、表 5.1 の上段のような項として出てくるならば、その項は $\tilde{C}_{I,n}$, $\tilde{D}_{I,n}$ では下段のようになる。1 を微分するときもそれを $\chi_1(z)$ に置き換えるとよい。つまり $\tilde{C}_{I,n}$, $\tilde{D}_{I,n}$ を $f_n^F(\lambda_I + J\zeta)$ と $\chi_n(z)$ で表すのである。

例えば、$D(z) = B^*(\lambda_z + \zeta)V^*(\lambda_z) - 3(1-z)B^*(\lambda_z) + z - \zeta$ ならば、

$$\tilde{D}_{I,n} = \sum_{i=0}^n f_{n-i}^B(\lambda_I + \zeta)f_i^V(\lambda_I) + 3\Big\{(I-1)f_n^B(\lambda_I) + f_{n-1}^B(\lambda_I)\Big\}$$
$$+ \chi_n(I) - \zeta\chi_{n+1}(I)$$

とすればよい。

5.2　M/G/1 での例示

例として、前章で得た $\Pi(z : M/G/1)$ を取り上げよう。この $p_{I,n}$ を $p_{I,n}^{M/G/1}$ と

記す。この PDF では

$$\begin{cases} C(z) = B^*(\lambda - \lambda z) - z, \\ D(z) = (1 - \lambda b)(1 - z)B^*(\lambda - \lambda z). \end{cases}$$

前節の方法で、この場合 $J = 0$ であるから、次を得る。

$$\tilde{C}_{I,n} = f_n^B(\lambda_I) - \chi_n(I), \qquad I = 0, 1,$$
$$\tilde{D}_{I,n} = -(1 - \lambda b)\Big\{(I - 1)f_n^B(\lambda_I) + f_{n-1}^B(\lambda_I)\Big\}, \qquad I = 0, 1.$$

1.11.2節の $p_{I,n}$ 導出式を利用するには q を求めねばならない。

$$\tilde{C}_{0,0} = f_0^B(\lambda) = B^*(\lambda) \neq 0, \quad p_{0,0}^{M/G/1} = \frac{D(0)}{C(0)} = 1 - \lambda b,$$
$$\tilde{C}_{1,0} = f_0^B(0) - \chi_0(1) = 0, \quad \tilde{C}_{1,1} = f_1^B(0) - \chi_1(1) = \lambda b - 1 \neq 0.$$

これから導出式の q は $q = I$ であり、$p_{I,n}$ が次のように得られる。

$$p_{0,n}^{M/G/1} = \frac{1}{B^*(\lambda)}\Big\{-\sum_{i=1}^{n-1} f_{n-i}^B(\lambda)p_{0,i}^{M/G/1} + p_{0,n-1}^{M/G/1} - p_{0,0}^{M/G/1}f_{n-1}^B(\lambda)\Big\},$$
$$p_{1,n}^{M/G/1} = \frac{1}{1 - \lambda b}\sum_{i=0}^{n-1} f_{n+1-i}^B(0)p_{1,i}^{M/G/1} + f_n^B(0)$$

が得られる。
$f_n^B(\lambda) = \dfrac{(-\lambda)^n}{n!}B^{*(n)}(\lambda)$ を代入すると、

$$p_{0,0}^{M/G/1} = 1 - \lambda b, \qquad p_{0,1}^{M/G/1} = (1 - \lambda b)\frac{1 - B^*(\lambda)}{B^*(\lambda)},$$
$$p_{0,2}^{M/G/1} = (1 - \lambda b)\frac{1 - B^*(\lambda) + \lambda B^{*\prime}(\lambda)}{B^*(\lambda)^2},$$
$$p_{0,3}^{M/G/1} = (1 - \lambda b)\Big\{\frac{-1 - \lambda B^{*\prime}(\lambda) - 2^{-1}\lambda^2 B^{*\prime\prime}(\lambda)}{B^*(\lambda)^2} + \frac{(1 + \lambda B^{*(1)}(\lambda))^2}{B^*(\lambda)^3}\Big\}$$

と表せるが、n の増大につれて複雑になり、実用的ではない。ただし、サービス分布も指数分布の M/M/1 では、簡潔な表記

(5.1) $$p_{0,n}^{M/M/1} = (1 - \lambda b)(\lambda b)^n$$

客数	$\kappa = 10$	$\kappa = 6.725$	$\kappa = 5.305$	$\kappa = 5.05$	$\kappa = 5.009$
	$p_{0,n}$	$p_{0,n}$	$p_{0,n}$	$p_{0,n}$	$p_{0,n}$
0	0.5	0.256506	0.057493	0.009900	0.001797
1	0.305255	0.256507	0.078844	0.014533	0.002667
2	0.125591	0.180968	0.078850	0.015672	0.002913
3	0.045354	0.115855	0.073008	0.015711	0.002959
4	0.015683	0.072286	0.066441	0.015504	0.002960
5	0.005355	0.044841	0.060269	0.015257	0.002952
6	0.001822	0.027786	0.054644	0.015007	0.002944
7	0.000620	0.017215	0.049540	0.014760	0.002935
8	0.000211	0.010666	0.044914	0.014518	0.002926
9	0.000072	0.006608	0.040719	0.014279	0.002917
10	0.000024	0.004094	0.036916	0.014045	0.002909
11	0.000008	0.002537	0.033468	0.013814	0.002900
12	0.000003	0.001572	0.030343	0.013587	0.002891
13	0.000001	0.000974	0.027509	0.013364	0.002882
14	0.000000	0.000603	0.024940	0.013144	0.002874
15	0.000000	0.000374	0.022611	0.012928	0.002865
16	0.000000	0.000232	0.020499	0.012716	0.002857

$\lambda = 1$.
サービス分布は
$E_5(\kappa)$。

表 5.2　計算機で求めた $M/E_k/1$ の系内客数分布。

が得られる。アーラン分布でも比較的簡潔な式が得られる。

$p_{0,n}^{M/G/1}$ の例を表 5.2 に載せる。計算は 5.4 節参照。

階乗積率 $\Pi^{(n)}(1, M/G/1) = n! p_{1,n}^{M/G/1}$ も次のように複雑である。

$$\Pi'(1 : M/G/1) = \frac{\lambda^2 b_2}{2(1 - \lambda b)} + \lambda b,$$

$$\Pi''(1 : M/G/1) = \frac{\lambda^4 b_2^2}{2(1 - \lambda b)^2} + \frac{\lambda^3 b_3 + \lambda^2 b_2 \lambda b}{3(1 - \lambda b)} + \lambda^2 b_2,$$

$$(\text{分散}) = \frac{\lambda^4 b_2^2}{4(1 - \lambda b)^2} + \frac{2\lambda^3 b_3 - \lambda^2 b_2 \lambda b}{6(1 - \rho)} + \frac{3}{2}\lambda^2 b_2 + \lambda b(1 - \lambda b).$$

ただし、 $b_n \equiv \int x^n dB(x) = (-1)^n B^{*(n)}(0)$.

　二点注意しよう。$p_{1,n}^{M/G/1}$ の式から、$\Pi^{(n)}(1 : M/G/1) < \infty$ であるための必要十分条件は $B^{*(n+1)}(0) < \infty$ である。もう一つ、$b_2 - b^2 = (\text{分散}) \geq 0$ より、$\lambda b \to 1$ とすると、上式から $\Pi'(1 : M/G/1) \to \infty$ となり、客数が大きくなりがちである。b が一定で、分散を大きくしても、$\Pi'(1 : M/G/1) \to \infty$ となる。分散が大きいと長時間のサービスが生じ、多数の客が累積しやすいからであろう。

5.3 $(1 - \Gamma(z))/\{\gamma(1-z)\}$ の $p_{I,n}$

他方向から $p_{I,n}^{M/G/1}$ を見てみよう。準備として、$\Gamma(z)$ はある PGF、γ をその期待値とし、$0 < \gamma < \infty$ とする。よって $0 \le \Gamma(0) < 1$. $\Gamma(z)$ の $p_{I,n}$ を $p_{I,n}^{\Gamma}$ と表す。3.2節で定義した $\Pi^R(z:\Gamma) = (1 - \Gamma(z))/\{\gamma(1-z)\}$ は PGF の性質を持つ。この $p_{I,n}$ を $p_{I,n}^{R\Gamma}$ と表す。両者は次の関係にある。

定理 5.1

$$p_{0,n}^{R\Gamma} = \frac{1}{\gamma}\Big\{1 - \sum_{i=0}^{n} p_{0,n}^{\Gamma}\Big\}, \qquad p_{1,n}^{R\Gamma} = \frac{1}{\gamma}p_{1,n+1}^{\Gamma}.$$

(証明)　$C(z) = \gamma(1-z),\ D(z) = 1 - \Gamma(z)$ とおく。$I = 0,1$ において

$$\tilde{C}_{I,0} = \gamma(1-I), \qquad \tilde{C}_{I,1} = -\gamma, \qquad \tilde{C}_{I,n} = 0(n \ge 2),$$

$$\tilde{D}_{I,0} = 1 - \Gamma(I), \qquad \tilde{D}_{I,n} = -p_{I,n}^{\Gamma}(n \ge 1).$$

よって $p_{I,n}$ 導出式の q は $q = I$ である。

$p_{0,0}^{\Gamma} = \Gamma(0),\ p_{1,0}^{\Gamma} = 1,\ p_{1,1}^{\Gamma} = \Gamma'(1) = \gamma$ であるから、

$$p_{0,0}^{RT} = \frac{\tilde{D}_{0,0}}{\tilde{C}_{0,0}} = \frac{1 - \Gamma(0)}{\gamma} = \frac{1 - p_{0,0}^{\Gamma}}{\gamma}, \qquad p_{1,0}^{RT} = \frac{1}{\gamma}p_{1,1}^{\Gamma} = 1.$$

よって、$n = 0$ では定理が成立する。$n \ge 1$ では $p_{I,n}$ 導出式から繰り返し式

$$p_{0,n}^{R\Gamma} = \frac{1}{\tilde{C}_{0,0}}\{\gamma p_{0,n-1}^{R\Gamma} - p_{0,n}^{\Gamma}\} = p_{0,n-1}^{R\Gamma} - \frac{1}{\gamma}p_{0,n}^{\Gamma}$$

が得られる。これから

$$p_{0,n}^{R\Gamma} = \frac{1 - \Gamma(0)}{\gamma} - \frac{1}{\gamma}\sum_{i=1}^{n} p_{0,i}^{\Gamma} = \frac{1}{\gamma}\Big\{1 - \sum_{i=0}^{n} p_{0,n}^{\Gamma}\Big\}.$$

$p_{1,n}^{R\Gamma}$ も同様である。　　　　　　　　　　　　　　　□

$\Pi\big(z :_{/M/G/1}^{busy}\big)$ の $p_{I,n}^{busy}$ は、3.3節の式から

$$\{\chi_1(z) - \lambda b\Pi^R(z : B_\lambda^*)\}\Pi\Big(z :_{/M/G/1}^{busy}\Big) = (1 - \lambda b)z\Pi^R(z : B_\lambda^*)$$

と表せるので、両辺を n 回微分して、$z = I$ を入れると、

$$\sum_{i=0}^{n}\{\chi_{n+1-i}(I) - \lambda b p_{I,n-i}^{RB_\lambda}\}p_{I,i}^{busy} = (1 - \lambda b)\{I p_{I,n}^{RB_\lambda} + p_{I,n-1}^{RB_\lambda}\}.$$

これから繰り返し式

$$(5.2) \qquad p_{I,n}^{busy} = \frac{1}{1 - \lambda b p_{I,0}^{RB_\lambda}} \left\{ \lambda b \sum_{i=0}^{n-1} p_{I,n-i}^{RB_\lambda} p_{I,i}^{busy} + (1 - \lambda b)\left(I p_{I,n}^{RB_\lambda} + p_{I,n-1}^{RB_\lambda} \right) \right\}$$

が得られる。$p_{I,n}^{PB_\lambda}$ は定理 5.1 より B_λ^* の $p_{I,n}$ から出せる[1]。

(5.2) の導出方法は後ほど重要になる。次の三点に注目していただきたい。

(1)　$\Pi\left(z:_{/M/G/1}^{busy}\right)$ を陽に示すことなく、(5.2) を得た。つまり PGF を求めなくても $p_{I,n}$ が得られる。

(2)　一目で $p_{I,n}^{RB_\lambda}$ が鍵になっていることが解る。

(3)　定理 5.1 の $p_{0,n}$ と $p_{1,n}$ は別々の式であるが、(5.2) は統一している。

ついでながら、(4.5) が成立するので、$p_{I,n}^{M/G/1}$ が得られれば、

$$p_{0,0}^{busy} = 0, \qquad p_{1,0}^{busy} = 1, \qquad n \geq 1 \text{ ならば、} p_{I,n}^{busy} = \frac{1}{\lambda b} p_{I,n}^{M/G/1}$$

でも求まる。

5.4　付録：計算機で求める $p_{I,n}$

○ はじめに　計算機を使って $p_{I,n}$ を求める方法を述べておこう。まず、$p_{I,n}$ の数値を得る有益さについて、計算機計算の一例を示す。M/M/1 の確率 $p_{0,n}$ では (5.1) より $p_{0,0}$ が最大である。このことはアーラン分布のサービスでは言えないことを確かめたのが前掲の表 5.2 である。$p_{0,n}$ が最大になる n は、κ の値に依存しているのがわかる。また安定条件の境界付近 $(\kappa \fallingdotseq 5)$ では系内客数は大きくなりやすいが、右端の分布でも頂点は $n = 4$ と大きな数ではない。このように、一目瞭然にわかる。このことを計算機を使わず調べるのは困難で、そもそも調べようとする意欲も起きないであろう。

筆者は $p_{I,n}$ を求めるパソコン用プログラムに挑み、本書に出てくる PGF では可能になった。しかし、Basic ソフトは変更が激しく、ＯＳまで抜本的に変更される。そのため読者には以下は参考にしかならないであろうが、経験談のつもりで述べておく[2]。以下は Microsoft 社が無料提供している Basic2010 を使っている。

○ 多倍長計算　式が得られても、やっかいな問題が起きる。表 5.2 を通常の方法で実行すると、$n \geq 15$ では、確率なのに負の値など信用できない値になる。原因は階乗の巨大な数と誤差の累積である。例えば、$p_{0,i}$ を小数点以下 15 桁まで使って計算するならば、

---

[1] 定理 5.1 において $\Gamma(z) = B_\lambda^*(z)$ と置いてみよう。このとき $\gamma = -\lambda B^{*\prime}(0) = \lambda b$ であり、$B_\lambda^*(z)$ の $p_{I,n}$ は $f_n^B(\lambda_I)$ である。$0 < \lambda b < \infty$ とすると、$\Pi^R(z : B_\lambda^*)$ の $p_{I,n}^{RB_\lambda}$ は定理から、

$$p_{0,n}^{RB_\lambda} = \frac{1}{\lambda b}\left\{ 1 - \sum_{i=0}^{n} f_n^B(\lambda) \right\}, \qquad p_{1,n}^{RB_\lambda} = \frac{1}{\lambda b} f_{n+1}^B(0). \quad \text{特に、} p_{1,1}^{RB_\lambda} = (\lambda/(2b)) B^{*\prime\prime}(0).$$

[2] 筆者のお願いであるが、学術に便利な Basic を固定していただけないか。特に多倍長機能、画面表示機能、信頼できる RND 命令を付加し、無料又は廉価で手に入るようにして。

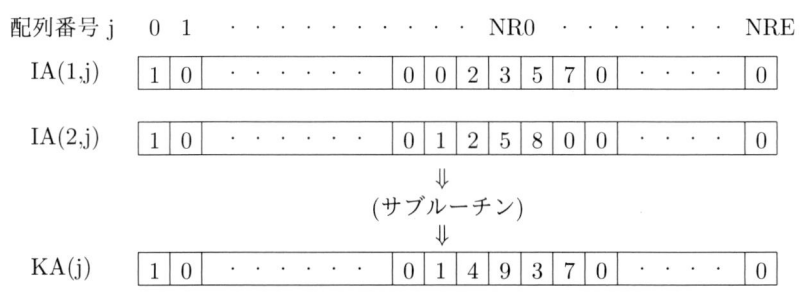

図5.1　多倍長プログラム

計算機は 15 桁目を調節して、16 桁以下は求めない。これを**丸め誤差**と呼ぶ。ところが、(5.5) は $p_{0,1}, \cdots, p_{0,n-1}$ から $p_{0,n}$ を出すから、$p_{0,i}$ の誤差はその後の $p_{0,i+1}, p_{0,i+2}, \cdots$ に直接影響する。その上ソフトの誤差処理は、我々がよく使う四捨五入ではない。このためあり得ない値になるのである。抜本的に解決するには、任意の桁数を扱う**多倍長計算**以外にはない。

　よく使う Fortran や Basic には多倍長の機能はない。多倍長用のソフトも開発されているので、それを利用できる方はそうしてください。筆者はその入手方法を知らない上に、使いこなせるかどうか不安である。ところがサービス分布がアーラン分布ならば、$p_{I,n}^{M/G/1}$ を求める計算は四則演算のみであり、$e, \; log,$ 根号等は出てこないことに気づいた。そこで、整数指定の配列を使って多倍長四則演算プログラムを作った。これをサブルーティンにすると、試みたすべてのモデルで $p_{I,n}$ が求まった。ただし、筆者の多倍長プログラムは長いのが欠点である。

　例えば、23.57 と 125.8 とを足すとしよう。二次元配列 IA(2,450) (配列名と配列の大きさは適当に選ぶ。) と一次元配列 KA(450) を用意し、プログラム 5.1 のように宣言する。

○○

```
Dim NR0, NRE, NIN, A(200,450) as Integer                    '基礎変数
Dim IA(2,450), KA(450) as Integer, PA as Byte               '多倍長変数
Dim X(450), XX(450), Y(450), U(1,450), I,J,k,n as Integer    '自由変数
Dim MeanB(3,450), LB(3,3,450), Theta(3,3,450) as Integer     'モデル変数
Dim i0, i1 as integer              'i0 は到着率番号、i1 はサービス分布番号
Dim RR(3,3,1,1,50,450), Chi(3,120,450), FB(3,3,1,1,120,450) as Integer
```
$\qquad\qquad\qquad\qquad\qquad\qquad\qquad$'RR は累乗、Chi は χ_n、FB は f_n^B
```
Dim Kuzai(450) as Integer                          'ξ、後章で必要になる。
Dim TC(1,120,450), TD(1,120,450), Q(1) as Integer      '$\tilde{C}_n, \; \tilde{D}_n, \; q$
Dim P(1,120,450), Bunsan(450) as Integer                    '結果の変数
Dim PG(1,120,450), PRB(3,3,1,120,450) as integer            '累積変数
Dim IH(6,1,450) as Integer                                  'その他
```

プログラム 5.1

****

図 5.1 のように一枡には一つの数字を割り当て、IA(1,) に 23.57 を入れ、IA(2,) に 125.8 を入れる。IA(i,0) は符号であり、この値が 1 ならば ＋、または数字の 0、-1 ならば － を

意味する。NR0 は一位の位置を示す配列番号。NRE は全桁数、つまり、小数点以下第 NRE-NR0 位まで表す。配列には 450 までとったが、割算では余裕が必要なので、NRE は半分以下にする。$PA = 1$ は足し算、$PA = 2$ は掛け算、$PA = 3$ は割り算を意味する。引き算は $IA(2,0) = -IA(2,0)$ として $PA = 1$ にする。ここは足し算であるから $PA = 1$. そして PA, IA を四則演算プロシージャに渡し、和を KA に入れて返す。プログラム 5.2 に例がある。

　以下では、For j=0 To NRE:.......:Next j を #...# と短縮表現にする。

○○○

```
for i=0 to 200:for j=0 to 450:A(i,j)=0:next j,i
A(0,0)=130:NR0=A(0,0)
A(0,1)=190:NRE=A(0,1)                          :'NRE は 450 の半分以下にする。
A(0,2)=45:NIN=A(0,2)                       :' 系内客数の上限。NIN ≤ 49 に選ぶ。
A(0,3)=2                              :' 計算上の都合で使う。プログラム 5.5。
for i=1 to 200:A(i,0)=1:next i        :'i ≥ 1 では A(i, ) の行は、符号が正の数を表す。
A(1,NR0)=3                                       ' 第一到着率は 3
A(2,NR0)=1                                       ' 第二到着率は 1
A(3,NR0+1)=5                                     ' 第三到着率は 0.5
A(11,NR0)=4:A(11,NRE+1)=3:' 第一サービス分布の κ₁ と次数。   次数は桁外を利用
A(12,NR0)=5:A(12,NRE+1)=4                :' 第二サービス分布の κ₂ と次数。
A(13,NR0)=2:A(13,NRE+1)=1                :' 第三サービス分布の κ₃ と次数。
A(21,NR0+1)=5                            :' ζ、後章で必要になる。
A(31,NR0)=1:#IA(2,j)=A(31,j)#     :' 非負の整数、A(n + 30) = n(n = 0, 1, 2, · · · ).
for n=2 to NIN+20
    # IA(1,j)=A(n+29,j)#                     :'IA(1,) と IA(2,) を足すために
    PA=1:Call Routine(IA, KA, PA, A)         :'Routine という名のプロシージャ
    #A(n+30,j)=KA(j)#                        :' を呼び出す。
next n
A(100,NR0)=1                                 :'A(i+100,) に i!を入れる。
For n=1 to NIN+20
    #IA(1,j)=A(n+99,j):IA(2,j)=A(n+30,j)#
    PA=2:Call Routine(IA,KA,PA,A):#A(n+100,j)=KA(j)#
next n
```

プログラム 5.2 　基本情報を配列 A に入れる。

****

　○ **宣言と準備**　プログラム 5.1 は宣言文である。分布はアーラン分布にする。他方、モデルが複雑になると、サービス分布や休憩分布が複数になり、他の分布も必要になる。このため多くのモデルで使えるように、母数値をあらかじめ複数個指定し、それから選ぶ方式にした。その母数値は、プロシージャ間のデータのやりとりのため、配列 A に全て入れた (プログラム 5.2)。

　若干の準備をしよう。まず i1 番サービス分布の期待値を MeanB(i1,) に入れ、i0 番の到着率と i1 番のサービス分布の期待値の積を LB(i0,i1,) に入れる。さらに稼働期間の長さの期待値を Theta(i0,i1,) に入れる (プログラム 5.3)。

108

```
For i1=1 to 3
    k=A(i1+10,NRE+1)
    #IA(1,J)=A(k+30,J):IA(2,J)=A(i1+10,J)#
    PA=3:Call Routine(IA,KA,PA,A):#MeanB(i1,J)=KA(J)#
Next i1
For i0=1 to 3:For i1=1 to 3
    #IA(1,J)=A(i0,J):IA(2,J)=MeanB(i1,J)#
    PA=2:Call Routine(IA,KA,PA,A):#LB(i0,i1,J)=KA(J)#
    #IA(1,J)=A(31,J):IA(2,J)=KA(J)#
    IA(2,0)=-IA(2,0):PA=1:Call Routine(IA,KA,PA,A)
    #IA(1,J)=MeanB(i1,J):IA(2,J)=KA(J)#
    PA=3:Call Routine(IA,KA,PA,A):#Theta(i0,i1,J)=KA(J)#
Next i1,i0
```

プログラム 5.3　　MeanB, LB, Theta

****

```
For i0=1 to 3:For i1=1 to 3
    k=A(i1+10,NRE+1)
    For IKM=0 to 1:For IZE=0 to 1:'IKM は本文の I、K は確率、M はモーメントの意。
        #RR(i0,i1,IKM,IZE,0,J)=A(31,J)#          :'IZE は後章で使う。ZE は zeta の意。
        #If IKM=0 then IA(1,J)=A(i0,J) else IA(1,J)=A(30,J)
            If IZE=0 then IA(2,J)=A(30,J) else IA(2,J)=A(21,J)#
        PA=1:Call Routine(IA,KA,PA,A):#IA(1,J)=KA(J):IA(2,J)=A(i1+10,J)#
        PA=1:Call Routine(IA,KA,PA,A)
        #RR(i0,i1,IKM,IZE,1,J)=KA(J):X(J)=KA(J)#
        For n=2 to NIN+k+1
            #IA(1,J)=RR(i0,i1,IKM,IZE,n-1,J):IA(2,J)=X(j)#
            PA=2:Call Routine(IA,KA,PA,A):#RR(i0,i1,IKM,IZE,n,J)=KA(J)#
        Next n
Next IZE,IKM,i1,i0
```

プログラム 5.4　　$(\lambda_i - \lambda_i I + \zeta J + \kappa_k)^n$ を配列 RR に入れる。

****

○ $f_n^B(\lambda - \lambda I + \zeta J)$ を求める。　　5.2 節の M/G/1 の例を見れば、

(5.3)	$B^*(s)$	から	$f_n^B(\lambda_I)$	を求める。
(5.4)	$f_n^B(\lambda_I),\ \chi_n(I)$	から	$\tilde{C}_{I,n},\ \tilde{D}_{I,n}$	を求める。
(5.5)	$\tilde{C}_{I,n},\ \tilde{D}_{I,n}$	から	$p_{I,n}$	を求める。

の三段階を経ている。他のモデルでも同様なので、モデルを広げよう。

　i 番の到着率、k 番の分布を選ぶとしばしば

$$f_n^{B(k)}(\lambda_i - \lambda_i I + \zeta J), \qquad I = 0, 1; J = 0, 1$$

を用いるので、事前に計算しておく。1.13 節のアーラン分布の $B^{*(n)}(s)$ によると、次数

109

が j_k、母数が κ_k ならば

$$f_n^{B(k)}(\lambda_i - \lambda_i I + \zeta J) = \frac{\lambda_i^n \kappa_k^{j_k}}{(\lambda_i - \lambda_i I + \zeta J + \kappa_k)^{j_k+n}} \frac{(j_k + n - 1)!}{n!(j_k - 1)!}.$$

分母の $(\lambda_i - \lambda_i I + \zeta J + \kappa_k)^n$ を配列 RR に入れてから (プログラム 5.4)、f_n^B を配列 $FB(i, j, I, J, n + A(0,3), j)$ に入れる (プログラム 5.5)。$n + A(0,3)$ としているのは後ほどの計算のため。$\chi_n(I)$ の配列も作る (プログラム 5.6)

○○○

```
For i0=1 to 3:For i1=1 to 3
   k=A(i1+10,NRE+1)
   For IKM=0 to 1:For IZE=0 to 1
      For n=0 to NIN+1
         If n=0 then
            #NRE:Y(J)=A(31,J)#
         Else
            #IA(1,J)=Y(j):IA(2,J)=A(i0,J)#
            PA=2:Call Routine(IA,KA,PA,A):#Y(J)=KA(J)#
         End If
         #IA(1,J)=Y(J):IA(2,J)=RR(i0,i1,0,k,J)#
         PA=2:Call Routine(IA,KA,PA,A):#IA(1,J)=KA(J):IA(2,J)=A(k+n+99,J)#
         PA=2:Call Routine(IA,KA,PA,A):#X(J)=KA(J)#
         #IA(1,J)=A(n+100,J):IA(2,J)=RR(i0,i1,IKM,IZE,n+k,J)#
         PA=2:Call Routine(IA,KA,PA,A):#IA(1,J)=KA(J):IA(2,J)=A(k+99,J)#
         PA=2:Call Routine(IA,KA,PA,A):#IA(1,J)=X(J):IA(2,J)=KA(J)#
         PA=3:Call Routine(IA,KA,PA,A):#FB(i0,i1,IKM,IZE,n+A(0,3),J)=KA(J)#
      Next n
      For n=0 to A(0,3)-1:#FB(i0,i1,IKM,IZE,n,J)=A(30,J)#:Next n
Next IZE, IKM, i1, i0
```

　　　　プログラム 5.5　　配列 $FB(i0, i1, IKM, IZE, n + A(0,3),)$ に入れる。
****

```
For IKM=0 to 1
   #Chi(IKM,A(0,3),J)=A(IKM+30,J)::Chi(IKM,1+A(0,3),J)=A(31,J)#
   For n=0 to NIN+A(0,3)
      If n<A(0,3) or n>1+A(0,3) Then #Chi(IKM,n,J)=A(30,J)#
   Next n
Next IKM
```

　　　　　　プログラム 5.6　　$\chi_n(I)$
****

　○ **母数値の選択**　ここで、調べたいモデルの到着率とサービス分布を選定しよう (プログラム 5.7)。

i0=1:i1=2　　　　　　　　'到着率は 1 番、サービス分布は 2 番を選ぶ。
　　　　プログラム 5.7　　M/G/1 における到着率とサービス分布の選択
****

○ ξ を求める。　　後章のために ξ を求める (プログラム 5.8)。ξ は $\xi = B^*(\lambda - \lambda\xi + \zeta)$
の解である。計算の都合上、配列 IH を用意する (プログラム 5.9)。

○○

```
n=0:#X(J)=A(30,J)#:X(NR0+1)=5                              'X に 0.5 を入れる。
#U(0,J)=A(30,J):U(1,J)=A(31,J)#
ddd:
#IA(1,J)=A(31,J):IA(2,J)=X(J)#
IA(2,0)=-IA(2,0):PA=1:Call Routine(IA,KA,PA,A):#IA(1,J)=A(i0,J):IA(2,J)=KA(J)#
PA=2:Call Routine(IA,KA,PA,A):#IA(1,J)=KA(J):IA(2,J)=A(21,J)#
PA=1:Call Routine(IA,KA,PA,A):#IA(1,J)=KA(J):IA(2,J)=A(i1+10,J)#
PA=1:Call Routine(IA,KA,PA,A):#IA(1,J)=A(i1+10,J):IA(2,J)=KA(J)#
PA=3:Call Routine(IA,KA,PA,A):#IA(1,J)=KA(J):IA(2,J)=KA(J)#
For I=1 to A(i1+10,NRE+1)-1
    PA=2:Call Routine(IA,KA,PA,A):#IA(1,J)=KA(J)#
Next I
k=0:For J=0 to NRE-2
    If KA(J)>X(J) And k=0 Then k=1
    If KA(J)<X(J) And k=0 Then k=2
Next J
If k>0 Then
    #IA(1,J)=X(J):IA(2,J)=U(2-k,J):U(k-1,J)=X(J)#
    PA=1:Call Routine(IA,KA,PA,A):#IA(1,J)=KA(J):IA(2,J)=A(32,J)#
    PA=3:Call Routine(IA,KA,PA,A):#X(J)=KA(J)#
    n=n+1:If n>4*NRE Then stop
    Goto ddd
Else
    #kuzai(J)=X(J)#
End If
```

プログラム 5.8　　ξ を求める。

****

```
For IKM=0 to 1                                     'IH(0,IKM,)=IKM-1
    #IA(1,J)=A(IKM+30,J)#                          'IH(1,IKM,)=IKM-ξ
    For h=0 to 2                                   'IH(1,IKM,)=IKM-f_0^B(i0,i1,1,1,)
        #If h=0 Then IA(2,J)=A(31,J)
        If h=1 Then IA(2,J)=kuzai(J)
        If h=2 Then IA(2,J)=FB(i0,i1,1,1,A(0,3),J)#
        IA(2,0)=-IA(2,0):PA=1:Call Routine(IA,KA,PA,A):#IH(h,IKM,J)=KA(J)#
Next h, IKM
```

プログラム 5.9　　IH。

****

○ $\tilde{C}_{I,n},\ \tilde{D}_{I,n}$ を求める。　　以上で準備が終わった。(5.4) はモデルで異なるので、
$\tilde{C}_{I,n},\ \tilde{D}_{I,n}$ の式をきちんと紙に書こう。
　　プログラム 5.10 は 5.2 節の M/G/1 の場合である。

111

```
For IKM=0 to 1
    For n=0 to NIN+1
        #IA(1,J)=FB(i0,i1,IKM,0,n+A(0,3),J):IA(2,J)=Chi(IKM,n,J)#
        IA(2,0)=-IA(2,0):PA=1:Call Routine(IA,KA,PA,A):#TC(IKM,n,J)=KA(J)#
Next n, IKM
For IKM=0 to 1:For n=0 to NIN+1
        #IA(1,J)=IH(0,IKM,J):IA(2,J)=FB(i0,i1,IKM,0,n+A(0,3),J)#
        PA=2:Call Routine(IA,KA,PA,A)
                :#IA(1,J)=KA(J):IA(2,J)=FB(i0,i1,IKM,0,n+A(0,3),j)#
        PA=1:Call Routine(IA,KA,PA,A):#X(J)=KA(J)#
        #IA(1,J)=A(31,J):IA(2,J)=LB(i0,i1)#
        PA=1:Call Routine(IA,KA,PA,A):#IA(1,J)=KA(J):IA(2,J)=X(J)#
        PA=2:Call Routine(IA,KA,PA,A):#TD(IKM,n,J)=KA(J)#
        TD(IKM,n,0)=-TD(IKM,n,0)
Next n, IKM
Q(0)=0:Q(1)=1
```

プログラム 5.10　　M/G/1 で $\tilde{C}_{I,n}$, $\tilde{D}_{I,n}$ を求める。

```
***********************************************************************
```

　○ 確率と積率を求める。　　(5.5) は 1.12.2 節の $p_{I,n}$ 導出式であるから、モデルによっ
て異ならない。この式は後章でも使うので、ZPIN という名のサブルーティンにした。分
散も出しておく (プログラム 5.11 とプログラム 5.12)。画面への表示等は省略。

```
∘∘∘∘∘∘∘∘∘∘∘∘∘∘∘∘∘∘∘∘∘∘∘∘∘∘∘∘∘∘∘∘∘∘∘∘∘∘∘∘∘∘∘∘∘∘∘∘∘∘∘∘∘∘
Call ZPIN(TC, TD, Q, P, A)
#Bunsan(J)=P(1,NIN+1,J)#
            (P(IKM, n, J) の表示)
```

プログラム 5.11　　求める確率と積率

```
***********************************************************************
Function ZPIN(ByVal TC(,,) as Integer, ByVal TD(,,) as Integer, ByVal Q() as Integer,
ByVal P(,,) as Integer, ByVal A(,) as Integer)
Dim IA(2,450), KA(450), X(450), H0, n As Integer, PA as Byte
For J=0 to A(0,1):IA(1,J)=TD(0,Q(0),J):IA(2,J)=TC(0,Q(0),J):Next J
PA=3:Call Routine(IA,KA,PA,A)
For J=0 to A(0,1):P(0,0,J)=KA(J):P(1,0,J)=A(31,J):Next J
For I=0 to 1:For n=1 to A(0,2)
    For J=0 to A(0,1):X(J)=TD(I,n+Q(I),J):Next J
    For H0=0 to n-1
        For J=0 to A(0,1):IA(1,J)=TC(I,n+Q(I)-H0,J):IA(2,J)=P(I,H0,J):Next J
        PA=2:Call Routine(IA,KA,PA,A)
        For J=0 to A(0,1):IA(1,J)=X(J):IA(2,J)=KA(J):Next J
        IA(2,J)=-IA(2,J):PA=1:Call Routine(IA,KA,PA,A)
        For J=0 to A(0,1):X(J)=KA(J):Next J
    Next H0
    For J=0 to A(0,1):IA(1,J)=X(J):IA(2,J)=TC(I,Q(I),J):Next J
```

112

```
    PA=3:Call Routine(IA,KA,PA,A)
    For J=0 to A(0,1):P(I,n,J)=KA(J):Next J
Next n, I
' 分散
For J=0 to A(0,1):IA(1,J)=A(32,J):IA(2,J)=P(1,2,J):Next J
PA=2:Call Routine(IA,KA,PA,A)
For J=0 to A(0,1):IA(1,J)=KA(J):IA(2,J)=P(1,1,J):Next J
PA=1:Call Routine(IA,KA,PA,A)
For J=0 to A(0,1):X(J)=KA(J):Next J
For J=0 to A(0,1):IA(1,J)=P(1,1,J):IA(2,J)=P(1,1,J):Next J
PA=2:Call Routine(IA,KA,PA,A)
For J=0 to A(0,1):IA(1,J)=X(J):IA(2,J)=KA(J):Next J
IA(2,J)=-IA(2,J):PA=1:Call Routine(IA,KA,PA,A)
For J=0 to A(0,1):P(1,A(0,2)+1,J)=KA(J):Next J          :' 分散をこれに入れて返す。
EXIT Function:End Function
```

プログラム 5.12　　確率と積率を求める。

****

　○ **多倍長四則演算プログラム**　　プログラムは節末に置く。多倍長四則演算プログラム
は読者がお作りになるのが良いであろう。自分で作れば、好みで変更できるし、エラー
が出ても原因を探せる。ただ、割り算は面倒なので、プログラム中の $If\ PA=3\ \cdots$ の
部分を説明しておく。

　KA や LA には何も入っていない状態で始めたいので $KA(i)=0$ 等とし、次に答えの符
号を $KA(0)$ に入れる。458 を 32 で割る例では、$IA(1,)$ が 458 を、$IA(2,)$ が 32 をこのプ
ロシージャにもたらす。$IA(i,)$ の先頭の数字の配列番号 $a_i(i=1,2)$ を求める。458 では 4
の配列番号 $a1=NR0-2$、32 では 3 のそれ $a2=NR0-1$ である。プログラム中の stop は
計算不能が予想されるときである。ここで止まると、原因を調べることになる。$IA(2,)$ の
i 倍を $JA(i,)$ に入れる。LA は宣言時に大きくとり、$LA(j)=IA(1,j)(0<j\le NRE)$、
$LA(j)=0(NRE<j\le 2NRE)$ とする。これは、NRE 以上の $IA(1,j)$ は切り捨てでは
なく、0 が入っているとみなすことである。

　図 5.2 は紙に書く割り算である。458 を 32 で割ると 1 を 10 の位に書く。配列番号で言
えば $a_1-a_2+NR0=NR0-1$ である。他の例で 158 を 32 で割るならば、この位置に
は 0 が入る。これを計算機で行う考えは、まず $j\le a1-a2+NR0-1$ なる $KA(j)$ は
全て 0 が確定する。これからは $KA(a1-a2+NR0)$ 以降を考える。図 5.3 の左端のよ
うに、32 を 458 の頭数字が並ぶように書いてみよう。ここから始まって答えの一つの数
字を確定しながら右に一枡づつずらしていく。

　$i0$ は 32 の 3 が書かれている LA の配列番号であり、$i9$ は答えを書く配列番号であり、
最初は $i9=a1-a2+NR0$ である。$320\times1\le458<320\times2$ なので、左端の図で
$KA(i9)=1$ が確定する。$i0$ と $i9$ を一つづつ増やす。LA の 458 が 458-320=138 に変更
されて、中央図になる。同様に、$32\times4\le138<32\times5$ なので、$KA(i9)=KA(NR0)=4$
となり、LA は $138-32\times4=10$ にする。そして $i0, i9$ を一つづつ増やし右図になる。
このようにして $KA(NRE+1)$ まで求め、それを四捨五入して、$KA(NRE)$ を定める。
ただし、これが 10 ならば、$KA(NRE)=0$ として、$KA(NRE-1)$ を 1 増やす。同様
のことを 9 以下になるまで行って、KA を確定し、答えとして返す。

113

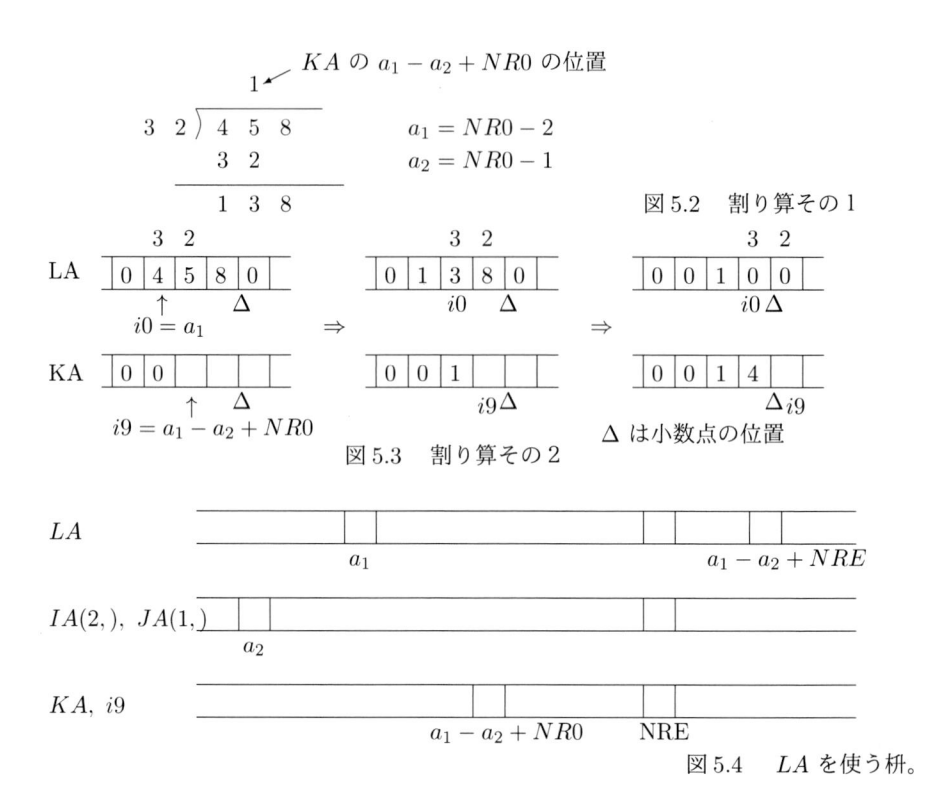

図 5.2　割り算その 1

図 5.3　割り算その 2

Δ は小数点の位置

図 5.4　LA を使う枡。

　配列の大きさであるが、図 5.4 のように、最初は LA の a_1 から $a_1 - a_2 + NRE$ まで使う。$i9$ は $a_1 - a_2 + NR0$ から $NRE + 1$ まで増加する。よって LA は $2NRE - NR0 + 1$ まで使うので、配列の大きさを 450 にすれば、NRE はその半分以下の 220 ぐらいにすればよいであろう。

　〇　**プログラムの実行**　プログラムがうまく作動せず、悪戦苦闘するのが常であるが、ともかく作動したとしよう。得られた $p_{I,n}$ は何桁目までが正しいかを知りたいならば、NRE を変えて実行し、結果を比べるのがよい。さらに $p_{0,n}$ から、表 4.1 のように分布関数 $\sum_{i=0}^{n} p_{0,i}$ を得るようにしておけば、それが 1 に近づくかどうかで検算できる。また得られた $p_{I,n}$ から期待値 $\sum_{i=0}^{\infty} i p_{0,i}$ を計算すれば、別途得られた $p_{1,1}$ と比較できる。

　筆者の経験では多倍長で計算すると、掛け算と割り算では NRE+1 桁目まで求め、それを四捨五入して NRE 桁目を決められるので、累積誤差も少なくなるようである。そのため NRE を極端に大きくとる必要もないようである。

　多倍長計算ができるので、図 5.5 を作成した。例えば、$b = 4/5 = 0.8$ では $Pr(y_t \leq x) \geq 0.9$ となる最小の整数 x は一番下の曲線の値 7 である。$Pr(y_t \leq x) \geq 1 - 10^{-8}$ のそれは最上部の曲線の値 53 である。このような表は、待ち椅子を幾ら用意すべきか等の基本問題に参考になろうから、有益であろう。

　表 5.3 によると、標本平均 (積率の次数 1) は期待値に順調に向かうが、次数が大きいと収束は遅い。積率の式の $i(i-1) \cdots (i-n+1)$ は i が大きいと大きな値である。観察

114

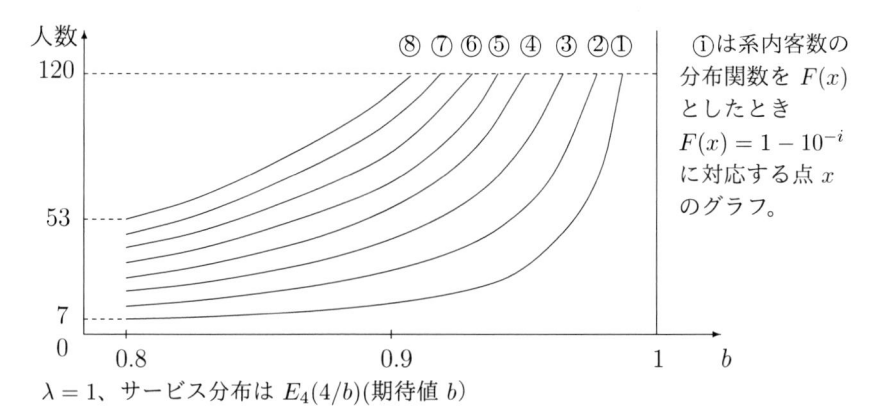

$\lambda = 1$、サービス分布は $E_4(4/b)$(期待値 b)

図5.5　M/G/1 の系内客数の分布の 90% 99% 等の点

右側のテキスト（グラフ内注記）：
①は系内客数の分布関数を $F(x)$ としたとき $F(x) = 1 - 10^{-i}$ に対応する点 x のグラフ。

積率の	標本積率、		観測回数			
次数	百回	千回	一万回	十万回	百万回	階乗積率
1	2	2.233	2.7753	2.80513	2.78241	2.8 (期待値)
2	4.84	6.942	12.8628	13.55094	13.26417	13.6
3	12.66	27.072	82,752	94.29174	91.8054	97.68
4	30.72	125.208	637.4904	828.7315	823.882	934.3104
5	60	667.08	5309.46	8478.176	8915.369	11169.94
6	79.2	3826.08	44874.72	96344.54	110531.9	160247
7	50.4	21440.16	370366.9	1181772	1507170	2682107
8	0	108218.9	2912757	15298330	21830320	51304320

母数は表 1.2.1 と同じ。桁数は有効数字 7 桁 (8 桁目を四捨五入)。

表5.3　$M/E_4/1$ の標本積率と理論積率

は有限時間で止めるので、極大の系内客数は生じにくく、理論値より標本積率は小さくなりがちである。また高次の標本積率は乱数の影響を受けやすい。一方、確率 $p_{0,n}$ は表 1.2.1 のごとくかなり信頼できるようである。以下は多倍長四則演算プログラムである。

```
Function Routine(ByVal PA as byte, ByVal IA(,) as integer, ByRef KA() as integer,
ByVal A(,) as integer)
Dim LA(900) As Integer, JA(10, 450) As Byte
Dim HA, HA0, HA1, HA2, HA3, HH, HP as Integer
Dim H0, H1, H2, a1, a2, HQ, HJ, c, i0、NR0, NRE as integer
NR0=A(0,0):NRE=A(0,1)
For I = 0 To 2*NRE: KA(I) = 0:LA(I)=0: Next I
If PA = 1 Then                                          :' 足し算
   If IA(1,0)=IA(2,0) Then
```

```
    KA(0)=IA(1,0)
    For I=0 to NRE-1
        HA0=IA(1,NRE-I)+IA(2,NRE-I)
        HA1=Int(HA0/10):HA2=HA0 Mod 10
        IF I=NRE-1 And HA1>0 Then
            Stop
        Else
            KA(NRE-I)=KA(NRE-I)+HA2:HA3=Int(KA(NRE-I)/10)
            KA(NRE-I)=KA(NRE-I)-HA3*10
            KA(NRE-1-I)=KA(NRE-1-I)+HA3+HA1
    End If:Next I
Else
    HH=0:HP=0
    For I=1 to NRE
        If IA(1,I)>IA(2,I) and HP=0 Then HH=1:HP=1
        If IA(2,I)>IA(1,I) and HP=0 Then HH=2:HP=1
    Next I
    If HH=0 Then
        #KA(J)=0#
    Else
        KA(0)=IA(HH,0) :If HH=1 Then H0=2 Else H0=1
        KA(1)=IA(HH,1)-IA(H0,1)
        For I=2 to NRE
            If IA(HH,I)>IA(H0,I)-1 Then
                KA(I)=IA(HH,I)-IA(H0,I)
            Else
                HA=0
                For J=1 to I-1
                    If KA(I-J)>0 And HA=0 Then HA=J
                Next J
                KA(I-HA)=KA(I-HA)-I :For J=1 to HA-1:KA(I-J)=9:Next J
                KA(I)=10+IA(HH,I)-IA(H0,I)
    End If:Next I:End If:End If
    H1=0
    For J=1 To NRE
        If KA(j)>0 Then H1=KA(J)
    Next J
    IF H1=0 Then KA(0)=1
End If

If PA = 2 Then                                          :' 掛け算
    KA(0)=IA(1,0)*IA(2,0)
    For I=1 To NRE:For J=1 To NRE
        HH=IA(1,I)*IA(2,J):HP=I+J-NR0
```

```
    If HH>0 Then
       If HP<1 Then Stop
       If HP<2 And HH>9 Then Stop
       LA(HP)=LA(HP)+HH
    End If
  Next J,I
  For I=0 To 2*NRE-2                                    :'NRE+1 位を四捨五入
    LA(2*NRE-I-1)=LA(2*NRE-I-1)+Int(LA(2*NRE-I)/10)
    LA(2*NRE-I)=LA(2*NRE-I)-10*Int(LA(2*NRE-I)/10)
    If I=NRE-1 And LA(NRE+1)>4 Then LA(NRE)=LA(NRE)+1
  Next I
  If LA(1)>9 Then Stop
  For I=1 To NRE:KA(I)=LA(I):Next I
End If


If PA = 3 Then                                          :' 割り算 IA(1,)/IA(2,)
  KA(0) = IA(1, 0) * IA(2, 0)
  a1 = 0: H1 = 0: a2 = 0: H2 = 0     :'a1,a2 は IA(1,),IA(2,) の数字の頭の配列番号
  For j = 1 To NRE
    If IA(1, j) > 0 And H1 = 0 Then H1 = 1: a1 = j
    If IA(2, j) > 0 And H2 = 0 Then H2 = 1: a2 = j
  Next j
  If a1 = 1 Or a2 = 2 Then Stop                         :'IA(i,1) は予備とする。
  If a2 = 0 Then Stop                                   :'0 で除算した。
  If a1 = 0 Then
    KA(0)=1                                             :'IA(1,) が 0 ならば、0 を返す。
    For j=1 to NRE:KA(j)=0:next j: GoTo zzpa
  End If
  For I = 0 To 10                          :'IA(2,j) を i 倍して JA(i,.) に入れる。
    For j = 1 To NRE: LA(j) = I * IA(2, j): Next j      :'LA は一時借りているだけ
    For j = 0 To NRE - 1
      LA(NRE - j - 1) = LA(NRE - j - 1) + Int(LA(NRE - j) / 10)
      JA(I, NRE - j) = LA(NRE - j) Mod 10
  Next j, I
  For j = 0 To 2 * NRE                     :'IA(1,j) を LA(j) に入れ、IA(1,.) は温存する。
    If j < NRE + 1 Then LA(j) = IA(1, j) Else LA(j) = 0
  Next j
                                          :'KA(j)(j≥ a1-a2+NR0),... に割り算の解を入れる。
  If a1 - a2 + NR0 < 1 Then Stop                        :'KA が巨大すぎる。
  For i9 = a1 - a2 + NR0 To NRE + 1
    i0 = i9 + a2 - NR0:HQ = 0                           :'i0 は i9 に対応する LA の位置。
    For I = 1 To 10
      If HQ = 0 Then               :'HQ=0 は JA(I,) が LA を越えていないこと。
        HJ = 0                :'LA(i0+j) と JA(I,a2+j) が異なる最小の j を探す。
```

117

```
        For j = -1 To NRE - a2
            If HJ = 0 Then        :'HJ=0 は LA(i0 + j) と JA(I, a2 + j) がまだ同じ。
                If LA(i0 + j) <> JA(I, a2 + j) And HJ = 0 Then
                    HJ = 1:If LA(i0 + j) < JA(I, a2 + j) Then HQ = I
    End If:End If:Next j:End If:Next I
    If HQ > 0 Then HQ = HQ - 1 Else HQ = 1    :'JA(I,) が LA を HQ 倍で超えた。
    KA(i9) = HQ
    c = i0 - a2 + NRE                :'LA の i0-1〜c から a2-1〜NRE のところを引く。
    For j = 0 To NRE - a2 + 1
        If LA(c - j) < JA(HQ, NRE - j) Then
            LA(c - j) = LA(c - j) + 10 - JA(HQ, NRE - j)
            LA(c - j - 1) = LA(c - j - 1) - 1
        Else
            LA(c - j) = LA(c - j) - JA(HQ, NRE - j)
    End If:Next j:Next i9
    If KA(NRE + 1) > 4 Then                        :'NRE+1 位を四捨五入。
        H0 = 0
        For I = 0 To NRE - 1
            If H0 = 0 Then
                If KA(NRE - I) < 9 Then
                    KA(NRE - I) = KA(NRE - I) + 1: H0 = 1
                Else
                    KA(NRE - I) = 0
    End If:End If:Next I:End If
    KA(NRE + 1) = 0
zzpa:
End If
Exit Fuction
End Function
```

第六章　M/G/1/N_{policy}、M/G/1/MV、M^X/G/1

　本章から M/G/1 を多様に変形して、その変形モデルの μ 平均 PGF を求めていく。次の三方向が本書の基本変形である。

$$\text{M/G/1} \begin{cases} \text{M/G/1/N}_{policy} \text{ 等 (本章)、休憩 (第七章)} \\ \text{M/CT/1(第八章)} \\ \text{重ならない複数の短過程 (第十章)} \end{cases}$$

　本章では、M/G/1/N_{policy}、M/G/1/MV、M/G($\tilde{B}$,B)/1 の時間、到着、退去平均 PGF を求める。これらのモデルではこれら三平均 PGF は同一で、前章で得た $\Pi\big(z : {}^{busy}_{/M/G/1}\big)$ を使って求められる。証明は、ある時点から後の期間が PGF

$$z^{n-1}\Pi\big(z : {}^{busy}_{/M/G/1}\big),\ z^{n-2}\Pi\big(z : {}^{busy}_{/M/G/1}\big), \cdots, \Pi\big(z : {}^{busy}_{/M/G/1}\big)$$

をもつ短過程からなっていることを利用する。

　休憩から始まる M/G/1/MV の短過程は、モデル変形に有用である。さらに集団到着の M^X/G/1 等にも言及する。

6.1　累積過程と後続期間

　図 6.1($h_i = 1$ の図 3.2) の形の短過程を利用する。t_1 時点の客数が n である確率を p_n^K、その期待値を $k(> 0)$、PGF を $K(z)$ とする。これら各客が図の Δ を生む。(t_1, t_2) 間の μ 平均 PGF を $\Pi(z : K)$ とすると、定理 3.2 から

$$E(\mu(t_1, t_2)) = kE(\mu(\Delta)), \quad \Pi(z : K) = \Pi^R(z : K)\Pi(z : \Delta)$$

が言える。ただし、$\Pi^R(z : K)$ の定義は 3.2 節。$\Pi(z : \Delta)$ や m_Δ は 3.1 節。

　図 6.1 では $(0, t_1]$ 間は省略している。この区間はポアソン到着の累積過程とし、$\Pi^{t_1}(z)$ はこの区間に到着した客数の PGF とする。ならば、この区間の時間 (到着) 平均 PGF は $\Pi^R(z : \Pi^{t_1})$ で表される (定理 4.1)。ただし、$\Pi^{t_1}(z)$ が $K(z)$ に一致するとは限らず、後続期間の Δ を引き起こすのは $K(z)$ の客である。ならば、次が言える。

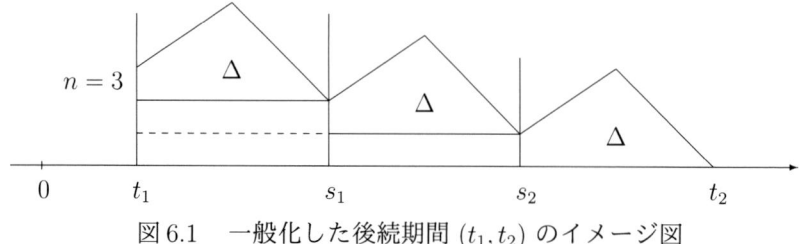

図 6.1　一般化した後続期間 (t_1, t_2) のイメージ図

定理 6.1　$(0, t_2)$ 間の短過程の時間 (到着) 平均 PGF は

$$\Pi(z : (0, t_2)) = \frac{E(t_1)\Pi^R(z : \Pi^{t_1}) + km_\Delta \Pi^R(z : K)\Pi(z : \Delta)}{E(t_1) + km_\Delta}$$

である。特に、$K(z) = \Pi^{t_1}(z)$ ならば、$k = \lambda E(t_1)$ であり、

$$\Pi(z : (0, t_2)) = \frac{1}{1 + \lambda m_\Delta}\Big\{1 + \lambda m_\Delta \Pi(z : \Delta)\Pi^R(z : K)\Big\}.$$

(証明)　$\psi_1 = E(t_1),\ \psi_2 = E(t_2 - t_1) = km_\Delta,\ \psi = \psi_1 + \psi_2$ とおく。$(0, t_1)$ 間は累積過程としているから、定理 2.5 より

$$(6.1)\qquad \Pi(z : (0, t_2)) = \frac{1}{\psi}\Big\{\psi_1 \Pi^R(z : \Pi^{t_1}) + \psi_2 \Pi^R(z : K)\Pi(z : \Delta)\Big\}.$$

よって定理が言える。　　　　　　　　　　　　　　　　　　　　　　　　　□

6.2　三つのモデルの PGF

三例を載せる[1]。この三例では $\Pi(z : \Delta) = \Pi\big(z :^{busy}_{/M/G/1}\big),\ m_\Delta = b/(1 - \lambda b).$ よって、$\Pi(z : M/G/1) = 1 - \lambda b + \lambda b \Pi(z : \Delta).$

(1)　0 時点で空から始まる M/G/1/N_{policy} では、$t_1 = e(N),\ \Pi^{t_1}(z) = K(z) = z^N,\ E(t_1) = N/\lambda,\ k = N$ を定理の式に入れると

$$\Pi\big(z :^{M/G/1}_{/N_{policy}}\big) = \frac{1 - z^N}{N(1 - z)}\Pi(z : M/G/1),$$

(2)　M/G/1/MV では休憩が 0 時点で始まり、t_1 時点で終わるとする。$v = E(t_1)$ とおく。$\Pi^{t_1}(z) = K(z) = V^*(\lambda - \lambda z),\ k = \lambda v$ なので、これらを定理

---

[1] 以下の例はどれも (ある PGF) $\times \Pi(z : M/G/1)$ の形になっている。これを一般的に発見したのは Fuhrmann and Cooper(Operations Research, Vol.33(1985 年)) であり、分解定理と名付けられて大きな話題となった。

系内客数	M/G/1 b=0.6	M/G/1/MV			
		$v = 0.25$	$v = 0.6$	$v = 3$	$v = 30$
0	0.4	0.34156	0.28086	0.11667	0.01332
1	0.2912	0.29980	0.29243	0.17660	0.02300
2	0.15759	0.17827	0.19836	0.17936	0.02817
3	0.07832	0.09248	0.11268	0.15333	0.03066
4	0.03792	0.04556	0.05873	0.11885	0.03174
5	0.01821	0.02202	0.02931	0.08638	0.03210
6	0.00873	0.01058	0.01432	0.05992	0.03208
7	0.00418	0.00507	0.00692	0.04012	0.03184
8	0.00200	0.00243	0.00333	0.02611	0.03145
9	0.00096	0.00116	0.00160	0.01660	0.03098
10	0.00046	0.00056	0.00076	0.01035	0.03042
15	0.00001	0.00001	0.00002	0.00079	0.02690
20	0.00000	0.00000	0.00000	0.00005	0.02272

サービス分布は $E_3(5)$。
休憩分布は $E_3(v^{-1})$。

表6.1　M/G/1/MV の系内客数の分布

の式に入れると

$$\Pi\left(z : {}^{M/G/1}_{/MV}\right) = \Pi^R(z : V_\lambda^*)\Pi(z : M/G/1).$$

ただし、$V_\lambda^*(z) = V^*(\lambda - \lambda z)$.　注意していただきたいのは $(0, t_2)$ 上の短過程は休憩が一つあって、ただ一つである。これを **M/G/1/MV の短過程**と呼ぶ。

　M/G/1/MV(V) の $p_{I,n}$ を求めておこう。定理5.1 から

$$p_{0,n}^{RV_\lambda} = \frac{1}{\lambda v}\left\{1 - \sum_{i=0}^n f_i^V(\lambda)\right\}, \qquad p_{1,n}^{RV_\lambda} = \frac{1}{\lambda v}f_{n+1}^V(0)$$

となる。よって $\Pi\left(z : {}^{M/G/1}_{/MV}\right)$ の $p_{I,n}$ を $p_{I,n}^{MV}$ とおくと

$$p_{I,n}^{MV} = \frac{1}{n!}\Pi^{(n)}\left(I : {}^{M/G/1}_{/MV}\right) = \sum_{i=0}^n p_{I,n-i}^{RV_\lambda}p_{I,i}^{M/G/1}$$

を計算すればよい。特に、期待値は

$$\Pi'\left(1 : {}^{M/G/1}_{/MV(V)}\right) = \frac{\lambda}{2v}V^{*(2)}(0) + \Pi'(1 : M/G/1)$$

と表される。サービス分布の二次積率 (5.2節) と休憩時間分布の二次積率に依存していることを確認しよう。

　表6.1 は $p_{0,n}^{MV}$ の計算例。系内客数への v の影響を示している。

121

(3)　M/G/1 の稼働期間最初の客のサービス時間分布が特殊で、$\tilde{B}(x)$、期待値が $\tilde{b}$、LST が $\tilde{B}^*(s)$ のとき、M/G($\tilde{B}$,B)/1 と表す。このサービス終了時点を t_1 に選ぶと、$\Pi^{t_1}(z) = z\tilde{B}^*(\lambda - \lambda z)$. t_1 で 1 人退去するから $K(z) = \tilde{B}^*(\lambda - \lambda z)$, $E(t_1) = 1/\lambda + \tilde{b}$, $k = \lambda\tilde{b}$. 定理の式にこれらを入れると結果はやや複雑である。むしろ稼働期間上の時間 (到着) 平均 PGF が簡潔なので、載せておこう。

$$\Pi\left(z : {}^{busy/M}_{/G(\tilde{B},B)/1}\right) = \alpha_1 \tilde{b} z \Pi^R(z : \tilde{B}^*_\lambda) + \alpha_2 (\lambda \tilde{b} \theta) \Pi^R(z : \tilde{B}^*_\lambda) \Pi\left(z : {}^{busy}_{/M/G/1}\right),$$

$$\alpha_1 : \alpha_2 = 1 : 1, \qquad \alpha_1 \tilde{b} + \alpha_2(\lambda \tilde{b} \theta) = 1.$$

ただし、$\theta \equiv b/(1 - \lambda b)$(1.15.1 節)。$\alpha_1$, α_2 を求め、$\Pi\left(z : {}^{busy}_{/M/G/1}\right)$ には 4.3 節の式を代入すると

$$\Pi\left(z : {}^{busy/M}_{/G(\tilde{B},B)/1}\right) = \frac{(1 - \lambda b)z\{1 - \tilde{B}^*(\lambda - \lambda z)\}}{\lambda \tilde{b}\{B^*(\lambda - \lambda z) - z\}}$$

が得られる。この稼働期間の長さの期待値は $\tilde{b}(1 + \lambda\theta) = \tilde{b}/(1 - \lambda b)$ である。

6.3　集団到着の累積過程

第三章で $\Pi(z : \Box)$ から $\Pi(z : \Delta)$ を求め、第四章でそれを $\Pi(z : M/G/1)$ に適用した。ここでは $M^X/G/1$ を考える[2]。まず定理 4.1 を系内客数の集団到着累積過程に拡大する。定理 4.1 のように $t_1 = e(J) + U$ とする。さらに t_1 は集団の客数 τ_i^b とは独立とする。補助定理 4.2 の ι_k は、ここでは $(0, t_1]$ 間で集団数が k である時間の長さである。系内客数が j 人である時間の長さを $\tilde{\iota}_j$ とすると、$\tilde{\iota}_0 = \iota_0$, $j > 0$ ならば、

$$\tilde{\iota}_j = \begin{cases} \iota_k & : \tau_1^b + \cdots + \tau_k^b = j \\ 0 & : そのような k が存在しない場合 \end{cases}$$

である (図 6.2)。$\{\omega : \tau_1^b + \cdots + \tau_k^b = j\}$ と $\{\omega : k が存在しない。\}$ は排反集合でその和は全空間 Ω である。よって補助定理 1.1 から、$j > 0$ ならば、

$$E(\tilde{\iota}_j) = \sum_{k=1}^{\infty} E(\iota_k | \tau_1^b + \cdots + \tau_k^b = j) Pr(\tau_1^b + \cdots + \tau_k^b = j)$$
$$+ 0 \times Pr(k が存在しない場合)$$

---

[2]集団到着は 1.3, 1.5, 1.8.1, 1.13 節に分散して説明している。

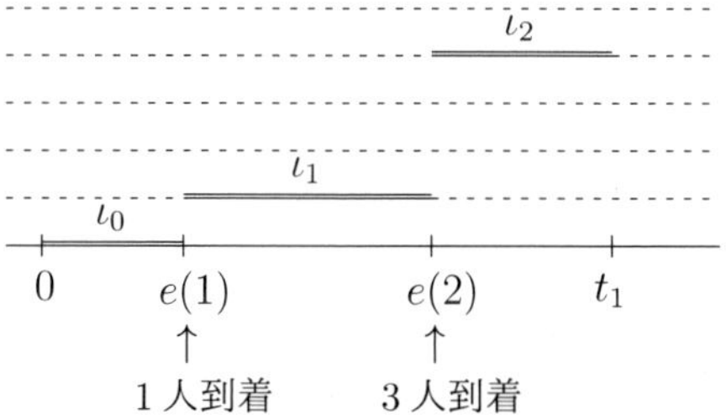

$$\tilde{\iota}_0 = \iota_0$$
$$\tilde{\iota}_1 = \iota_1$$
$$\tilde{\iota}_2 = 0$$
$$\tilde{\iota}_3 = 0$$
$$\tilde{\iota}_4 = \iota_2$$
$$\tilde{\iota}_j = 0, \quad j \geq 5$$

図 6.2　ι_k と $\tilde{\iota}_j$ の関係の例

ι_k と τ_i^b とは独立であるから、

$$= \sum_{k=1}^{\infty} E(\iota_k) Pr(\tau_1^b + \cdots + \tau_k^b = j).$$

時間平均では $\mu((0, t_1], j) = \tilde{\iota}_j$ であり、到着平均では $e(k+1) \leq t_1$ かつ $\tau_1^b + \cdots + \tau_k^b = j$ なる k があれば、$\mu((0, t_1], j) = 1$、そうでなければ 0 である。なお、ここでは集団の到着時点数を数える到着平均であって、定理 2.7 の系も成立する。客到着平均とは異なる。

t_1 時点における累積集団数の PGF を $\Pi^{t_1}(z)$ とすると次の定理が成立する。

定理 6.3　$(0, t_1)$ 間の系内客数の集団到着累積過程の時間平均 PGF と到着平均 PGF は等しく、

$$\Pi(z) = \Pi^R(G(z) : \Pi^{t_1}) = \frac{1 - \Pi^{t_1}(G(z))}{\lambda E(t_1)(1 - G(z))}, \qquad |z| < 1.$$

と表される。

(証明)　時間平均 PGF は

$$\Pi(z) = \sum_{j=0}^{\infty} \frac{E(\tilde{\iota}_j)}{E(t_1)} z^j$$

$$= \frac{1}{E(t_1)} \sum_{j=0}^{\infty} \sum_{k=0}^{\infty} E(\iota_k) Pr(\tau_1^b + \cdots + \tau_k^b = j) z^j$$

補助定理 4.2 より

$$= \frac{1}{\lambda E(t_1)} \sum_{j=0}^{\infty} \sum_{k=0}^{\infty} Pr(e(k+1) < t_1) Pr(\tau_1^b + \cdots + \tau_k^b = j) z^j$$

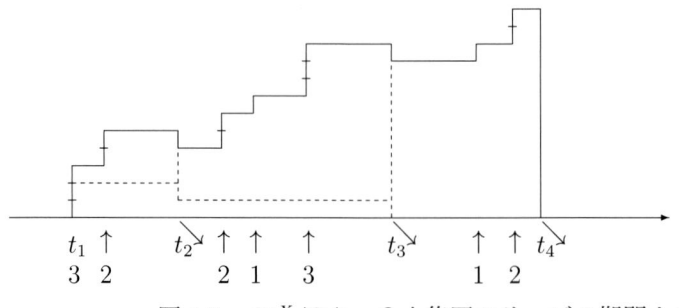

図 6.3　$\mathrm{M}^X/\mathrm{G}/1$、3 人集団のサービス期間上の標本路

これは到着平均 PGF である。$|z| < 1$ よりこの和は絶対収束するから、Σ を交換し、式変形を続けると、

$$= \frac{1}{\lambda E(t_1)} \sum_{k=0}^{\infty} Pr(e(k+1) < t_1) G(z)^k$$

$$= \frac{1}{\lambda E(t_1)} \sum_{i=1}^{\infty} F_k^{\Sigma}(G(z)) Pr(e(i) < t_1 \leq e(i+1)) \quad \cdots \text{補助定理 3.1}$$

$$= \frac{1 - \Pi^{t_1}(G(z))}{\lambda E(t_1)(1 - G(z))}. \qquad \square$$

この定理を使うと、$|z| < 1$ において、N ポリシーの休憩では

(6.2) $$\Pi(z) = \frac{1 - G(z)^N}{N(1 - G(z))},$$

t_1 が到着時点と独立ならば、

(6.3) $$\Pi(z) = \frac{1 - T^*(\lambda - \lambda G(z))}{\lambda E(t_1)(1 - G(z))}$$

となる。ただし、$T^*(s)$ は t_1 の分布の LST である。

6.4　$\mathrm{M}^X/\mathrm{G}/1$ の時間 (到着) 平均 PGF

$\mathrm{M}^X/\mathrm{G}/1$ の稼働期間最初の集団のサービス期間上の短過程 $\square^b$(右肩は *batch* の b) を定理 3.4 の $\square$ に選ぼう。この場合、図 6.3 で言えば、t_1 で 3 人集団のサービスが始まり、これらの客は t_2, t_3, t_4 で退去する。よって前節の累積過程ではない。一方、到着集団の客はそのまま累積するので、$\Pi(z : \square^b)$ は次のようになる。

図 6.4　集団のサービス期間上の短過程のイメージ図

○ はサービス中の客

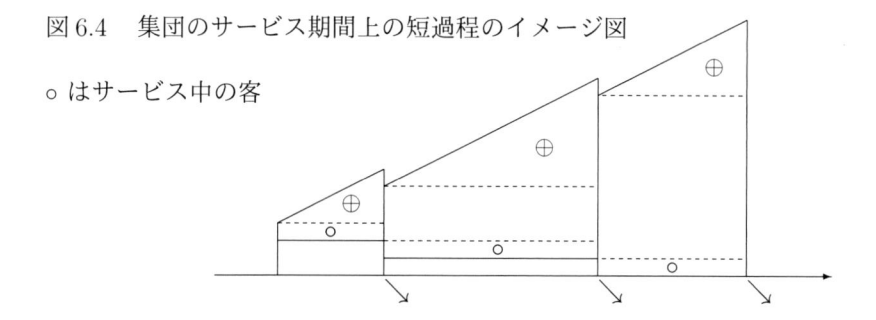

定理 6.4　集団のサービス期間上の短過程の PGF は、時間、到着両平均とも

$$\Pi(z:\square^b) = \frac{z}{\lambda gb}\frac{G(z) - G\big(B^*(\lambda - \lambda G(z))\big)}{z - B^*(\lambda - \lambda G(z))}\frac{1 - B^*(\lambda - \lambda G(z))}{1 - G(z)}$$

である。期間末での累積集団数の PGF は $G(B^*(\lambda - \lambda z))$、期待値は λgb である。

　(証明)　当集団の客数を N_g とする。この集団のサービス開始から i 番目の客のサービス開始までの時間の LST は $B^*(s)^{i-1}$ である。その間に到着する集団の客数の PGF は、1.13 節から、$B^*\big(\lambda - \lambda G(z)\big)^{i-1}$ である。よって、$N_g = n$ のとき、i 番サービス開始直後の客数の PGF は $z^{n-i+1}B^*\big(\lambda - \lambda G(z)\big)^{i-1}$ である。一人の客のサービス時間上での累積過程を $\oplus$ で表すと (図 6.4)、その PGF は (6.3) から $\Pi(z:\oplus) = \{1 - B^*(\lambda - \lambda G(z))\}/\{\lambda b(1 - G(z))\}$ である。ならば、集団のサービス期間上の短過程の PGF は、時間、到着両平均とも

$$\frac{1}{n}\sum_{i=1}^{n} z^{n-i+1}B^*\big(\lambda - \lambda G(z)\big)^{i-1}\Pi(z:\oplus) = \frac{z^n}{n}\Pi(z:\oplus)F_n^\Sigma\Big(\frac{B^*(\lambda - \lambda G(z))}{z}\Big)$$

と表される。サービス期間の長さの期待値は nb、到着集団数の期待値は λnb である。定理 2.4 から求める PGF は両平均とも

$$\Pi(z:\square^b) = \frac{z^n}{g}\sum_{n=1}^{\infty}\Pi(z:\oplus)F_n^\Sigma\Big(\frac{B^*(\lambda - \lambda G(z))}{z}\Big)Pr(N_g = n)$$

$$= \frac{z}{g}\times\frac{G(z) - G\big(B^*(\lambda - \lambda G(z))\big)}{z - B^*(\lambda - \lambda G(z))}\Pi(z:\oplus).$$

これに $\Pi(z:\oplus)$ の式を入れれば、定理の式が出る。

　1.14 節から集団のサービス期間の長さの LST は $G(B^*(s))$ である。これから累積集団数の PGF が出る。　　　　　　　　　　　　　　　　　　　　　　　　　□

$\Pi(z : \square^b)$ の式を定理 3.4 の $\Pi(z : \square)$ に代入すると

$$(6.4) \qquad \Pi\left(z : {}^{busy}_{/M^X/G/1}\right) = \frac{1 - \lambda g b}{\lambda g b} \frac{z\{1 - B^*(\lambda - \lambda G(z))\}}{B^*(\lambda - \lambda G(z)) - z}$$

が得られる。以上を 3.3 節の $\Pi(z : \text{空} + \square)$ に代入すると時間 (到着) 平均 PGF

$$(6.5) \qquad \Pi(z : M^X/G/1) = \frac{(1 - \lambda g b)(1 - z)B^*(\lambda - \lambda G(z))}{B^*(\lambda - \lambda G(z)) - z}$$

を得る[3]。

4.4 節の方法で $p_{I,n}$ を求めよう。$B_G^*(z) = B^*(\lambda - \lambda G(z))$ とおくと、

$$C(z) = B_G^*(z) - z, \quad D(z) = (1 - \lambda g b)(1 - z)B_G^*(z),$$
$$a_n = \left.\frac{d^n}{dz^n} B_G^*(z)\right|_{z=0} = B_G^{*(n)}(0).$$

(6.5) の確率 $p_n = Pr(y_t = n)$ については、5.2 節の式に代入して、

$$p_n = \frac{1}{B^*(\lambda)}\left\{ -\sum_{i=1}^{n-1} a_{n-i} p_i + p_{n-1} - (1 - \lambda g b)a_{n-1} \right\}$$

が得られる。例えば、

$$p_0 = 1 - \lambda g b, \qquad p_1 = p_0 \frac{1 - B^*(\lambda)}{B^*(\lambda)}, \qquad p_2 = p_0 \frac{1 - B^*(\lambda) + \lambda B^{*(1)}(\lambda)g_1}{B^*(\lambda)^2},$$
$$p_3 = p_0 \left\{ \frac{-1 + \lambda B^{*(1)}(\lambda)(g_2 - g_1) - 2^{-1}\lambda^2 B^{*(2)}(\lambda)g_1^2}{B^*(\lambda)^2} + \frac{(1 + \lambda B^{*(1)}(\lambda)g_1)^2}{B^*(\lambda)^3} \right\}.$$

積率については $C(z)\Pi(z : M^X/G/1) = D(z)$ の両辺を $(n+1)$ 回微分すると

$$\Pi^{(n)}(1 : M^X/G/1)$$
$$= \frac{1}{1 - \lambda g b}\sum_{i=0}^{n-1} \frac{1}{n - i + 1} B_G^{*(n-i)}(1)\Pi^{(i)}(1 : M^X/G/1) + B_G^{*(n)}(1)$$

が得られる。

$$b^{(i)} = (-1)^i B^{*(i)}(0), \qquad H_0 = \frac{(\lambda g)^2 b^{(2)} + \lambda b G^{(2)}(1)}{1 - \lambda g b},$$
$$H_1 = \frac{(\lambda g)^3 b^{(3)} + 3\lambda^2 g b^{(2)} G^{(2)}(1) + \lambda b G^{(3)}(1)}{3(1 - \lambda g b)}$$

---

[3]馬場裕教授が、他の方法を使ってこの式を最初に発見した。

とおくと次の期待値と分散が得られる。

$$\Pi^{(1)}(1:M^X/G/1) = E(y_t) = \lambda gb + \frac{1}{2}H_0,$$

$$\Pi^{(2)}(1:M^X/G/1) = \frac{1}{2}H_0^2 + H_0 + H_1,$$

$$Var(y_t) = \Pi^{(2)}(1) + \Pi^{(1)}(1) - \Pi^{(1)}(1)^2$$

$$= \frac{1}{4}H_0^2 + \left(\frac{3}{2} - \lambda gb\right)H_0 - (\lambda gb)^2 + \lambda gb + H_1.$$

$B_G^*(z)$ は合成関数なので、$B_G^{*(n)}(0)$ や $B_G^{*(n)}(1)$ の計算ははなはだ面倒である。6.2節の $M/G/1/N_{policy}$、$M/G/1/MV$ と同様に (6.4) を使って $M^X/G/1/N_{policy}$ や $M^X/G/1/MV$ の時間 (到着) 平均 PGF が得られる。

第七章　休憩モデル

M/G/1等にサーバーの休憩を加えると、多くの変形モデルが構築できる。しかも系内客数の時間 (到着) 平均 PGF は比較的容易に求まる。ここでは典型例のみ検討する。なお、休憩と言っているが、分析上の都合であって、実際はサーバーが他の仕事をしていることはよくある。

7.1　休憩の種類と休憩開始条件

休憩とは、何らかの理由でサーバーがサービス活動を停止することである。休憩に関する用語を挙げておく。

(1)　N ポリシーの休憩。系が空になった時点から N 人の客又は集団が到着するまでの時間帯にサービスをしないこと。

(2)　通常の休憩。休憩時間が到着時点やサービス時間から独立な場合。

(3)　**損失型**の休憩。この休憩中に来た客は、系に入らず、去っていく。損失とはサーバー (経営者) の側から見た言葉である。

(4)　単一休憩 (SV, single vacation)。同型の休憩を続けては取らないことを強調したいときに単一休憩と呼ぶ。

(5)　多重休憩 (1.3 節)。休憩が終わった時点で客がいないならば、時間を空けず、続けて休憩をとること。

(6)　**M/G/1/MV の短過程**。M/G/1/MV で一つの休憩を開始してから、次の休憩開始時点までの短過程。図 1.3.1 参照。

(7)　**準備時間** (setup)。サービスを始めるに当たって準備が必要な場合。別名**立ち上げ時間**。この準備時間を休憩と見なす。例、ある事務所では電気代節約のため複写機の電源を落としている。そのため利用したい人は電源を入れて複写可能になるまで待たねばならない。しかし、前の人に続いて使用する人は、順番が来ればただちに作業できる。

(8)　一サービス一休憩。一つのサービスを終えるごとに休憩を取るモデル。散髪屋は、散髪が終わって客が帰った後、次客がいるいないにかかわらず、椅子の周りを清掃する。この作業を休憩と見る。

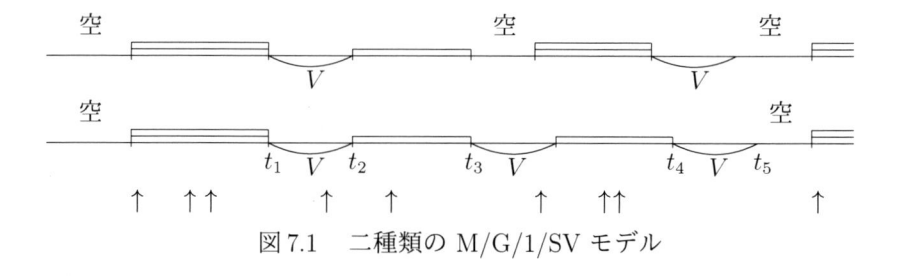

図 7.1　二種類の M/G/1/SV モデル

(9)　ゲート式の休憩。門を閉めて休憩に入る。休憩中の到着客は門前で待
つ。休憩から帰ったサーバーは、門前の客を中にいれ、門を閉める。
そして、門内の人たちをサービスした後休憩に入る。

7.2　単一休憩

$M/G/1/N_{policy}$ の変形として、客がいなくなれば、仕事の後始末 (これが休憩)
をするモデル $M/G/1/N_{policy}/SV$ を考えてみよう。このモデルにはもう少し規則
が必要である。図 7.1 の三重線は M/G/1 の稼働期間を意味する。t_1 で客がいなく
なると休憩 (後始末) V をとる。その間に矢印で示した客が来ているから、(t_2, t_3)
間でサービスする。二重線は休憩直後のサービス区間を表している。t_3 で再び空
になるが、上図では、空から始まる稼働期間直後のみ休憩をとるので、t_3 ではと
らない。下図は、空になれば常に休憩をとる。t_5 では客がいないが、単一休憩な
ので、重ねて休憩はとらない。

　二つの規則について、系内客数の時間 (到着) 平均 PGF を求めよう。休憩 V の
確率分布関数を $V(x)$、その期待値と LST を $v, V^*(s)$ とする。図 7.1 の上の規則
では $M/G/1/N_{policy}$ の短過程と M/G/1/MV の短過程が交互に繰り返される。そ
の PGF は、定理 2.5 から

$$\Pi\left(z :_{/N_{policy}/SV}^{M/G/1}\right) = \psi^{-1}\frac{N}{\lambda(1-\lambda b)}\Pi\left(z :_{/N_{policy}}^{M/G/1}\right) + \psi^{-1}\frac{v}{1-\lambda b}\Pi\left(z :_{/MV}^{M/G/1}\right)$$

である。ただし、ψ は N ポリシーの休憩が始まってから、次にそれが始まるま
での時間の長さの期待値である。すなわち、

$$\psi = \frac{N}{\lambda(1-\lambda b)} + \frac{v}{1-\lambda b}.$$

これを代入すると、時間 (到着) 平均 PGF

$$(7.1) \qquad \Pi\big(z :^{M/G/1}_{/N_{policy}/SV}\big) = \frac{N}{N + \lambda v}\Pi\big(z :^{M/G/1}_{/N_{policy}}\big) + \frac{\lambda v}{N + \lambda v}\Pi\big(z :^{M/G/1}_{/MV}\big)$$

が得られ、両平均は一致する。この式から

$$p_{I,n}^{Npolicy/SV} = \frac{N}{N + \lambda v}p_{I,n}^{Npolicy} + \frac{\lambda v}{N + \lambda v}p_{I,n}^{MV}$$

が得られる。

　以下では PGF のみ記す。それから確率と積率の式は容易に得られるであろう。

　図 7.1 の下の規則では、一つの休憩 V の間に少なくとも一人客が来る確率は $1 - V^*(\lambda)$ である (1.14 節参照)。図では、(t_1, t_2) 間に客が来ているから、(t_3, t_4) 上に M/G/1/MV の短過程が発生する。よって、一回の M/G/1/N_{policy} の短過程について、$n(\geq)$ 回続けて M/G/1/MV の短過程が起きる確率は $(1 - V^*(\lambda))^{n-1}$ である。ここから N ポリシーの休憩開始時点間の長さの期待値は

$$\psi = \frac{N}{\lambda(1 - \lambda b)} + \sum_{n=1}^{\infty}(1 - V^*(\lambda))^{n-1}\frac{v}{1 - \lambda b} = \frac{NV^*(\lambda) + \lambda v}{\lambda(1 - \lambda b)V^*(\lambda)}.$$

ここから定理 2.5 を使って、時間 (到着) 平均 PGF

$$(7.2) \qquad \Pi\big(z :^{M/G/1}_{/N_{policy}/SV}\big) = \frac{1}{\psi}\Big\{ \frac{N}{\lambda(1 - \lambda b)}\Pi\big(z :^{M/G/1}_{/N_{policy}}\big)$$
$$+ \sum_{n=1}^{\infty}(1 - V^*(\lambda))^{n-1}\frac{v}{1 - \lambda b}\Pi\big(z :^{M/G/1}_{/MV}\big)\Big\}$$
$$= \frac{NV^*(\lambda)}{\beta}\Pi\big(z :^{M/G/1}_{/N_{policy}}\big) + \frac{\lambda v}{\beta}\Pi\big(z :^{M/G/1}_{/MV}\big)$$

が得られる。ただし、$\beta = NV^*(\lambda) + \lambda v.$

7.3　準備時間付 M/G/1

　準備時間付 M/G/1(M/G/1/Setup) の時間 (到着) 平均 PGF は三つの方法で求められる。準備時間中は累積過程になるので、6.1 節の方法を使って求められる。あるいは $B_1^*(s) = V^*(s)B^*(s)$ とおいて $\Pi\big(z :^{M/(B_1,B)}_{/1}\big)$ を利用してもよい。図 7.2 はもっと独創的である。系内客数の PGF は到着順によらないから、後着順で考えると、t_2 時点に来た客は、t_5 時点まで待つことになる。そこで区間 $J_2 = (t_2, t_5)$

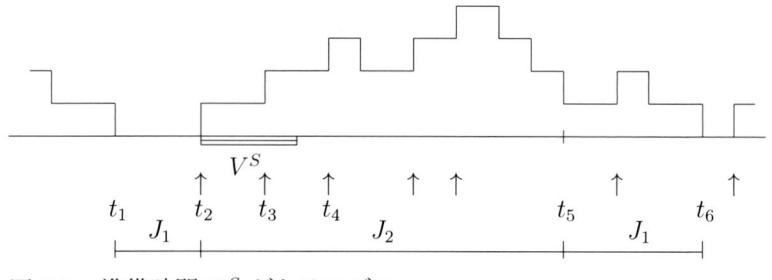

図 7.2　準備時間 V^S があるモデル.

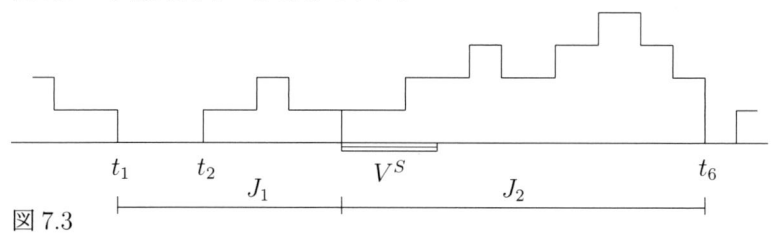

図 7.3

の部分と区間 (t_5, t_6) の部分を図上で交換すると図 7.3 になる。この図では J_1 の部分は M/G/1 の再生区間と同じ確率構造をもち、J_2 は M/G/1/MV の短過程に一人加えた形になっている。このように交換しても (t_1, t_6) 間の短過程の時間 (到着) 平均 PGF は変わらない。

$J_1 + J_2$ の長さの期待値は、$\psi = 1/\{\lambda(1 - \lambda b)\} + v^S/(1 - \lambda b)$ である。ただし、v^S は準備時間の期待値である。定理 2.5 によって

$$\Pi\left(z : {}^{M/G/1}_{/Setup}\right) = \psi^{-1} \frac{1}{\lambda(1 - \lambda b)} \Pi(z : M/G/1) + \psi^{-1} \frac{v^S}{1 - \lambda b} z \Pi\left(z : {}^{M/G/1}_{/MV}\right)$$

$$\text{(7.3)} \qquad = \frac{1}{1 + \lambda v^S} \Pi(z : M/G/1) + \frac{\lambda v^S z}{1 + \lambda v^S} \Pi\left(z : {}^{M/G/1}_{/MV}\right)$$

が得られる。

同様に図 7.2 の (t_2, t_6) 間の短過程の時間 (到着) 平均 PGF は

$$\Pi\left(z : {}^{setup}_{+busy}\right) = \frac{1 - \lambda b}{b + v^S} \left\{ \frac{b}{1 - \lambda b} \Pi\left(z : {}^{busy/}_{M/G/1}\right) + \frac{v^S}{1 - \lambda b} \Pi\left(z : {}^{M/G/1}_{/MV}\right) \right\}$$

$$= \frac{b}{b + v^S} \Pi\left(z : {}^{busy/}_{M/G/1}\right) + \frac{v^S z}{b + v^S} \Pi\left(z : {}^{M/G/1}_{/MV}\right)$$

であることがわかる。

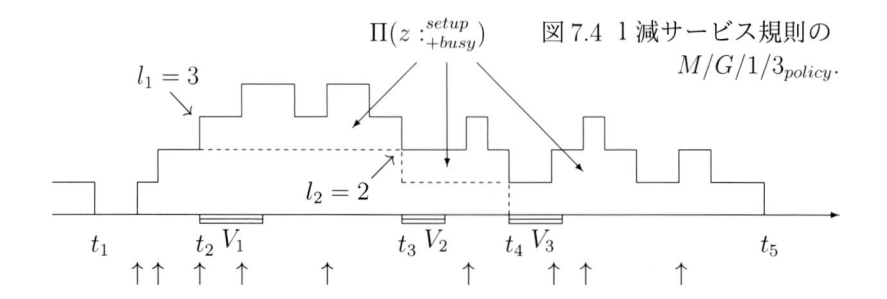

$\Pi(z:^{setup}_{+busy})$

図 7.4 1 減サービス規則の
$M/G/1/3_{policy}$.

$l_1 = 3$

$l_2 = 2$

t_1　t_2 V_1　t_3 V_2　t_4 V_3　t_5

$\Pi(z:^{setup}_{+busy})$ は **1 減サービス規則** (decrementing service system) に役立つ。図 7.4 の区間 $(t_1, t_2]$ は $N = 3$ の N_{policy} の休憩である。その直後に通常の休憩 (または準備時間) V_1 を取る。そのとき、そこにいる客数 $l_1 = N$ をサーバーが記憶し、V_1 の休憩から帰ると、客数が $l_2 = l_1 - 1$ になるまでサービスを続け、再び通常の休憩 V_2 をとる。V_2 から帰ると $l_3 = l_2 - 1$ になるまでサービスする。これを客が 0 人になるまで繰り返す規則である。

ここでは $V_i (i \geq 1)$ は i.i.d. とする。図 7.4 の (t_2, t_3) 間の PGF は $z^2 \Pi(z:^{setup}_{+busy})$ である。そして $z \Pi(z:^{setup}_{+busy})$, $\Pi(z:^{setup}_{+busy})$ が続く。したがって (t_1, t_5) 間を一つの再生区間と考えると、これは 3.1 節の $\Pi(z:\Delta)$ に $\Pi(z:^{setup}_{+busy})$ を代入したものである。よって定理 6.1 の系から[1]、

$$\Pi\left(z:^{\bullet/N_{policy}}_{/Dec}\right) = \frac{1 - z^N}{N(1-z)} \Pi\left(z:^{M/G/1}_{/Setup}\right).$$

同様に多重休憩 (V) のモデルで休憩後 1 減サービス規則が行われるならば

$$\Pi\left(z:^{\bullet/MV}_{/Dec}\right) = \frac{1 - V^*(\lambda - \lambda z)}{\lambda v(1-z)} \Pi\left(z:^{M/G/1}_{/Setup}\right).$$

ここでは通常の休憩の準備時間をとったが、N ポリシーの休憩や他と異なるサービス時間分布をもつサービスにしても PGF を求められる。

7.4　短過程の割り込み

図 7.2 は M/G/1 に、J_2 上の短過程の割込み形である。一般的に、$\psi_1 = E(\mu(I_1))$、時間 (到着) 平均 PGF $\Pi_1(z)$ をもった区間 I_1 上の短過程があって、そこに区

---

[1] PGF における $\bullet$ は $M/G/1$ の省略である。

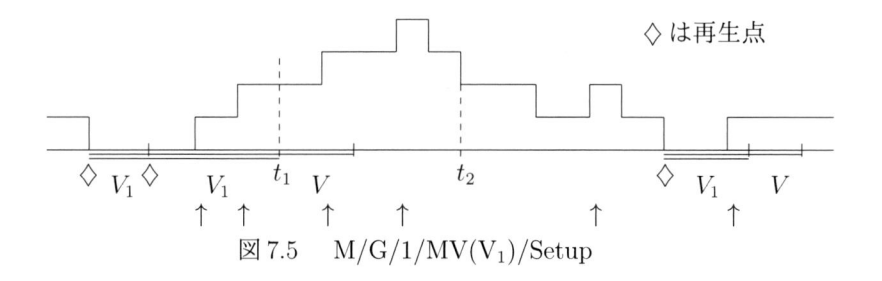

◇ は再生点

図 7.5　M/G/1/MV(V_1)/Setup

間 I_2 上の短過程が割り込むとする。その時間 (到着) 平均 PGF を $\Pi_2(z)$ とし、$\psi_2 = E(\mu(I_2))$ とおく。ならば全体の時間 (到着) 平均 PGF は

$$\Pi(z) = \frac{\psi_1}{\psi_1 + \psi_2}\Pi_1(z) + \frac{\psi_2}{\psi_1 + \psi_2}\Pi_2(z)$$

である。

　第一例として準備時間付 M/G/1/MV(V_1) も調べてみよう。このモデルは、サーバーが分布関数 $V_1(x)$ をもった休憩 V_1 から帰り、客がいなければ、再び V_1 の休憩をとる。客がいれば (図 7.5 の t_1 時点)、分布関数 $V(x)$ の準備時間の後、客がいなくなるまでサービスして V_1 の休憩をとる。再生点として V_1 の休憩の開始時点を選ぼう (図 7.5 の ◇)。ならば、再生点間では M/G/1/MV(V_1) の短過程に図の (t_1, t_2) 間が割り込んでいる。t_1 時点の客数が n の確率を p_n とする。$n > 0$ ならば、$E(t_2 - t_1) = v/(1 - \rho)$、$n = 0$ ならば $E(t_2 - t_1) = 0$ と考えれば、定理 2.4 から、(t_1, t_2) 上の短過程の時間 (到着) 平均 PGF は

$$\frac{1}{1 - V_1^*(\lambda)}\sum_{i=1}^{\infty} z^i p_n^a \Pi\left(z : {}_{/MV}^{M/G/1}\right) = \frac{V_1^*(\lambda - \lambda z) - V_1^*(\lambda)}{1 - V_1^*(\lambda)}\Pi\left(z : {}_{/MV}^{M/G/1}\right)$$

である。

　$V_1(x)$ の期待値を v_1 とすると、全体では

$$\frac{\psi_1}{\psi_1 + \psi_2} = \frac{v_1}{\beta}, \qquad \frac{\psi_2}{\psi_1 + \psi_2} = \frac{v(1 - V_1^*(\lambda))}{\beta}$$

である。ただし、$\beta = v_1 + v(1 - V_1^*(\lambda))$ である。ここから、

$$\Pi\left(z : {}_{/Setup}^{\bullet/MV(V_1)}\right) = \frac{v_1}{\beta}\Pi\left(z : {}_{/MV(V_1)}^{M/G/1}\right) + \frac{v\{V_1^*(\lambda - \lambda z) - V_1^*(\lambda)\}}{\beta}\Pi\left(z : {}_{/MV(V)}^{M/G/1}\right)$$

となる。

　第二例として、サービス終了時に待ち客が一人ならば休憩をとるとしよう。これは元のモデルがあって、それに 1 人+M/G/1/MV(V) の短過程が割り込んでいる。元のモデルが $M/G/1/N_{policy}$, $M/G/1/MV$ とすると、休憩を何回するかにもよるので比 $\alpha_1 : \alpha_2$ を使って

$$\Pi\left(z:{}^{\bullet/N_{policy}}_{/l_k=1}\right) = \frac{N\alpha_1}{\lambda(1-\lambda b)}\Pi\left(z:{}^{M/G/1}_{/N_{policy}}\right) + \frac{v\alpha_2}{1-\lambda b}z\Pi\left(z:{}^{M/G/1}_{/MV(V)}\right),$$

$$\Pi\left(z:{}^{\bullet/MV}_{/l_k=1}\right) = \frac{v_1\alpha_1}{1-\lambda b}\Pi\left(z:{}^{M/G/1}_{/MV(V_1)}\right) + \frac{v\alpha_2}{1-\lambda b}z\Pi\left(z:{}^{M/G/1}_{/MV(V)}\right)$$

と表しておく。

　元のモデルが $M/G/1$ で、この休憩を一回とるとあとは客がいなくなるまでサービスする場合のみを記す。最初のサービス中に客が来なければ、休憩はとらない。来れば、通常の休憩をとるので $\alpha_1 : \alpha_2 = 1 : 1 - B^*(\lambda)$ である。両辺に $z = 1$ を入れて得た $\lambda^{-1}\alpha_1 + v\alpha_2 = 1 - \lambda b$ と連立して α_1, α_2 を求めると、

$$\Pi\left(z:{}^{M/G/1}_{/l_k=1}\right) = \frac{1}{\beta}\Pi(z:M/G/1) + \frac{\lambda v(1-B^*(\lambda))}{\beta}z\Pi\left(z:{}^{M/G/1}_{/MV(V)}\right)$$

が得られる。ただし、$\beta = 1 + \lambda v(1 - B^*(\lambda))$ である。

第八章　完了時間

　第三章で一つの短過程が稼働期間上の短過程を生むことを示した。特に $\Pi(z:\square)$ と $L_\square(z)$ さえ求めれば、$\Pi(z:busy/\square)$ が得られる。待ち行列への応用として完了時間がある。これはサービス時間の拡張である。本章は完了時間上の短過程を $\oplus$ (オプラス) で表し、$\square$ に選ぶ。

　従来、完了時間分析はモデルを個別的に扱っていたが、短過程法では、抽象化して関係式を導き出すので、多様な $\oplus$ が可能であり、サービス時間上の短過程をそれに置き換えたM/CT/1、M/CT/1/MV、あるいはそれらの結合モデルの μ 平均 PGF も多様になる。ここでも多く例示する。特に集団の完了時間と客の完了時間の関係を示す。

8.1　完了時間の条件

　本章で述べる完了時間の定義は意外に難しい。歴史的には[1]、サーバーから見て、ひとりの客に必要とする時間として考えられた。客から見れば、サーバーを占有する時間である。ここでは次のように定義する。

　待ち行列モデルで、到着集団または客が引き起こす短過程 $\oplus$ の区間 $I_\oplus$ の長さを完了時間 (completion time、CT と略す。) と呼ぶ。

　一サービス一休憩 (1.1 節) で例示すると、n 番の客のサービスが t_n で始まれば、$t_n + \tau_n^S$ で終わり、彼は退出する。しかし、サーバーは残務整理 (休憩 τ_n^V) をしなければ次の客に取り掛かれない。よってサーバーから見れば、この客の用事の開始から完了までに、$CT = \tau_n^S + \tau_n^V$ の時間がかかる。この意味でCT を n 番の客の完了時間と呼ぶ。

　系内客数について、完了時間上の短過程 $\oplus$ の μ 平均 PGF $\Pi(z:\oplus)$ が求まれば、第三章の定理から、$\oplus$ が生む稼働期間上の短過程 $busy/\oplus$ の μ 平均 PGF が求まる。そのことは極めて多数のモデルの μ 平均 PGF が求まることを意味する。

---

[1] "完了時間" と名付けたのは Gaver(1962) である。彼はサービスが途中で中断する場合を考えるにあたって、サービス開始から終了までをこの名で呼んだ。

$\oplus$ は第三章の $\Box$ の条件を満たせば十分であるが、待ち行列の短過程としているので、待ち行列の言葉で言えば、次のようなものであろう。

(1) 注目している客の集団 (注目集団と呼ぼう。) が次々に到着するとする。そうでない客が到着してもよい。注目集団に属する系内の客数を $y_t = y(\boldsymbol{x}_t^0(\phi, \boldsymbol{a}))$ に選ぶ。一つの注目集団の客数が i 人である確率を g_i、PGF を $G(z)$ とする。ただし、$g_0 = 0$. 期待値 g は $1 \le g < \infty$ を満たす。

(2) 注目集団 a はサーバーを占有することがあるとする。その区間を $I_{\oplus,a} \equiv (t_a, t_a + CT_a]$ と表す。この CT_a を完了時間と呼ぶには、次の二条件を満たさねばならない。第一は、a に属す客は、サービスを受けるならばこの時間帯で受ける。そしてこの時間帯で退去する。第二に、占有であるから、異なる a, b がどちらも完了時間を持てば、$I_{\oplus,a}$ と $I_{\oplus,b}$ は重ならない。完了時間は、モデルから定まる変数ではなく、分析者の見方が加わって定まる。

(3) $\oplus$ は完了時間上の短過程を指す。$C_\oplus^*(s)$, $m_\oplus$, $E_\oplus$ 等は3.1節で述べた。μ は時間平均または到着平均であり、$0 < E_\oplus < \infty$ かつ $0 < m_\oplus < \infty$ とする。

(4) $I_{\oplus,a}$ に一時的にでも系にいる客を次のように四分類する。

$$c_1 \equiv \{a \text{ には属さず、} t_a \text{ またはそれ以前に到着した客}\},$$
$$c_2 \equiv \{a \text{ に属す客}\},$$
$$c_3 \equiv \{I_{\oplus,a} \text{ に到着あるいは内生した注目集団に属す客}\},$$
$$c_4 \equiv \{I_{\oplus,a} \text{ に到着あるいは内生したが、} c_3 \text{ には属さない客}\}.$$

c_1 の客は $I_{\oplus,a}$ で変動はなく、特別な活動はせず、サービスも受けない。$I_{\oplus,a}$ 上には短過程規則 $R_\oplus$(3.1節) があって、c_2, c_3, c_4 の客はそれに従う。c_3 と c_4 の客も $I_{\oplus,a}$ 間で退去したり、サービスを受けたりしうる。t 時点にいる c_2 と c_3 の注目集団の客数を $y_t^\oplus$ と表す。c_1 の注目集団の客数を加えてモデルの y_t になる。

(5) (4)の c_1 を無視した $I_{\oplus,a}$ 上の状態過程を完了時間上の短過程と呼ぶ。$\oplus$ はこの短過程を意味する (3.1節)。$\oplus$ は a のマーク $\boldsymbol{\tau}_a$ と $S_{t_a}^{\leftarrow}\Phi_{(t_a,\infty)}$、それに短過程内規則 $R_\oplus$ から定まる。$\boldsymbol{h}$ はこの短過程の開始時点の状態で、c_1 の客は $\boldsymbol{h}$ には入っていない。すなわち、a のみが系にいる状態を表す。$(\boldsymbol{h}, S_{t_a}^{\leftarrow}\Phi_{(t_a,\infty)})$ の分布 $\tilde{P}_\oplus$ がこの短過程の入力分布である。2.5.2節の v の定義から CT_a も $(\boldsymbol{h}, S_{t_a}^{\leftarrow}\Phi_{(t_a,\infty)})$ によって定まる。$\tilde{P}_\oplus$ は t_a に依存しない。このためにはポアソン到着 i.i.d. マークであればよいが、他にも考えられる。$\Pi(z : \oplus)$ は $y_t^\oplus$ の μ 平均PGFとする。

(6) 短過程 $\oplus$ において $I_{\oplus,a}$ 後に残りうるのは c_3 の集団のみとし、その集団数の PGF を $L_\oplus(z)$、期待値を $l^\oplus$ と表す。これらの集団の客数の PGF は上記 $G(z)$ である。c_4 の客は $I_{\oplus,a}$ で退去する。

次を短過程 $\oplus$ の四点セットと呼ぶ。

$$(8.1) \qquad G(z), \quad C_\oplus^*(s), \quad \Pi(z:\oplus), \quad L_\oplus(z).$$

8.2 G/CT/1

G/C/1 の $\square$ が前節の $\oplus$ であるとき、そのモデルを G/CT/1 と表そう。ただし、選出基準は先着(発生)順、後着順、ランダムな順のように $\tilde{P}_\oplus$ に影響を与えないものとする。我々のモデルは初期時点が 0、初期状態は空かつサーバーが客待ちしている状態とする。そして $L_\oplus(z)$ の集団客が繋ぎとなって、G/CT/1 の稼働期間を生む。すなわち $\oplus$ が生む稼働期間である。この稼働期間上の短過程を $\{busy/\oplus\}$、その μ 平均PGF を $\Pi(z:busy/\oplus)$、この期間の μ 値を $\mu(busy/\oplus)$、特に、その長さの期待値を $\theta_\oplus$ で表す。

定理 8.1 $l^\oplus < 1$ とする。ならば、

$$E\big(\mu(busy/\oplus)\big) = \frac{E_\oplus}{1-l^\oplus}, \quad 特に \quad \theta_\oplus = \frac{m_\oplus}{1-l^\oplus},$$
$$\Pi(z:busy/\oplus) = \frac{(1-l^\oplus)(1-G(z))}{L_\oplus(G(z))-G(z)}\Pi(z:\oplus).$$

(証明) $\oplus$ を $\square$ にし、G/CT/1 の稼働期間上の短過程を Δ、$\square$ が後着順に発生すれば、図 3.1 になる。そこの $\Pi(z:\Delta)$ が $\Pi(z:busy/\oplus)$ である。$L(z) = L_\oplus(z)$, $l = l^\oplus$ を定理 3.2 の式に代入して、本定理を得る。 $\qquad\square$

3.3 節の $\Pi(z:空+\Delta)$ の式と定理 8.1 から、初期状態の時間帯を含めた G/CT/1 の μ 平均PGF

$$\Pi\big(z:G/CT/1\big) = \frac{1-l^\oplus}{\alpha(1-l^\oplus)+E_\oplus}\Big\{\alpha + \frac{E_\oplus(1-G(z))}{L_\oplus(G(z))-G(z)}\Pi(z:\oplus)\Big\}$$

を得る。ただし、到着平均では $\alpha = 1$、時間平均では、α は初期状態が続く区間の長さの期待値である。

8.3 到着率が変化するポアソン到着

定理 8.1 の条件はゆるやかなので、特殊例を見つけるには好都合である。ここでは到着率が変化するポアソン到着の $\Pi(z : busy/\oplus)$ の例を載せておこう。

例 8.1 系が初期状態になると、次の到着までの時間の分布の LST を $V_0^*(s)$、期待値を v_0 とする。注目客のみの単一到着とする。客の完了時間は $(B(x),\ B^*(s),\ b)$ のサービス時間と $(V(x),\ V^*(s),\ v)$ の休憩時間からなる 1 サービス 1 休憩である。サービス中は到着率 λ_1 のポアソン、休憩中は到着率 λ_2 のポアソンで客が到着し、損失は起きない。この場合は次のようになる。

$$C_\oplus^*(s) = B^*(s)V^*(s), \qquad m_\oplus = b + v,$$
$$L_\oplus(z) = B^*(\lambda_1 - \lambda_1 z)V^*(\lambda_2 - \lambda_2 z), \qquad l^\oplus = \lambda_1 b + \lambda_2 v,$$

サービス時間上の μ 平均 PGF と休憩時間上のそれを結合させると完了時間上の μ 平均 PGF $\Pi(z : \oplus)$ が得られる。時間平均では

$$\Pi(z : \oplus) = \frac{1}{b+v}\left\{ z\frac{1 - B^*(\lambda_1 - \lambda_1 z)}{\lambda_1(1-z)} + \frac{1 - V^*(\lambda_2 - \lambda_2 z)}{\lambda_2(1-z)} \right\}.$$

同じく到着平均では

$$\Pi(z : \oplus) = \frac{1}{\lambda_1 b + \lambda_2 v}\left\{ z\frac{1 - B^*(\lambda_1 - \lambda_1 z)}{1-z} + \frac{1 - V^*(\lambda_2 - \lambda_2 z)}{1-z} \right\}.$$

定理より

$$\theta_\oplus = \frac{m_\oplus}{1 - \lambda_1 b - \lambda_2 v},$$
$$\Pi(z : busy/\oplus) = \frac{(1 - \lambda_1 b - \lambda_2 v)(1-z)}{B^*(\lambda_1 - \lambda_1 z)V^*(\lambda_2 - \lambda_2 z) - z}\Pi(z : \oplus).$$

モデルの時間平均 PGF は

$$\Pi(z) = \frac{1}{v_0 + \theta_\oplus}\left\{ v_0 + \theta_\oplus \Pi(z : busy/\oplus) \right\}.$$

到着平均 PGF は

$$\Pi(z) = \frac{1}{1 + \lambda_1 b + \lambda_2 v}\left\{ 1 + (\lambda_1 b + \lambda_2 v)\Pi(z : busy/\oplus) \right\}.$$

この例のように、到着率が変化すると時間平均 PGF と到着平均 PGF が同じとは限らない。V_0 を指数分布以外に選ぶと、全体ではポアソン到着ではない。完了時間内がポアソン到着でない例も作れる。

8.4　完了時間の例

　完了時間の例は無限にあって、μ 平均 PGF が求まるモデルの多様さを生んでいる。到着率が一定の単純な例を四つ示す。

例 8.2　典型例の $\mathrm{M}^X/\mathrm{G}/1$ は第六章で述べた。

$$C_{\oplus}^*(s) = G(B^*(s)), \quad L_{\oplus}(z) = G(B^*(\lambda - \lambda z)), \quad \Pi(z:\oplus) = \Pi(z:\square^b).$$

例 8.3　集団は常に 2 人で、その $i(=1,2)$ 番目の客のサービス時間分布の LST を $B_i^*(s)$、期待値を b_i^S とする。二人のサービス直後に休憩をとり、休憩中に来た客は損失になるとする。休憩時間分布の LST を $V^*(s)$、期待値を v とする。

$$C_{\oplus}^*(s) = B_1^*(s)B_2^*(s)V^*(s), \quad L_{\oplus}(z) = B_1^*(\lambda - \lambda z)B_2^*(\lambda - \lambda z),$$
$$\Pi(z:\oplus) = \frac{1}{b_1^S + b_2^S + v}\Big\{ z^2 \frac{1 - B_1^*(\lambda - \lambda z)}{\lambda(1-z)}$$
$$+ zB_1^*(\lambda - \lambda z)\frac{1 - B_2^*(\lambda - \lambda z)}{\lambda(1-z)} + vB_1^*(\lambda - \lambda z)B_2^*(\lambda - \lambda z) \Big\}.$$

到着平均の $\Pi(z:\oplus)$ は休憩中に来る客も勘定に入れている。

例 8.4　$\mathrm{M}/\mathrm{G}/1$ の変形として、客はサービスを受けていた時間帯に来た客がいるならば、その 1 人を連れて退去する。この場合は

$$C_{\oplus}^*(s) = B^*(s),$$
$$L_{\oplus}(z) = z^{-1}B^*(\lambda - \lambda z) + B^*(\lambda)(1 - z^{-1}), \quad l^{\oplus} = \lambda b - 1 + B^*(\lambda).$$

連れ去られる客もサービス終了時まで滞在するから $\Pi(z:\oplus)$ に変わりはない。すなわち、(1 人 + サービス時間上の累積過程) の PGF である。

例 8.5　上例とは逆に、サービスを受けた客は確率 q で一人の子客[2]を生むとすると、

$$L_{\oplus}(z) = qzB^*(\lambda - \lambda z), \quad l^{\oplus} = \lambda b + q$$

---

[2]子客と言えば現実離れしているが、サービスの質が不十分でもう一度独立にサービスをやり直すのがこの場合。

である。$1 - \lambda b - q > 0$ が安定条件として必要。他は M/G/1 と同じ。

8.5 M/CT/1/N_{policy} と M/CT/1/MV の一般化

M/CT/1/N_{policy} では、全ての完了時間が終わるとサーバーは 注目集団が N 個累積するまで休憩し、その後完了時間が続き、再び N ポリシーの休憩になる。これが繰り返す。M/CT/1/MV は全ての完了時間が終わるとサーバーは多重休憩に入り、休憩から帰って客がいれば完了時間が続くモデルである。これら二モデルを一般化しよう。注目集団は到着率 λ のポアソン到着、$(0, t_1)$ 間はサービスが行われない累積過程、t_1 から累積した集団の完了時間が開始する。後着順で考えると、t_1 以後は M/CT/1 の稼動期間と同じ確率構造の短過程が、図 3.2 のように続き、その個数は $(0, t_1)$ 間の到着集団数になっている。この一般モデルで 0 時点から後続期間の終了までの短過程の μ 平均 PGF を求めよう。

$(0, t_1)$ 間の到着集団数の期待値は $\lambda E(t_1)$ より、後続期間の長さの期待値は

$$\alpha \equiv \lambda E(t_1)\theta_\oplus = \lambda E(t_1)\frac{m_\oplus}{1 - l^\oplus}.$$

後続期間の PGF は、t_1 での集団数の PGF を $\Pi^{t_1}(z)$ とすると、定理 3.1 から

$$\Pi(z : 後続期間) = \frac{1 - \Pi^{t_1}(G(z))}{\lambda E(t_1)(1 - G(z))}\Pi\left(z :{}^{busy/M}_{/CT/1}\right).$$

再生間隔の期待値は $\psi = E(t_1) + \alpha$. よって定理 2.5 から、求める PGF は、

$$\Pi(z) = \frac{E(t_1)}{\psi}\frac{1 - \Pi^{t_1}(G(z))}{\lambda E(t_1)\bigl(1 - G(z)\bigr)} + \frac{\alpha}{\psi}\frac{1 - \Pi^{t_1}(G(z))}{\lambda E(t_1)(1 - G(z))}\Pi\left(z :{}^{busy/M}_{/CT/1}\right)$$

$$= \frac{1}{1 - l^\oplus + \lambda m_\oplus}\frac{1 - \Pi^{t_1}(G(z))}{\lambda E(t_1)\bigl(1 - G(z)\bigr)}\left\{1 - l^\oplus + \lambda m_C\Pi\left(z :{}^{busy/M}_{/CT/1}\right)\right\}$$

$$= \frac{1 - \Pi^{t_1}(G(z))}{\lambda E(t_1)\bigl(1 - G(z)\bigr)}\Pi(z : M/CT/1)$$

と表せる。

M/CT/1/N_{policy} と M/CT/1/MV(V) では次の 6.2 節の一般化が得られる。

$$\Pi\left(z :{}^{M/CT/1}_{/N_{policy}}\right) = \frac{1 - G(z)^N}{N(1 - G(z))}\Pi(z : M/CT/1),$$

$$\Pi\left(z :{}^{M/CT/1}_{/MV(V)}\right) = \frac{1 - V^*(\lambda - \lambda G(z))}{\lambda v(1 - G(z))}\Pi(z : M/CT/1).$$

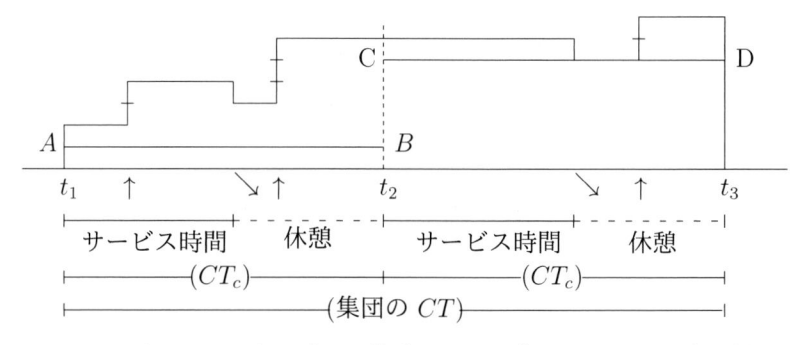

図8.1 一サービス一休憩における集団の CT 上の短過程。

8.6 同じ $\Pi(z : \oplus c)$ をもった $\Pi(z : \oplus)$ と $\Pi(z : M/CT/1)$

本節では、集団到着で各客も完了時間 CT_c[3]を持っていて、各客の完了時間が一つずつ途切れることなく経過し、全て終わった時点で集団の完了時間も終わるとしよう。すなわち、集団の完了時間はこれら構成客の CT_c の和である。このとき集団の PGF $\Pi(z : \oplus)$ を客の PGF $\Pi(z : \oplus c)$ で表してみよう。

図8.1 は構成客が二人いて、その一人の完了時間が t_1 で始まり、t_2 で終了する。他の一人がこの間待っているから、最初の客の CT_c の短過程は、図の直線 AB 上の系内客数の変動である。(t_1, t_2) 間に 2 集団 5 人が到着しているから、二番目の客の CT_c の短過程は直線 CD 上になる。

CT_c は 8.1 節の条件を満たし、各客が三点セット

$$C^*_{\oplus c}(s), \quad \Pi(z : \oplus c), \quad L_{\oplus c}(z)$$

を持っているとする。$C^*_{\oplus c}(s)$ は CT_c の長さの分布の LST である。その期待値を $m_{\oplus c}$ とする。$L_{\oplus c}(z)$ は、客の完了時間内に到着し、その終了後に系にいる集団数の PGF である。その期待値を $l^{\oplus}_c$ とする。これらの集団は、集団の CT 終了まで系に滞在し、$L_{\oplus}(z)$ に勘定される。三点セットは客ごとに同一とする。CT_c もその上の短過程は客に関し独立とする。ならば次の定理によって、客の三点セットから集団のそれを得る。

---

[3]添え字の c は customer からとった。

定理 8.2

$$\Pi(z:\oplus) = \frac{G(z) - G(L_{\oplus c}(G(z)))}{g\{z - L_{\oplus c}(G(z))\}}\Pi(z:\oplus c), \qquad |z| < 1,$$

$$C_{\oplus}^*(s) = G(C_{\oplus c}^*(s)), \quad m_{\oplus} = m_{\oplus c}g,$$

$$L_{\oplus}(z) = G(L_{\oplus c}(z)), \quad l^{\oplus} = l_c^{\oplus}g.$$

(証明) 一つの集団の完了時間 CT を考える。この集団の客数を N_G とする。$N_G = n$ が与えられると、CT は n 個の客の完了時間 $CT_{c1}, \cdots, CT_{cn}$ に分割される。CT_{ci} の開始時点ではこの集団の客が $n - i + 1$ 人いて、その一人の客の完了時間が CT_{ci} である。他にも $CT_{c1}, \cdots, CT_{c,i-1}$ 上にやってきた集団がいるが、これら集団の客数の和の PGF は $L_{\oplus c}(G(z))^{i-1}$ である。よって、CT 上の PGF は、定理 2.5 と定理 2.6 から

$$\Pi(z:\oplus, N_G = n) = \frac{z^{n-1}}{n}\sum_{i=0}^{n-1}\left(z^{-1}L_{\oplus c}(G(z))\right)^i \Pi(z:\oplus c)$$

$$= \frac{z^n - L_{\oplus c}(G(z))^n}{n\{z - L_{\oplus c}(G(z))\}}\Pi(z:\oplus c).$$

$E(CT|N_G = n) = nm_{\oplus c}$ であり、かつ N_G の PGF は $G(z)$ であるから定理 2.4 より本定理の $\Pi(z:\oplus)$ の式が言える。

LST $C_{\oplus}^*(s)$ は次で与えられる。

$$C_{\oplus}^*(s) = E(e^{-sCT}) = \sum_{i=1}^{\infty}E(e^{-sCT}|N_G = i)Pr(N_G = i)$$

$$= \sum_{i=1}^{\infty}C_{\oplus c}^*(s)^i Pr(N_G = i) = G(C_{\oplus c}^*(s)).$$

これを微分すれば、$m_{\oplus} = m_{\oplus c}g$ が得られる。

CT の終了時にいる集団数を H とすると、これらの集団は、完了時間に到着し、かつ去らなかった集団である。よって

$$L^{\oplus}(z) = \sum_{m=0}^{\infty}z^m Pr(H = m) = \sum_{m=0}^{\infty}\sum_{n=1}^{\infty}z^m Pr(H = m|N_G = n)Pr(N_G = n)$$

$$= \sum_{n=1}^{\infty}L_{\oplus c}(z)^n Pr(N_G = n) = G(L_{\oplus c}(z)). \qquad \Box$$

ポアソン到着では定理 8.2 の結果を定理 8.1 と (8.2) に代入して次を得る。

定理 8.3

$$\Pi\big(z : {}^{busy}_{/M/CT/1}\big) = \frac{(1 - l_c^{\oplus}g)(1 - G(z))}{g\{L_{\oplus c}(G(z)) - z\}}\Pi(z : \oplus c),$$

$$\Pi\big(z : M/CT/1\big) = \frac{1 - l_c^{\oplus}g}{1 - l_c^{\oplus}g + \lambda m_{\oplus c}g}\left\{1 + \frac{\lambda m_{\oplus c}(1 - G(z))}{L_{\oplus c}(G(z)) - z}\Pi(z : \oplus c)\right\}.$$

以上を参考にすれば複雑化しても PGF が得られる。例えば、客ごとに $\Pi_c(z : \oplus)$ が異なる場合、最初のサービスに準備時間がかかる場合等である。しかし、PGF も複雑になり、合成関数も入り込むので、計算機プログラムは絶望的になる。よって理論上の興味だけである。

8.7　1 サービス 1 休憩モデル

1 サービス 1 休憩モデルの結果を示しておこう。$V(x)$, v, $V^*(s)$ はこの休憩時間の分布関数、期待値、LST とし、客は集団で到着するとする。客の完了時間上の時間 (到着) 平均 PGF $\Pi(z : \oplus c)$ 等は次のような形をしている。$B_G^*(z) = B^*(\lambda - \lambda G(z))$, $V_G^*(z) = V^*(\lambda - \lambda G(z))$ とおく

$$\Pi(z : \oplus c) = \frac{b}{b + v}bz\frac{1 - B_G^*(z)}{\lambda b(1 - G(z))} + \frac{v}{b + v}B_G^*(z)\frac{1 - V_G^*(z)}{\lambda v(1 - G(z))}$$

$$= \frac{z(1 - B_G^*(z)) + B_G^*(z)(1 - V_G^*(z))}{\lambda(b + v)(1 - G(z))},$$

$$C_{\oplus c}^*(s) = B^*(s)V^*(s), \quad m_{\oplus c} = b + v,$$

$$L_{\oplus c}(z) = B^*(\lambda - \lambda z)V^*(\lambda - \lambda z), \quad l_c^{\oplus} = \lambda(b + v).$$

これらを定理 8.3 の式に代入して、

$$\Pi(z : M^X/(G + V)/1) = \Pi(z : M/CT/1)$$

$$= \frac{\{1 - \lambda g(b + v)\}(1 - z)B_G^*(z)}{B_G^*(z)V_G^*(z) - z}$$

を得る。この式を 8.4 節の式に代入すれば、$M^X/G/1/N_{policy}$ や $M^X/G/1/MV(V_1)$, を 1 サービス 1 休憩モデルにして時間 (到着) 平均 PGF が求められる。

サービス後の休憩が損失型ならば、この間客は増えないから

$$\Pi(z:\oplus c) = \frac{1}{b+v}\Big\{bz\frac{1-B_G^*(z)}{\lambda b(1-G(z))} + vB_G^*(z)\Big\}$$
$$= \frac{z(1-B_G^*(z)) + \lambda v(1-G(z))B_G^*(z)}{\lambda(b+v)(1-G(z))}.$$

さらに

$$C_{\oplus c}^*(s) = B^*(s)V^*(s), \quad m_{\oplus c} = b+v, \quad L_{\oplus c}(z) = B^*(\lambda-\lambda z), \quad l_c^{\oplus} = \lambda m_{\oplus c}$$

となる。定理8.3に代入すると

$$\Pi(z:M^X/(G+V)/1) = \Pi(z:M/CT/1)$$
$$= \frac{(1-\lambda m_{\oplus c}g)\big\{1-z+\lambda v(1-G(z))\big\}B_G^*(z)}{(1+\lambda vg)(B_G^*(z)-z)}$$
$$= \frac{1}{1+\lambda vg}\Big\{1+\frac{\lambda v(1-G(z))}{1-z}\Big\}\Pi(z:M^X/G/1).$$

　面白いことに、この式は v 以外は $V^*(s)$ に依存していない。また単一到着 $G(z)=z$ の場合では $\Pi(z:M/G/1)$ になってしまう。また、この式は時間平均と到着平均で同じである。系に入る客のみで到着平均を取ると異なってくる。

第九章　待ち時間の極限分布

　客が到着してからサービスを受け始めるまでの待ち時間は日常生活でも話題になり、関連文献も多い。待ち時間は系内客数と切り離して研究することが多いが、前章までの結果を応用することもできる。それを本章で示す。

　待ち時間分布は先着順と後着順で異なる。なぜなら後着順では、各客は、先に着いた者を追い越したり、後に着いた者に追い越されたりするので、分散は先着順より大きいと予想されるからである[1]。本章では先着順サービスのみ扱う。

　M/G/1等では、客の待ち時間は添え数が整数の再生過程になっているので、一定の条件下で極限分布を持つ。この分布を求める方法として、客が退去に際し後に残す集団数の分布から導き出す。

　集団到着では、集団内で最初にサービスを受ける客の待ち時間、最後にサービスを受ける客の待ち時間、非周期モデルにおける客の待ち時間、これらの極限分布を求める。

9.1　待ち時間分布についての論理

　次の条件を満たすモデルを考える。休憩があってもよい。

　条件 9.1　客は集団で到着する[2]。それは到着率 λ のポアソン到着である。到着客に損失はなく、通し番号順にサービスを受ける。通し番号 n の客が、集団の一員として到着した時点から彼のサービス開始までの待ち時間 W_n は確率変数である。サービスは中断せず[3]、終わると彼はただちに退去する。サービス時間はi.i.d. である。W_n は、$i(\geq n)$ 番の客のマーク並びに n 番の客到着以後の到着間隔とは独立である。初期時点は 0、初期状態 a は空 (1.9.2 節) で、固定している。

　客のサービス時間の分布関数を $B(x)$、その期待値を b、その LST を $B^*(s)$ とする。このモデルの構造 (仮定 1.9.3 の f) が定まれば、状態過程の確率構造が定ま

---

[1]片山勤の前掲書に後着順の結果がある。

[2]集団到着は 1.3, 1.5, 1.8.1, 1.13, 6.3 節、それに第八章で分散して説明している。

[3]この条件は完了時間、あるいは第十一章のサービス時間の拡大で置換えられる。ここでは休憩があってもそれはサービスとサービスの間に行われる。

る。そこで、n 番の客の退去時に後に残す他集団数を $\tilde{y}_n^d$ とすると、これも確率変数なので、その PGF を $\Pi(z : \tilde{y}_n^d)$ とする。また W_n は非負の連続量であるから LST $W_n^*(s)$ で表す。

通し番号順でサービスが行われるから、$\tilde{y}_n^d$ は、n 番の客が到着してから退去するまでに到着した集団数である。待ち時間中の到着客数の PGF は $W_n^*(\lambda - \lambda z)$ であるから、

$$W_n^*(\lambda - \lambda z)B^*(\lambda - \lambda z) = \Pi(z : \tilde{y}_n^d)$$

が成立する。ここから

$$(9.1) \qquad W_n^*(s) = \frac{\Pi(1 - s/\lambda : \tilde{y}_n^d)}{B^*(s)}$$

が得られるので、$W_n^*(s)$ は $\Pi(z : \tilde{y}_n^d)$ に帰着する。

例 M^X/G/1 で例示しよう。$e(k)$ に m 人の集団客が到着すれば、マーク $\boldsymbol{\tau}_k$ には彼らのサービス時間 $\tau_{k,1}^S, \cdots, \tau_{k,m}^S$ が要素として入っている。$\tau_{k,i}^S$ は通し番号 $\sum_{j=1}^{k-1} \tau_j^b + i (i = 1, \cdots, m)$ の客のサービス時間である。n 番の客から見ると、$\sum_{i=1}^{k-1} \tau_i^b < n \leq \sum_{i=1}^{k} \tau_i^b$ で定まる k 番の集団に所属するから、集団内では $j = n - \sum_{i=1}^{k-1} \tau_i^b$ 番にサービスを受ける。k は $\Phi(\omega)$ によって定まるから確率変数である。左連続性から $\boldsymbol{x}_{e(k)}^0(\Phi(\omega), \boldsymbol{a})$ に $\boldsymbol{\tau}_k$ の情報は含まれないので、時点

$$e(k) + W_n = e(k) + \sum_{x_{e(k),i} \geq 0} x_{e(k),i} + \sum_{i=1}^{j-1} \tau_{k,i}^S$$

で n 番客のサービスが始まる。この式から W_n は $\tau_{k,j}^S$ とは独立な確率変数である。さらに $e(k)$ 以後の到着間隔とサービス時間とも独立である。この客が系を去るに当たり、後に残す他集団数 $\tilde{y}_n^d$ は $(e(k), e(k) + W_n + \tau_{k,j}^S)$ に来た集団数である[4]。図9.1 の例では、$n-1$ 番、n 番、$n+1$ 番の客からなる集団が $e(k)$ に到着し、$n-1$ 番の客は t_1 で退去する。よって n 番の客は $W_n = t_1 - e(k)$ だけ待って $\tau_{k,2}^S$ のサービスを受けて t_2 で退去する。後に残す他集団は長さ $W_n + \tau_{k,2}^S$ の期間に到着し、その数は $\tilde{y}_n^d = 3$ である。これに加えて、$n+1$ 番の客も残っている。

---

[4]客数でなく集団だからチルドを付けた。右肩の d は departure からとった。

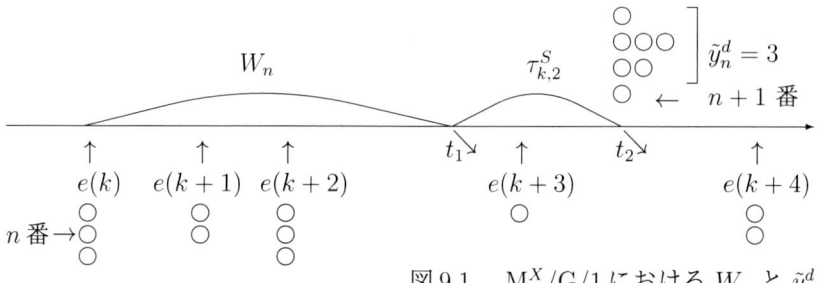

図 9.1　$\mathrm{M}^X/\mathrm{G}/1$ における W_n と $\tilde{y}_n^d$

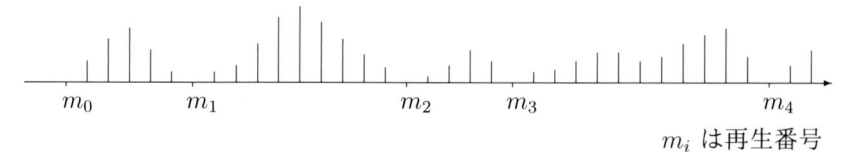

m_i は再生番号

図 9.2　客番号上の再生過程 W_n のイメージ図。

(9.1) に戻ると、初期状態は空に固定されているので、$\Pi(z:\tilde{y}_n^d)$ は n に依存し、求めにくい。そこで次を課す。

仮定 9.1　W_n と $\tilde{y}_n^d$ も客番号上の再生過程であり、再生番号間の客数の期待値は有限である。

前章までのモデルは、安定条件下で連続時間上の再生過程であり、この仮定も満たす (図 9.2)。例えば、$\mathrm{M}/\mathrm{G}/1$ の再生区間に到着する客数の分布は 1.15.3 節で述べた。

この仮定の下で再生間隔が非周期的ならば、本章の付録で示すように、極限分布

$$(9.2) \qquad P_W(x) = \lim_{n\to\infty} Pr(W_n \le x), \qquad P_{\tilde{y}^d}(x) = \lim_{n\to\infty} Pr(\tilde{y}_n^d \le x)$$

が存在する。そこで $\Pi(z:\tilde{y}_n^d)$ の代わりに、この極限分布を求めてみよう。$P_W(x)$ の LST を $W^*(s)$、$P_{\tilde{y}^d}(x)$ の PGF を $\Pi(z:\tilde{y}^d)$ とすると、2.8 節から

$$W^*(s) = \lim_{n\to\infty} W_n^*(s), \quad \Pi(z:\tilde{y}^d) = \lim_{n\to\infty} \Pi(z:\tilde{y}_n^d)$$

となる。そこで (9.1) の両辺を $n \to \infty$ とすれば、

$$W^*(\lambda - \lambda z)B^*(\lambda - \lambda z) = \Pi(z:\tilde{y}^d),$$

147

あるいは

$$(9.3) \qquad W^*(s) = \frac{\Pi(1 - s/\lambda : \tilde{y}^d)}{B^*(s)}$$

が成立するので極限分布の PGF $\Pi(z : \tilde{y}^d)$ を求めればよい。付録の系からこれは他集団の数を客ごとに見た退去平均 PGF に等しい。

再生間隔の非周期の理解のために、そうでない例を述べておこう。

例 9.1　3.2 節の N ポリシーの休憩をとるゲート式待ち行列において、サービスを受ける客のみの待ち時間を取り出すと、休憩時間に来る N 人の客を一塊として、待ち時間列は再生間隔が N の離散型再生過程になる。ならば、$N \geq 2$ において非周期ではない。

例 9.2　どの集団も二人の客からなるとき、これを客番号で見れば、再生開始番号間の客数が偶数になり非周期ではない。事実、二人のうち早くサービスを受ける客の W_{2p-1} は W_{2p} より短いであろうから極限分布は存在しない。同じく、$\tilde{y}^d_{2p-1} \leq \tilde{y}^d_{2p}$ より $\tilde{y}^d_n$ も極限分布を持たない。

例 9.3　単一到着で、先着順ではあるが、奇数番の客は次の偶数番の客の到着を待って、サービスを受けるとする。ならば、奇数番の客が退去するときは後に客を残す。このため再生区間には偶数の客がサービスを受ける。

9.2　単一到着での待ち時間

前章までのほとんどのモデルは、再生過程であり、再生区間の到着客数の期待値が有限であった。さらに、単一到着では、前節の特殊例等を除くと、再生区間の客数は正の確率で 1 人になりえて、この場合非周期となる。

単一到着では $\tilde{y}^d_n$ は n 番の客が後に残す客数 y^d_n になる。また退去平均 PGF $\Pi(z : y^d)$ は、到着平均 PGF $\Pi^{ac}(z)$ と同一である[5]。よって (9.3) は次のようになっている。

定理 9.1　仮定 9.1 を満たす単一到着モデルにおいて、W_n と y^d_n が再生過程で、再生区間の到着客数の期待値が有限かつ非周期ならば、W_n の極限分布は

$$(9.4) \qquad W^*(s) = \frac{\Pi^{ac}(1 - s/\lambda)}{B^*(s)}$$

---

[5] 2.1 節参照。a は arrival、c は customer からとった。

と表される。

我々は多くのモデルで $\Pi^{ac}(z)$ を求めている。それは時間平均PGFでもあった。この定理から条件 9.1 と仮定 9.1 を満たす多くのモデルで $W^*(s)$ が求まる。

4.3 節の $\Pi(z : M/G/1)$ と 6.2 節の $\Pi\left(z :_{/MV}^{M/G/1}\right)$ で例示すると、これらを (9.4) の右辺に入れる。ならば[6]。

$$W^*(s : M/G/1) = \frac{(1 - \lambda b)s}{\lambda B^*(s) - \lambda + s},$$

$$W^*\left(s :_{/MV}^{M/G/1}\right) = \frac{(1 - \lambda b)(1 - V^*(s))}{v(\lambda B^*(s) - \lambda + s)}$$

$$= \frac{1 - V^*(s)}{vs} W^*(s : M/G/1).$$

面白いのは M/M/1 の場合である。この場合は $b = 1/\mu$、$B^*(s) = \mu/(s + \mu)$ であるから、$W^*(s : M/M/1) = (1 - \lambda b)(s + \mu)/(s + \mu - \lambda)$ となる。そこで客が到着してから退去するまでの滞在時間の LST は

$$W^*(s : M/M/1)B^*(s) = \frac{\mu - \lambda}{s + \mu - \lambda}$$

となる。すなわち、これも指数分布である。

待ち時間の積率を求めておく。(9.4) 式を

$$W^*(\lambda - \lambda z)B^*(\lambda - \lambda z) = \Pi^{ac}(z)$$

と表して、両辺を n 回微分して $z = 1$ とおけば

$$\sum_{i=0}^{n} \binom{n}{i}(-\lambda)^n W^{*(n-i)}(0)B^{*(i)}(0) = \Pi^{ac(n)}(1).$$

よって $\Pi^{ac(n)}(1)$ から n 次の積率 $(-1)^n W^{*(n)}(0)$ が求まる。

M/G/1 では $W^*(s)$ の式を、

$$(\lambda B^*(s) - \lambda + s)W^*(s) = (1 - \lambda b)s$$

の形にして、両辺を $n + 1$ 回微分して $s = 0$ とすると繰り返し式

$$W^{*(n)}(0) = -\frac{1}{(n+1)(1 - \lambda b)}\left\{\sum_{i=0}^{n-1} \binom{n+1}{i} \lambda B^{*(n+1-i)}(0)W^{*(i)}(0)\right\}$$

---

[6] $W^*(s : M/G/1)$ の式はポラチェック・ヒンチンの公式と呼ばれる。なんと第二次世界大戦前に発見された。

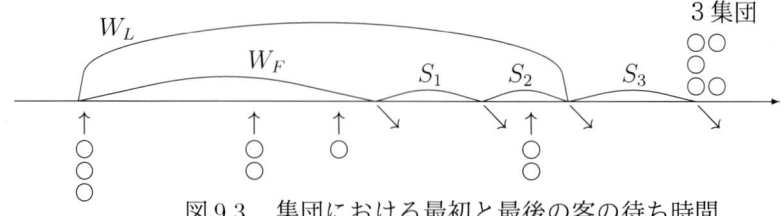

図 9.3　集団における最初と最後の客の待ち時間

が得られる。例えば、$b_n = (-1)^n B^{*(n)}(0)$、期待値を $E(W)$ と表すと、

$$E(W) = -W^{*\prime}(0) = \frac{\lambda b_2}{2(1 - \lambda b)},$$

$$W^{*\prime\prime}(0) = \frac{\lambda}{3(1 - \lambda b)}\Big\{ b_3 - 3b_2 W^{*\prime}(0) \Big\}$$

$$= \frac{\lambda}{3(1 - \lambda b)}b_3 + \frac{1}{2}\Big\{ \frac{\lambda}{1 - \lambda b}b_2 \Big\}^2.$$

　これより期待値 $E(W)$ は、サービス分布の期待値 b だけでなく、二次積率も関係している。また 5.2 節の M/G/1 の系内客数の期待値の式から

$$(系内客数の期待値) = \lambda\big\{ E(W) + E(S_n) \big\}$$

が成立する[7]。

9.3　集団の最初の客と最後の客の待ち時間

　集団到着の待ち時間として、三つ考えよう。本節では、集団内で最初にサービスを受ける客の待ち時間の極限分布の LST $W_F^*(s)$ と[8]最後にサービスを受ける客 (図 9.3) のそれを求め、次節では到着客のそれを求める。モデルは条件 9.1 を満たすとする。煩雑さを避けて、完了時間は考慮しない。集団最初の客の待ち時間は集団のそれに等しく、集団のサービス時間分布の LST は $G(B^*(s))$ である (1.14 節)。前節の $W^*(s)$ の式のサービス時間分布の LST をそれで置き換えれば、$W_F^*(s)$ が得られる。例えば、

$$W_F^*(s : M^X/G/1) = \frac{(1 - \lambda gb)s}{\lambda G(B^*(s)) - \lambda + s},$$

---

[7] E(待っている客数)$= \lambda E(W)$ も成立する。これはリトルの公式と呼ばれている。
[8] F は First の略。

$$W_F^*\big(s :{}_{/MV}^{M^X/G/1}\big) = \frac{1 - V^*(s)}{vs} W_F^*(s : M^X/G/1).$$

$W_F^{*(n)}(0 : M^X/G/1)$ を求めるには $\zeta_n = \dfrac{d^n}{ds^n} G(B^*(s))\Big|_{s=0}$ を計算しておくのが便利である。

$$\zeta_0 = 1, \qquad \zeta_1 = -gb, \qquad \zeta_2 = G''(1)b^2 + gB^{*''}(0),$$
$$\zeta_3 = -G^{(3)}(1)b^3 - 3G''(1)bB^{*''}(0) + gB^{*(3)}(0),$$
$$E(W_F) = -W_F^{*'}(0) = \frac{\lambda\zeta_2}{2(1 - \lambda gb)},$$
$$W_F^{*''}(0) = \frac{\lambda\zeta_3}{3(1 - \lambda gb)} + \frac{1}{2}\Big\{\frac{\lambda\zeta_2}{1 - \lambda gb}\Big\}^2.$$

次に k 番の集団内で最後にサービスを受ける客が後に残す他の集団数を $\tilde{y}_{kL}^d$ とし[9]、その PGF を $\Pi(z : \tilde{y}_{kL}^d)$ とする。彼の待ち時間を W_{kL}、その分布の LST を $W^*(s : W_{kL})$ とする。ならば、

$$W^*(\lambda - \lambda z : W_{kL})B^*(\lambda - \lambda z) = \Pi(z : \tilde{y}_{kL}^d)$$

が成立する。彼の退去時点は彼が属する集団の全サービスの終了時点なので、$\tilde{y}_{kL}^d$ はサービス時間分布の LST が $G(B^*(s))$ の単一到着における k 番の客が後に残す客数とみなせる。よって仮定 9.1 を満たす単一到着モデルが期待値有限の再生過程で、非周期ならば、$\tilde{y}_{kL}^d$ は極限分布を持ち、付録の系より、時間 (到着) 平均 PGF $\Pi(z : G(B^*))$ と一致する。よって上式から

(9.5) $$W_L^*(s) \equiv \lim_{k\to\infty} W^*(s : W_{kL}) = \frac{\Pi(1 - s/\lambda : G(B^*))}{B^*(s)}$$

も存在する。

$M^X/G/1$ で例示しよう。系内集団数でみると、サービス分布の LST が $G(B^*(s))$ である M/G/1 になる。これは期待値有限の再生過程で、非周期であるから、

$$\Pi(z : M/G(B^*(s))/1) = \frac{(1 - \lambda gb)(1 - z)G(B^*(\lambda - \lambda z))}{G(B^*(\lambda - \lambda z)) - z}$$

である。これを (9.5) に代入すると、待ち時間の極限分布の LST は

$$W_L^*(s : M^X/G/1) = \frac{(1 - \lambda gb)sG(B^*(s))}{\{\lambda G(B^*(s)) - \lambda + s\}B^*(s)}$$

---

[9] L は Last からとった。

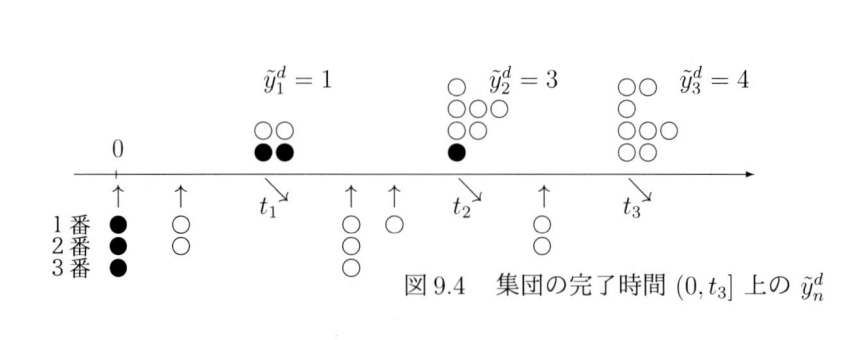

図 9.4　集団の完了時間 $(0, t_3]$ 上の $\tilde{y}_n^d$

となる。前述の ζ_n を使うと、

$$E(W_L) = -W_L^{*\prime}(0) = \frac{\lambda \zeta_2}{2(1 - \lambda gb)} + b(g - 1)$$

が得られる。

9.4　集団到着における客の待ち時間

M/G/1 では、$\tilde{y}_n^d = y_n^d$ であり、容易に $\Pi(z : y^d)$ が求まり、定理 9.1 を得た。今度は M^X/G/1 において (9.3) の $\Pi(z : \tilde{y}^d)$ を求めよう。$\Pi(z : \tilde{y}^d)$ は他集団数を客の退去時点ごとに見た客退去平均 PGF に等しい。集団の完了時間上の短過程を $\oplus$ と表し、$I_\oplus$ 上での $\tilde{y}_n^d$ の客退去平均 PGF $\Pi(z : \tilde{y}^d\oplus)$ を求める (図 9.4)。

M^X/G/1 では、集団の i 番目のサービス時間帯では i 番目の客が一人だけ退去し、かつ完了時間開始からこの時点までに到着した集団数の PGF は $B^*(\lambda - \lambda z)^i$ であり、これらの集団を後に残す。それらの集団は累積していくから、集団の所属客が m 人のときの $\Pi(z : \tilde{y}^d\oplus)$ は、定理 2.5 より

$$\frac{1}{m} \sum_{i=1}^{m} B^*(\lambda - \lambda z)^i = \frac{B^*(\lambda - \lambda z)}{m} \times \frac{1 - B^*(\lambda - \lambda z)^m}{1 - B^*(\lambda - \lambda z)}$$

である。m の PGF が $G(z)$ であるから、定理 2.4 より

$$\begin{aligned}
\Pi(z : \tilde{y}^d\oplus) &= \frac{1}{g} \sum_{m=1}^{\infty} m \left\{ \frac{B^*(\lambda - \lambda z)\{1 - B^*(\lambda - \lambda z)^m\}}{m\{1 - B^*(\lambda - \lambda z)\}} \right\} g_m \\
&= \frac{B^*(\lambda - \lambda z)\{1 - G(B^*(\lambda - \lambda z))\}}{g\{1 - B^*(\lambda - \lambda z)\}}.
\end{aligned}$$

M^X/G/1 は空の時間帯と稼働期間とからなっている。前者に退去はないから、$\tilde{y}_n^d$ の PGF は後者のそれに等しい。そこで定理 3.4 を使おう。M^X/G/1 最初の集

団の完了時間の終了時点にいる他集団数の PGF は $K(z) = G(B^*(\lambda - \lambda z))$、期待値は λgb であるから、

$$\Pi(z : \tilde{y}^d) = \frac{(1 - \lambda gb)(1 - z)}{G(B^*(\lambda - \lambda z)) - z} \Pi(z : \tilde{y}^d \oplus)$$
$$= \frac{(1 - \lambda gb)(1 - z)B^*(\lambda - \lambda z)\{1 - G(B^*(\lambda - \lambda z))\}}{g\{1 - B^*(\lambda - \lambda z)\}\{G(B^*(\lambda - \lambda z)) - z\}}.$$

なおここは集団数についてであるから定理 3.4 は単一到着として利用した。詳しく言えば、集団をサービス分布の LST $G(B^*(z))$ をもった一人の客と考え、この客のサービス時間を、$X_1 + \cdots + X_n$ と表す。ただし、X_i は分布の LST $B^*(s)$ をもった確率変数である。n 時点 $X_1 + \cdots + X_i (i = 1, \cdots, n)$ で待っている客を観察する平均分布である。(9.3) から

$$(9.6) \qquad W^*(s) = \frac{(1 - \lambda gb)s\{1 - G(B^*(s))\}}{g(1 - B^*(s))\{\lambda G(B^*(s)) - \lambda + s\}}$$

が得られる。

待ち時間の期待値は (9.6) を微分して得られるが、少し煩雑である。$\alpha(s) = 1 - B^*(s), \quad \beta(s) = \lambda G(B^*(s)) - \lambda + s$ とすると

$$\begin{aligned}
\alpha(0) &= 0, & \beta(0) &= 0, \\
\alpha'(0) &= b, & \beta'(0) &= 1 - \lambda gb, \\
\alpha''(0) &= -B^{*\prime\prime}(0), & \beta''(0) &= \lambda \zeta_2,
\end{aligned}$$

であるから、$h(s) = g\alpha(s)\beta(s)$ とすると

$$h(0) = h'(0) = 0, \qquad h''(0) = 2gb(1 - \lambda gb),$$
$$h^{(3)}(0) = 3g\{-(1 - \lambda gb)B^{*\prime\prime}(0) + \lambda b\zeta_2\}.$$

$h(s)W^*(s) = (1 - \lambda gb)s\{1 - G(B^*(s))\}$ の両辺を 3 回微分して $s = 0$ とおくと、期待値

$$E(W) = -W^{*\prime}(0) = \frac{\lambda \zeta_2}{2(1 - \lambda gb)} + \frac{G''(1)b}{2g}$$

が得られる[10]。

---

[10] $E(W_F) \leq E(W) \leq E(W_L)$ が予想されるが、右の不等号が筆者には証明できない。簡単そうなのであるが。

9.5 M/G/1/MV の安定性

M/G/1/MV は、2.4.4 節に述べたように、休憩もサービス時間も自然数のみをとるならば、連続時間で見る系内客数は、安定条件 $\lambda b < 1$ 下でも極限分布を持たない。では待ち時間はどうであろうか。0 時点に残りサービス時間 a(整数でなくても良い。) の客が一人だけいるならば、その後サービスや休憩の開始時点は (自然数 $+a$) となる。待ち時間 W_n は、$W_n = $ (サービス開始時点) $- e(n)$ であるから、a の影響を受ける。ところが、不思議なことに、W_n や y_n^d の極限分布は a に依存しないのである。

このからくりを説明しよう。$e(1) < a$ ならば、$W_1 = a - e(1)$ である。$a \le e(1)$ ならば、a 以後多重休憩 $V_1, V_2, \cdots$ が続く。$e(1)$ が V_k の休憩中ならば、$W_1 = a + V_1 + \cdots + V_k - e(1)$ である。よって確かに W_1 は a の影響を受ける。$W_n(n \ge 1)$ についても同様である。

初期サービスから始まった稼働期間が時点 d で終了したとする。次の到着時点 $e(n')$ までの間隔は、母数 λ の指数分布をするから、この分布は d の値には影響受けない。d から多重休憩 $V_1, V_2, \cdots$ が始まる。そして $V_1 + \cdots + V_{k-1} < U \le V_1 + \cdots + V_k$ ならば、

$$W_{n'} = V_1 + \cdots + V_k - U$$

となるが、U と V_i は独立で、どちらも分布は d に依存しないから、この分布も a には依存しない。後続の $W_{n'+i}(i \ge 0)$ の分布も依存しない。今度は n 番の客の立場から見ると $e(n)$ 以前に空になる確率は、$n \to \infty$ のとき 1 に向かう。すなわち $W_n = W_{n'+i}$ となる n', i が存在する確率は 1 に向かう。よって W_n の極限分布があれば、それは a に依存しない。

以上は直接示そうとしたが、W_n は再生過程なので、次節の定理が適用できる。すなわち、

「離散型再生過程の標本路は、初期状態の影響を受けても、極限分布は受けない。」

という面白い性質を持っている。これから、客で見た到着時あるいは退去時の系内客数も極限分布を持つ。ということは連続時間で見た系内客数のみ気をつければよいことになる。

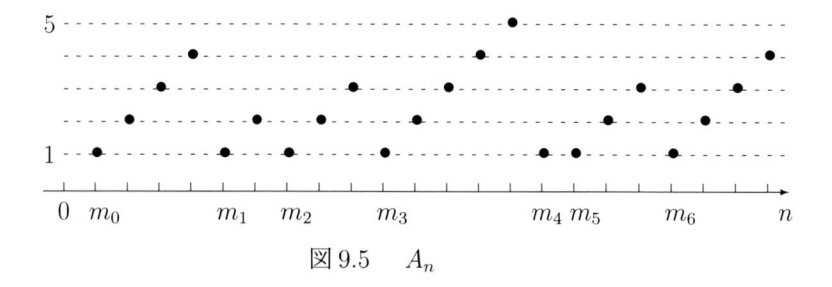

図 9.5　A_n

9.6　付録：添え数が整数の再生過程

添え数が整数の再生過程において、極限分布や時点平均分布が存在する条件を示そう。準備を一つ行う。$T_j(j = 0, 1, 2, \cdots)$ は 1 以上の整数をとる i.i.d. の確率変数列で、T_j の分布は、

$$T_j \in \{p, 2p, 3p, \cdots\}, \qquad w.p.1$$

ならば、$p = 1$ となるとする。このとき T_j は**非周期的**と呼ぶ。m_0 は正の整数、$m_i = m_0 + T_0 + \cdots + T_{i-1}(i = 1, 2, \cdots)$ とおく。任意の n に対し、$m_k \leq n < m_{k+1}$ ならば、$A_n = n - m_k + 1$ とおく (図 9.5)。さらに A_n が p となる n の割合を $G_j(p) = \frac{1}{j} \sum_{n=1}^{j} \mathbf{1}(A_n = p)$ とおく。このとき次が言える。

補助定理 9.1　T_j が非周期ならば、A_n はマルコフ連鎖で極限分布

$$F_A(p) = \lim_{n \to \infty} Pr(A_n = p) = \frac{Pr(T_0 \geq p)}{E(T_0)}$$

をもつ。

（証明）　$f_i = Pr(T_0 = i)(i \in \mathbb{N})$ とおく。$A_n = p$ が与えられると、$m_k \leq n < m_{k+1}$ は $m_k = n - p + 1$ かつ $T_k \geq p$ であることに等しい。ただし、k は定まらない。よって、$Pr(A_n = p) = \sum_{i=p}^{\infty} f_i$ である。$T_k = p$ ならば、$A_{n+1} = 1$ であるから、条件付確率

$$Pr(A_{n+1} = A_n + 1 | A_n = p) = \sum_{i=p+1}^{\infty} f_i \Big/ \sum_{i=p}^{\infty} f_i,$$

$$Pr(A_{n+1} = 1 | A_n = p) = f_p \Big/ \sum_{i=p}^{\infty} f_i,$$

が得られる。ここから $A_n(n \geq m_0)$ はマルコフ連鎖である。このマルコフ連鎖は、T_j が非周期的なので、非周期的であり、$0 < E(T_j) < \infty$ なので正状態再帰的である。よって極限分布[11] $F_A(p) = \lim_{n \to \infty} Pr(A_n = p)$ が存在する。

マルコフ連鎖であるから、

$$G_j(p) \xrightarrow{j \to \infty} F_A(p), \qquad w.p.1$$

---

[11]例えば、Chung 前掲書 (2.2 節) を参照されたい。

が成立する[12]。一方、一つの区間 $[m_i, m_{i+1}]$ に $A_n = p$ が実現するのは高々 1 回であるから、$G_{m_h-1}(p)$ はそのような区間の個数の割合である。そこで

$$G_{m_h-1}(p) = \frac{1}{m_h - 1} \sum_{k=0}^{h-1} \mathbf{1}(T_k \geq p) = \frac{h}{m_h - 1} \frac{1}{h} \sum_{k=0}^{h-1} \mathbf{1}(T_k \geq p)$$

$$\xrightarrow{h \to \infty} \frac{1}{E(T_0)} Pr(T_0 \geq p), \qquad w.p.1.$$

よって $F_A(p) = Pr(T_0 \geq p)/E(T_0)$ である。 □

　一般に、ある空間 $(Y, \sigma(Y))$ の値をとる再生過程 $y_n (n = 0, 1, 2, \cdots)$ があるとする。再生開始番号を整数 $(0 \leq) m_0 < m_1 < m_2 < \cdots$ で表すと、$T_j = m_{j+1} - m_j$ は i.i.d. で、$Pr(T_j \geq 1) = 1$ である。

　2.4 節で再生過程では、$\mu A_T(u : \omega)$ は $F(u) = E(\mu(I_1, u))/E(\mu(I_1))$ に弱収束すると述べた。整数上の再生過程は、次のように確率も収束する。

　定理 9.2　　再生過程 $y_n(n = 0, 1, 2, \cdots)$ において、T_j は非周期的で $0 < E(T_j) < \infty$ とする。ならば、y_n は、初期値 y_0 にも最初の再生開始番号 m_0 にも依存しない極限分布をもち、それは任意の $B(\in \sigma(Y))$ に対し、次のように表される。

$$\lim_{n \to \infty} Pr(y_n \in B) = \frac{1}{E(T_0)} \sum_{p=1}^{\infty} Pr(y_p \in B,\ T_0 \geq p)$$

　（証明）　　$H_{\alpha,n} = Pr(y_n \in B,\ m_0 \leq \alpha)$ とおく。任意の $\epsilon(> 0)$ に対し、$Pr(m_0 > \alpha) < \epsilon$ となる α が存在する。この α に対し

(9.7) $$H_{\alpha,n} \leq Pr(y_n \in B) \leq H_{\alpha,n} + \epsilon.$$

　ここで

(9.8)　　"$Q(B) \equiv \lim_{n \to \infty} Pr(y_n \in B | m_0 = m)$　が存在して m に依存しない"

が証明できたならば、

$$\lim_{n \to \infty} H_{\alpha,n} = \lim_{n \to \infty} \sum_{j=0}^{\alpha} Pr(y_n \in B | m_0 = j) Pr(m_0 = j)$$

$$= Q(B) \sum_{j=1}^{\alpha} Pr(m_0 = j) \xrightarrow{\alpha \to \infty} Q(B).$$

よって (9.7) から $Q(B)$ は $\lim_{n \to \infty} Pr(y_n \in B)$ に一致する。

　それでは (9.8) を証明しよう。

$$Pr(y_n \in B | m_0 = m) = Pr(y_{n-m+1} \in B | m_0 = 1)$$

---

[12]Chung 前掲書、Part I, §15 Theorem 2.

であるから、一般性を失わず、確率 1 で $m_0 = 1$ とする。

$$Pr(y_n \in B) = \sum_{p=1}^{n} Pr(y_n \in B, \ A_n = p)$$

右辺の $A_n = p$ において、固定した j が $m_j \le A_n < m_{j+1}$ を満たすには、$m_j = n-p+1$ かつ $T_j \ge p$ であればよい。またこの事象は j に関し排反事象である。よって

$$Pr(y_n \in B) = \sum_{p=1}^{n} \sum_{j=0}^{n} Pr(y_n \in B, \ T_j \ge p, \ m_j = n-p+1)$$

$$= \sum_{p=1}^{n} \sum_{j=0}^{n} Pr(y_n \in B, \ T_j \ge p \mid m_j = n-p+1) Pr(m_j = n-p+1)$$

$$= \sum_{p=1}^{n} Pr(y_p \in B, \ T_0 \ge p) \sum_{j=0}^{n} Pr(m_j = n-p+1).$$

$\sum_{j=0}^{n} Pr(m_j = n-p+1)$ は $n-p+1$ が再生開始番号になる確率であるから、$n \to \infty$ のとき、補助定理 9.1 より $F_A(1)$ に向かう。よって

$$\lim_{n \to \infty} Pr(y_n \in B) = F_A(1) \sum_{p=1}^{\infty} Pr(y_p \in B, \ T_0 \ge p)$$

$$= \frac{1}{E(T_0)} \sum_{p=1}^{\infty} Pr(y_p \in B, \ T_0 \ge p).$$

右辺の式は確率測度の性質を持つ。よって y_n は極限分布をもつ。しかも初期条件 y_1 に依存しない。 $\qquad\square$

定理 9.2 の条件下で、y_n の時点平均

$$\mu A(u, \omega) = \lim_{n \to \infty} \frac{\mu((0, n], u)}{\mu((0, n])}, \qquad \mu((0, n], u) = \sum_{i=1}^{n} \mathbf{1}(y_j \in u)$$

について、次が成立する。

　　系　$Y = \{0, 1, 2, \cdots\}$ または $Y = \mathbb{R}$ のとき、y_n について命題 2.1 が成立し、その $F(u)$ は y_n の極限分布に一致する。

　　(証明)

$$R_j(c) = \frac{1}{m_j - 1} \sum_{i=0}^{j-1} \mathbf{1}(y_{m_i+c} \in B, \ c \le T_i)$$

とおいて μ 平均を求める。

$$(9.9) \qquad \lim_{k \to \infty} \frac{1}{k} \sum_{n=1}^{k} \mathbf{1}(y_n \in B) = \lim_{j \to \infty} \frac{1}{m_j - 1} \sum_{n=1}^{m_j - 1} \mathbf{1}(y_n \in B)$$

$$= \lim_{j \to \infty} \frac{1}{m_j - 1} \sum_{i=0}^{j-1} \sum_{c=1}^{T_i} \mathbf{1}(y_{m_i + c} \in B)$$

$$= \lim_{j \to \infty} \sum_{c=1}^{\infty} R_j(c).$$

一方、$\sum_{c=1}^{\infty} G_j(p) = \sum_{c=1}^{\infty} F_A(c) = 1$、かつ $\lim_{j \to \infty} G_j(c) = F_A(c)$ であるから、$\lim_{j \to \infty} \sum_{c=n}^{\infty} G_{m_j - 1}(c) = \sum_{c=n}^{\infty} F_A(c)$ である。そこで任意の $\epsilon > 0$ に対し、$\sum_{c=n}^{\infty} F_A(c) < \epsilon/2$ となるように n を選ぶ。$R_j(c) \le G_{m_j-1}(c)$ であるから $j > j_\epsilon$ において $\sum_{c=n}^{\infty} R_j(c) \le \sum_{c=n}^{\infty} G_{m_j-1}(c) < \epsilon$ となる j_ϵ が存在する。そして (9.9) から

$$\lim_{j \to \infty} \sum_{c=1}^{n-1} R_j(c) \le \lim_{k \to \infty} \frac{1}{k} \sum_{n=1}^{k} \mathbf{1}(y_n \in B) < \lim_{j \to \infty} \sum_{c=1}^{n-1} R_j(c) + \epsilon.$$

これから

$$\lim_{k \to \infty} \frac{1}{k} \sum_{n=1}^{k} \mathbf{1}(y_n \in B) = \sum_{c=1}^{\infty} \lim_{j \to \infty} R_j(c)$$

$\mathbf{1}(y_{m_i + c} \in B, \ c \le T_i)$ は i に関して i.i.d. であるから、

$$= \frac{1}{E(T_0)} \sum_{c=1}^{\infty} Pr(y_c \in B, \ T_0 \ge c), \quad w.p.1.$$

よって系が成立する。 $\qquad \square$

第十章　複数の短過程の混在

　前章までは基本モデルの変形を議論した。ここでは数種類の短過程が混在している場合を議論する。図10.1がそのイメージ図である。この議論の必要性は優先権モデルから生まれたので、応用の典型は優先権モデルである。

　本章は二つに分かれる。10.1、10.2節は有限種の短過程の単なる混在を一般論として議論する。10.3節からは、M/G/1 の空の時間帯に他の短過程が割り込む場合を論じる。優先権モデルにおける優先客数がこの形である。というのも、持たない普通客は、優先客がいないとき、すなわち空のときにサービスを受けるからである。その際、普通客がポアソン到着でなくても、時間 (到着) 平均 PGF と客の待ち時間の到着平均分布の LST が得られる。これを使うと、幾つかのモデルで同様の結果が得られる。

　普通客に注目した分析は第十二章で論じる。

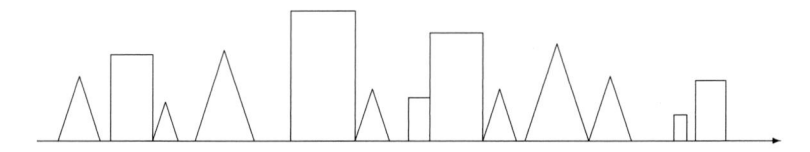

図 10.1　二種類の短過程の重ならない繰り返しのイメージ図

10.1　単純な混在

　複数種の短過程が、次々に現れるモデルを考える。本節と次節の結果を後ほど使うのはわずかであるが、理論上意味があるので論じておく。

　ここでは再生過程もポアソン到着も前提にしない。関係式 f も変化しうるとする。とりあえず状態過程 $\boldsymbol{x}_t^0(\phi, \boldsymbol{a})$ が開始し、ある時点 $(0 \leq)c_1 < c_2 < \cdots$ が来ると、入力も状態関係式も変わるとする。状態空間さえも変化してよい。これを型番 $\xi_k(\in \{1, \cdots, n\}, n < \infty)$ で表す。例えば、c_k で型番 ξ_k が定まると、この型番の状態過程

$$(10.1) \qquad \boldsymbol{x}_t^{c_k}(\phi_{\xi_k}, \boldsymbol{h}_{\xi_k}, \xi_k) = f_{\xi_k}(\boldsymbol{h}_{\xi_k}, S_{c_k}^{\leftarrow}\phi_{\xi_k}, t - c_k).$$

に切替わり、$(\boldsymbol{h}_{\xi_k}, S_{c_k}^{\leftarrow}\Phi_{\xi_k[c_k,\infty)})$ の分布 $\tilde{P}_{\xi_k}$ も定まる。c_{k+1} は仮定 1.17.1 の t_ϕ の形で定まり、$c_{k+1} - c_k = \mathrm{v}_{\xi_k}(\boldsymbol{h}_{\xi_k}, S_{c_k}^{\leftarrow}\Phi_{\xi_k[c_k,\infty)})$ の期待値も有限とする。

唯一変化しないのは注目変数 $y_{\xi_k,t} = y_{\xi_k}(\boldsymbol{x}_t^{c_k}(\phi_{\xi_k}, \boldsymbol{h}_{\xi_k}, \xi_k))(t > c_k)$ の値域空間 $\mathbb{Y}$ である。そこで区間 $I_k = (c_k, c_{k+1}]$ では $y_t = y_{\xi_k,t}$ とおく。ならば、確率変数 $\mu(I_k, u)(u \in \sigma(Y))$ の分布も $\tilde{P}_{\xi_k}$ にしたがう。

c_k と ξ_k は過去の状態推移から決まっても良い。しかし、それが定まった条件下では、$\tilde{P}_{\xi_k}$ も定まるから、c_k 以後の状態 $S_{c_k}^{\leftarrow}\{\boldsymbol{x}_t^{c_k}(\phi_{\xi_k}, \boldsymbol{h}_{\xi_k}, \xi_k)\}$ と $c_{k+1} - c_k$ は過去の $\{y_t : t \le c_k\}$ と $\{c_i : i \le k\}$ からは独立である[1]。ここから $\{S_{c_k}^{\leftarrow}y_t : t > c_k\}$ も過去の y_t とは独立で、$\tilde{P}_{\xi_k}$ にしたがう。

例 10.1　M/G/1/MV の多重休憩の時間分布に二つ $V_1(x)$ と $V_2(x)$ があるとする。c_k は休憩の開始時点としよう。c_k はサービス時間や休憩時間が終了した時点で、かつサービス時間正の客がいない時点として状態から定まる。0.3 と 0.7 の確率で 1 又は 2 が選ばれ、それを型番 ξ_k とする。分布 $V_{\xi_k}(x)$ を持った確率変数 V_{ξ_k} が $\boldsymbol{h}_{\xi_k}$ に入り、ただちにこの休憩が開始する。

この例のように過去から断絶させれば、単純である。しかし、こうすると例えば、各短過程の到着間隔が指数分布のとき、短過程を結合した全時間帯ではポアソン到着になることを使いたい場合にはそれを証明しなければならない。これは面倒なので、この例を含め多くの場合、次のようにしよう。すなわち、j 番の客のマーク $\boldsymbol{\tau}_j$ には休憩時間の二列 $\{\tau_{j,1,i}^V, \tau_{j,2,i}^V : i = 1, 2, \cdots\}$ が入っていて、さらに 1、2 の値をとる V_1, V_2 選択変数列 $\{\eta_1, \eta_2, \cdots\}$ が入っているとする。到着時に状態のこれらは新マークのそれらに切替わる (1.6.1 節、1.9 節)。そして $\boldsymbol{h}_{\xi_k}$ は c_k での状態 $\boldsymbol{x}_{c_k}^{c_{k-1}}(\phi_{\xi_{k-1}}, \boldsymbol{h}_{\xi_{k-1}}, \xi_{k-1})$ からそれら $\{\{\tau_{j,k,i}^V\}, \{\eta_i\}\}$ のみを引き継ぐ。引き継いだ休憩時間は、過去の状態にもこれからの状態にも要素として含まれるので、状態としては両者は独立ではない。しかし、c_k 以前の y_t や $c_{i+1} - c_i$ にこれらの休憩時間や選択変数は使われない。一方、入力 Φ は一つなので、ポアソン到着 i.i.d. マークならば、$(\boldsymbol{h}_{\xi_k}, S_{c_k}^{\leftarrow}\Phi_{[c_k,\infty)})$ は過去の y_t とは独立である。

例 10.2　$\mathrm{M}(\lambda_1)/\mathrm{G}/1$ の再生区間 ((空の部分)+(稼働期間)) 上の短過程を型番 1、$\mathrm{M}(\lambda_2)/\mathrm{G}/1/\mathrm{MV}$ の再生区間 ((一つの休憩時間)+(稼働期間)) 上の短過程を型番 2 と

---

[1]定理 2.5 は再生過程を前提にしているから、二区間 (s_0, s_1), (s_1, s_2) 上の二つの短過程が独立でなくても良かった。しかし、定理 10.1 はそれを前提にしないので、独立条件が必要である。

する。これらが隙間なく混在して現れるとする。これらの開始時点を c_k に選ぶ。c_k がサービス終了の空時点、すなわち状態に入っている客は、残りサービス時間 $x_{c_k,1}^S = 0$ の客のみならば、新しい型番 ξ_k が始まり、サーバーは $\xi_k = 1$ ならば、客を待ち、$\xi_k = 2$ ならば、休憩をとる。c_k が休憩から帰って客がいない時点ならば、状態は $x_{c_k,1}^V = 0$ を示している。いずれにしろ c_k は状態から定まる。前者では、$Pr(\xi_k = 1) = 0.2,\ Pr(\xi_k = 2) = 0.8$、後者では $Pr(\xi_k = 1) = 0.7,\ Pr(\xi_k = 2) = 0.3$ の確率とすると、ξ_k は c_k の状態に依存する。$\boldsymbol{h}_{\xi_k}$ はその状態から、前例のように無限個の休憩時間と選択変数のみを引き継ぐとすれば、入力 Φ は到着率 $\lambda_1,\ \lambda_2$ の二つのポアソン到着列を持っているとすればよい。

時点 T に対し $c_{m+1} \leq T < c_{m+2}$ で正の整数 m を定める。m_i は $\xi_k = i$ かつ $c_{k+1} \leq T$ を満たす k の個数とする。

仮定 10.1　いずれの型番も $0 < E(\mu(I_k)|\xi_k = i) < \infty$ を満たすとする。さらに二種類の極限

$$\alpha_i \equiv \lim_{T \to \infty} \frac{m_i}{T}, \qquad \gamma_i \equiv \lim_{T \to \infty} \frac{m_i}{\mu((0,T))}, \qquad w.p.1,\ i = 1, \cdots, n$$

が存在し、これらは定数である。

$\xi_k = i$ が与えられた I_k 上の短過程の μ 平均分布は $\tilde{P}_i$ から定まり、2.4 節の定義から、型番 i の μ 平均分布は

$$q_i(u) = \frac{E(\mu(I_k, u)|\xi_k = i)}{\beta_i}, \qquad \beta_i = E(\mu(I_k)|\xi_k = i),\ u \in \sigma(Y)$$

と表せる。

定理 10.1　仮定 10.1 の下で、μ 平均分布が存在し、次式が得られる。

$$\mu A(u, \omega) = \sum_{i=1}^{n} \gamma_i \beta_i q_i(u), \qquad w.p.1, \quad かつ \quad \sum_{i=1}^{n} \gamma_i \beta_i = 1.$$

(証明)　一つの標本路 y_t が定まると、c_k が定まり、

$$(10.2) \qquad \frac{\sum_{k=1}^{m} \mu(I_k, u)}{\mu((0,T))} \leq \frac{\mu((0,T), u)}{\mu((0,T))} \leq \frac{\sum_{k=1}^{m+1} \mu(I_k, u)}{\mu((0,T))}$$

となる。各 $\omega (\in \Omega)$ に対し ξ_k は $1, \cdots, n$ の一つであるから、(10.2) の左側は

$$\mu((0,T))^{-1} \sum_{k=1}^{m} \sum_{i=1}^{n} \mu(I_k, u)\mathbf{1}(\xi_k = i) = \sum_{i=1}^{n} \frac{m_i}{\mu((0,T))} \frac{1}{m_i} \sum_{k=1}^{m} \mu(I_k, u)\mathbf{1}(\xi_k = i)$$

$\xi_k = i$ である k だけを取り出すと、$\{S^{\leftarrow}_{c_k} y_t : t > c_k\}$ は過去の y_t とは独立であるから、$\mu(I_k, u)$ は i.i.d. である。よって確率 1 で

$$(10.3) \qquad \xrightarrow{T \to \infty} \sum_{i=1}^{n} \gamma_i E(\mu(I_k, u) | \xi_k = i) = \sum_{i=1}^{n} \gamma_i \beta_i q_i(u).$$

同様に (10.2) の右側も同じ値に収束する。ここから $\mu A(u)$ は (10.3) の極限値である。$u = Y$ とおけば (10.3) は $\sum_{i=1}^{n} \gamma_i \beta_i$ であり、(10.2) からそれは 1 である。$q_i(u)$ は確率分布関数の性質をもつから、$\sum_{i=1}^{n} \gamma_i \beta_i q_i(u)$ もそうである。以上より、命題 2.1 が成立し、定理の式は μ 平均分布である。 $\square$

10.2 ポアソン到着の場合

全時間帯で到着率 λ のポアソン到着のとき、$\lim_{T \to \infty} T / \mu(0, T)$ は時間平均では 1、到着平均では $1/\lambda$ であるから、

$$(10.4) \qquad \gamma_i = \lim_{T \to \infty} \frac{T}{\mu(0, T)} \frac{m_i}{T} = \begin{cases} \alpha_i & : \mu \text{ が時間平均のとき} \\ \alpha_i/\lambda & : \mu \text{ が到着平均のとき、} \end{cases}$$

となる。この場合、時間平均と到着平均では、前定理右辺の係数 $\gamma_i \beta_i$ は一致することが多い。その理由を述べよう。$\theta_i = E(c_{k+1} - c_k | \xi_k = i)$ とおく。

定理 10.1 の系 全時間帯で到着率 λ のポアソン到着ならば、仮定 10.1 の下で、μ が時間平均と到着平均のいずれであっても、μ 平均分布が存在し、

$$(10.5) \qquad \mu A(u) = \sum_{\xi=1}^{n} \alpha_i \theta_i q_i(u).$$

となる。

(証明) 仮定 10.1 の下では[2]、

$$\beta_i = E(\mu(I_k) | \xi_k = i) = \begin{cases} \theta_i & : \mu \text{ が時間平均のとき} \\ \lambda \theta_i & : \mu \text{ が到着平均のとき。} \end{cases}$$

そこでいずれの場合も $\gamma_i \beta_i = \alpha_i \theta_i$ となり、μ のとり方に依存しない。 $\square$

---

[2]到着平均の $\lambda \theta_i$ については、定理 1.17.3 より、型番 i の区間のみを取り出し繋げると到着率 λ のポアソン到着になる。ここから大数の法則を使って言える。

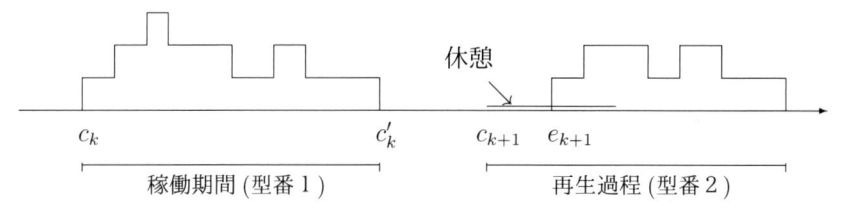

図 10.2　　M/G/1 の再生区間 (c_k, e_{k+1}) への M/G/1/MV 再生区間の割込み

y_t が系内客数ならば、時間 (到着) 平均 PGF を $\Pi(z) = \sum_{j=0}^{\infty} \mu A(\{j\}) z^j$ とする。同じく、$y_{e(n)}$ が待ち時間ならば、到着平均分布 $\mu A(u)$ の LST を $W^*(s) = \int_0^{\infty} e^{-sx} d\mu A(x)$ とする。

一般に分布 $q_i(u)$ が PGF、または LST で表せるならば、

$$\Pi_i(z) = \sum_{j=0}^{\infty} q_i(\{j\}) z^j, \qquad W_i^*(s) = \int_0^{\infty} e^{-sx} dq_i(x)$$

であるから、(10.5) は次の線形表現を生む。

$$\Pi(z) = \sum_{i=1}^{n} \alpha_i \theta_i \Pi_i(z), \qquad W^*(s) = \sum_{i=1}^{n} \alpha_i \theta_i W_i^*(s).$$

M/G/1 や M/G/1/MV の待ち時間と異なって、ここの待ち時間は、到着平均分布の存在を保証しているが、極限分布の存在は保証していない。必要ならば個別モデルで証明すべきである。

10.3　M/G/1 の稼働期間と他の短過程の混在

全体は到着率 λ のポアソン到着で、M/G/1 の稼働期間 (型番 1) と他の短過程 Δ (型番 2) が現れるモデルを考える。Δ の典型は M/G/1/MV である。型番 1，2 の開始点を $(0 \leq) c_1 < c_2 < \cdots$ とする。図 10.2 で説明すると、区間 $\{c_k < t \leq c_k'\} (\subset (c_k, c_{k+1}])$ が M/G/1 の稼働期間である。c_{k+1} でサーバーが休憩し、M/G/1/MV (**型番 2 の短過程 Δ**) が始まる。M/G/1 の空の時間帯が c_{k+1} で中断するから、$(c_k, c_{k+1}]$ は M/G/1 の再生区間とは異なる。このため前節の分布 $q_i(u)$ が得られない。

しかし、次の定理から、Δ の出現頻度 α_2 を知れば、全体の PGF を得る。M/G/1 の再生間隔の期待値を $\tilde{\theta}$ とする (1.15.1 節)。

定理 **10.2** 上記モデルにおいて、全体では強度 λ のポアソン到着で、型番 $i(i = 1, 2)$ は頻度 α_i で現れるとする。 このとき、

$$\Pi(z) = \alpha_1 \tilde{\theta} \Pi(z : M/G/1) + \alpha_2 m_\Delta \Pi(z : \Delta),$$
$$W^*(s) = \alpha_1 \tilde{\theta} W^*(s : M/G/1) + \alpha_2 m_\Delta W^*(s : \Delta)$$

と表され、$\alpha_1 \tilde{\theta} + \alpha_2 m_\Delta = 1$ が成立する。

（証明）到着平均は空の時間帯の影響を受けないから前節の結果が適用できる。系内客数の時間平均のみ検討しよう。区間群 $\{(c_k, c_{k+1}] : k = 1, 2, \cdots\}$ のうち、$I_1, I_2, \cdots$ は M/G/1 の稼働期間の区間、$J_1, J_2, \cdots$ は Δ の区間とする。$I_i \subset (0, T),\ J_j \subset (0, T)$ となる最大の i, j をそれぞれ m_1, m_2 とする。

まず、u が 0 を含まない場合を考えよう。$\mu((0, T)) = T$ であるから

$$\frac{\mu((0,T), u)}{\mu((0,T))} = \frac{m_1}{T} \frac{1}{m_1} \sum_{i=1}^{m_1} \mu(I_i, u) + \frac{m_2}{T} \frac{1}{m_2} \sum_{i=1}^{m_2} \mu(J_i, u) + \frac{\epsilon_T}{T}.$$

ただし、ϵ_T は $I_{m_1+1} \bigcup J_{m_2+1}$ と $(0, T)$ の共通時間帯 $\bullet$ の $\mu(\bullet, u)$ である。

$\mu(I_i, u)$ は i.i.d. になり、$\mu(J_i, u)$ も同様である。よって

(10.5) $$\frac{\mu((0,T), u)}{\mu((0,T))} \xrightarrow{T \to \infty} \alpha_1 E(\mu(I_1, u)) + \alpha_2 E(\mu(J_2, u)).$$

$0 \notin u$ より、$E(\mu(I_1, u))$ は M/G/1 の再生区間上の短過程の μ 値の期待値に等しいので、

$$\frac{E(\mu(I_1, u))}{\tilde{\theta}} = \mu A(u : M/G/1), \qquad 0 \notin u.$$

ここから (10.5) は

(10.6) $$\mu A(u) = \alpha_1 \tilde{\theta} \mu A(u : M/G/1) + \alpha_2 m_\Delta \mu A(u : \Delta).$$

と表せる。

次に、$\alpha_1 \tilde{\theta} + \alpha_2 m_\Delta = 1$ を証明しよう。区間 $(0, T)$ において、M/G/1 の稼働期間でサービスを受ける客数の和を n_1、Δ の区間のそれを n_2 とする。全体では強度 λ のポアソン到着なので、

$$\lambda = \lim_{T \to \infty} \frac{n_1 + n_2}{T} = \lim_{T \to \infty} \left\{ \frac{m_1}{T} \frac{n_1}{m_1} + \frac{m_2}{T} \frac{n_2}{m_2} \right\}$$

図 10.3　非割り込み優先権規則

1.15.3 節と 2.7 節から、右辺は $\alpha_1 \lambda \tilde{\theta} + \alpha_2 \lambda m_\Delta$ に等しいので、$\alpha_1 \tilde{\theta} + \alpha_2 m_\Delta = 1$.

これを使いい $u = \{0\}$ の場合を証明しよう。$[0, T)$ 間における M/G/1 の稼働期間の長さの和を δ_1、M/G/1/MV の客がいる時間帯の長さの和を δ_2 とする。

$$
\begin{aligned}
\mu A(\{0\}) &= \lim_{T \to \infty} \frac{\mu([0,T), \{0\})}{\mu([0,T))} \\
&= 1 - \lim_{T \to \infty} \frac{\mu([0,T), Y - \{0\})}{\mu([0,T))} \\
&= 1 - \lim_{T \to \infty} \frac{\delta_1 + \delta_2}{T} \\
&= \alpha_1 \tilde{\theta} + \alpha_2 m_\Delta - \lim_{T \to \infty} \left\{ \frac{m_1}{T} \frac{\delta_1}{m_1} + \frac{m_2}{T} \frac{\delta_2}{m_2} \right\} \\
&= \alpha_1 \tilde{\theta} \{ 1 - \mu A(Y - \{0\} : M/G/1) \} + \alpha_2 m_\Delta \{ 1 - \mu A(Y - \{0\} : \Delta) \} \\
&= \alpha_1 \tilde{\theta} \mu A(\{0\} : M/G/1) + \alpha_2 m_\Delta \mu A(\{0\} : \Delta). \qquad \square
\end{aligned}
$$

10.4　非割り込み優先権モデル

定理 10.2 は非割り込み優先権モデルに応用できる。ここでは 1 から n まで番号がついた n クラスに客が分類されるとする。第 1 のクラスの客は優先客と呼ばれ、この客数を注目変数とする。

他の客は普通客と呼ぼう。サービス規則は、"普通客のサービス開始は優先客がいないときのみ" なるものとする。優先客は、図 10.3 のように到着すると待ち客の先頭に並ぶ。普通客のサービスが中断しないから "非割り込み" と呼ぶのである。

なお応用上の便利さから、普通客は第 2 から第 n までの複数クラスに分かれているとする。第 i クラスのサービス時間の確率分布関数を $B_i(x)$ とし、b_i をその期待値、$B_i^*(s)$ をその LST とする。

仮定 10.2　第 1 クラスの客は強度 λ_1 のポアソン到着をする。サービス時間はどのクラスでも i.i.d. で、到着時点とも独立である。クラス間でも独立とする。しか

し、到着時点列はクラス間で相関があっても良い。さらに普通客はポアソン到着でなくても良い。ただし、任意の t に対し、優先客の未来の到着点 $\{e(p) : t < e(p)\}$ は t 以前の入力や状態とは独立である。

　本節の注目変数は優先客数である。それへの普通客の影響は、到着時点よりはサービス開始時点に意味がある。そこで次のように仮定する。

　仮定 10.3　$A_i(t)$ は区間 $(0, t)$ にサービスが始まる第 i クラスの客の数とする。ならば確率 1 で次の極限 λ_i が存在するとする。

$$\lambda_i \equiv \lim_{T \to \infty} \frac{A_i(T)}{T} < \infty \qquad ; i = 2, \cdots, n.$$

さらに、$\sum_{i=1}^{n} \lambda_i b_i < 1$ と仮定する。

　優先客について、系内客数の時間 (到着) 平均 PGF $\Pi(z)$ と待ち時間の到着平均分布の LST $W^*(s)$ を求めよう。

　定理 10.3　$\eta = 1 - \sum_{i=1}^{n} \lambda_i b_i$ とおくと、仮定 10.2、10.3 の下で、優先客の $\Pi(z)$ と $W^*(s)$ は次で与えられる。

$$\Pi(z) = \frac{\eta}{1 - \lambda_1 b_1} \Pi(z : M/G(B_1)/1) + \frac{1}{1 - \lambda_1 b_1} \sum_{i=2}^{n} \lambda_i b_i \Pi\left(z : {}^{M/G(B_1)/1}_{/MV(B_i)}\right),$$

$$W^*(s) = \frac{\eta}{1 - \lambda_1 b_1} W^*(s : M/G(B_1)/1) + \frac{1}{1 - \lambda_1 b_1} \sum_{i=2}^{n} \lambda_i b_i W^*\left(s : {}^{M/G(B_1)/1}_{/MV(B_i)}\right).$$

（証明）　$(0 <)c_1 < c_2 < \cdots$ は、空に優先客が到着した時点と普通客のサービス開始時点とする。前者では $M/G(B_1)/1$ の稼働期間 (型番 1) が始まる。後者は、優先客からみると、普通客のサービス時間は休憩時間であり、休憩分布 $B_i(x)$ をもった $M/G(B_1)/1/MV(B_i)$ の再生区間 (型番 i) が始まる。よって定理 10.2 から、頻度 $\alpha_i = \lim_{T \to \infty}(q_i/T)$ を求めればよい。ただし、q_i は T までに終了した型番 i の再生区間の個数である。

　一般性を失うことなく、$n = 2$ とする。$t_1 < t_2 < \cdots$ は時点 c_k のうちその直前には系に客がいない時点の列とする。$\lambda_1 b_1 + \lambda_2 b_2 < 1$ であるから、空の状態は何度も起きて、$\lim_{j \to \infty} t_j = \infty$ となる。図 10.4 のように $M/G/1/MV$ の再生間隔 L_i に含まれている普通客のサービス時間は一つであるから、t_j までに終了する L_i の数は、普通客の到着人数 $A_2(t_j)$ である。ここから、$T = t_j$ のときは

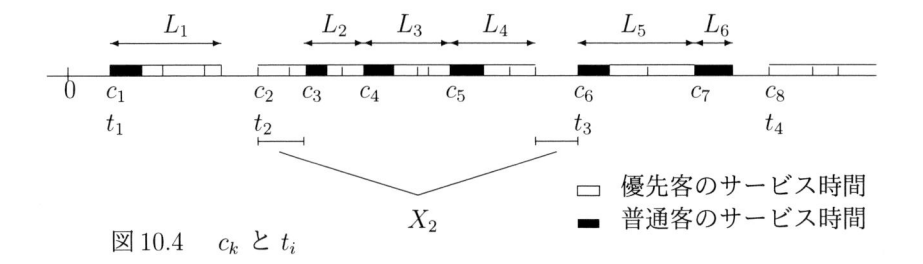

図 10.4　　c_k と t_i

優先客のサービス時間
普通客のサービス時間

$q_2 = A_2(T)$ であり、仮定 10.3 から

$$\lim_{j \to \infty} \frac{q_2}{t_j} = \lim_{j \to \infty} \frac{A_2(T)}{T} = \lambda_2$$

となる。このことが一般の T でも成立することを次に示そう。

　L_i は独立で同一の分布をするから、確率 1 で

$$(10.7) \qquad \frac{\sum_{k=1}^{A_2(t_j)} L_k}{t_j} = \frac{A_2(t_j)}{t_j} \frac{\sum_{k=1}^{A_2(t_j)} L_k}{A_2(t_j)} \xrightarrow{j \to \infty} \lambda_2 \theta_2.$$

ただし、$\theta_2 \equiv E(L_i) = v_2/(1 - \lambda_1 b_1)$。　区間 (t_j, t_{j+1}) は空の時間帯、$M/G/1$ の稼働期間、それに $\{L_k : k = A_2(t_j) + 1, \cdots, A_2(t_{j+1})\}$ とからなっている。前二者の和を X とすると、

$$(10.8) \qquad t_{j+1} - t_j = X_j + \sum_{k=A_2(t_j)+1}^{A_2(t_{j+1})} L_k.$$

　空の時間帯は、長くても次の優先客の到着までであり、M/G/1 の稼働期間の期待値は有限である。よって $j \to \infty$ のとき $X_j/t_j \to 0$ となる。(10.7) と合わせて考えれば、任意の正の ϵ に対し、j を十分大きくとれば、

$$\left| \frac{1}{t_j} \sum_{k=1}^{A_2(t_j)} L_k - \lambda_2 \theta_2 \right| < \epsilon, \quad \left| \frac{1}{t_{j+1}} \sum_{k=1}^{A_2(t_{j+1})} L_k - \lambda_2 \theta_2 \right| < \epsilon \quad \text{かつ} \quad \frac{X_j}{t_j} < \epsilon$$

となる。第二の不等式と (10.8) から

$$\frac{\sum_{k=1}^{A_2(t_j)} L_k + t_{j+1} - t_j - X_j}{t_j} \Big/ \frac{t_{j+1}}{t_j} = \frac{1}{t_{j+1}} \sum_{k=1}^{A_2(t_{j+1})} L_k < \lambda_2 \theta_2 + \epsilon.$$

167

ここから

$$\frac{t_{j+1}}{t_j} < \left(1 - \frac{1}{t_j}\sum_{k=1}^{A_2(t_j)} L_k + \frac{X_j}{t_j}\right)\bigg/ (1 - \lambda_2\theta_2 - \epsilon)$$
$$< \frac{1 - \lambda_2\theta_2 + 2\epsilon}{1 - \lambda_2\theta_2 - \epsilon}$$

となる。それゆえ $\lim_{j\to\infty} t_{j+1}/t_j = 1$ である。与えられた T に対し、$t_j \le T < t_{j+1}$ となる j を選ぶと、

$$\frac{t_j}{t_{j+1}}\frac{A_2(t_j)}{t_j} = \frac{A_2(t_j)}{t_{j+1}} < \frac{q_2}{T} \le \frac{A_2(t_{j+1})}{t_j} = \frac{t_{j+1}}{t_j}\frac{A_2(t_{j+1})}{t_{j+1}}.$$

ここから、一般の T でも $\alpha_2 = \lim_{T\to\infty} q_2/T = \lambda_2$ を得る。そして $n > 2$ の場合でも $\alpha_i = \lim_{T\to\infty} q_i/T = \lambda_i (i = 2,\cdots,n)$ が得られる。

最後に α_1 を求める。N_i は、型番が i の時間区間 $\{\cup_{\xi_k = i}(c_k, c_{k+1})\} \cap (0, T)$ にやってくる優先客の人数とする。$\lim_{T\to\infty} T^{-1}\sum_{i=1}^n N_i = \lambda_1$ であるから、

(10.10) $$\lim_{T\to\infty}\left(\frac{q_1}{T}\frac{N_1}{q_1} + \sum_{i=2}^n \frac{q_i}{T}\frac{N_i}{q_i}\right) = \lambda_1, \qquad w.p.1$$

が成立する。大数の法則から、全ての i に対し、$\lim_{T\to\infty} N_i/q_i = \lambda_1\theta_i$ となるので (10.10) に代入すると $\left(\lim_{T\to\infty}\frac{q_1}{T}\right)\lambda_1\theta_1 = \lambda_1 - \sum_{i=2}^n \lambda_i\lambda_1\theta_i.$ よって、再生間隔の期待値 $\theta_1 = 1/\{\lambda_1(1 - \lambda_1 b_1)\}$, $\theta_i = b_i/(1 - \lambda_1 b_1)(i \ge 2)$ をこの式に代入して、$\alpha_1 = \lim_{T\to\infty}(q_1/T) = \lambda_1\eta$ が得られる。ここから本定理を得る。 □

この定理は普通客に独立性もポアソン到着も仮定していないので、多様な応用が可能である。また $\eta > 0$ を仮定しているが、これも必要ない。特に $n = 2$ で、普通客が無限にいる場合は $\eta = 0$ で M/G/1/MV になる。

例 10.3 クラス間の到着点列の独立性は必要ない。例えば、優先客と普通客が一人ずつの二人集団で到着しても良い。

例 10.4 二つの窓口 Q_1 と Q_2 があって、優先客は Q_2 でのみサービスを受けるとする。普通客は Q_1 でサービスを受けた後 Q_2 でまたサービスを受けるとすると、彼らの Q_2 への到着はポアッソン到着とは限らない。しかし、Q_2 での優先客については定理が成立する。

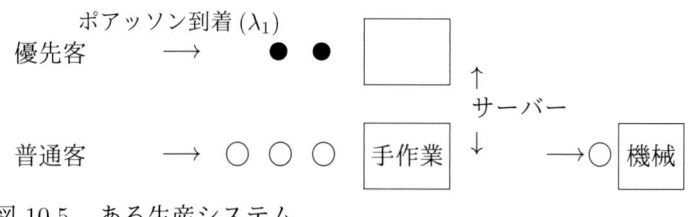

図 10.5　ある生産システム

例 10.5　図 10.5 の生産システムでは、普通客の用件はサーバーが手作業したのち、機械にかける。機械の動作が終わると普通客は系から去る。機械の作業中に他の普通客の手作業は行わない。そのとき優先客がいれば、その仕事を行う。優先客の仕事は一旦開始すると優先客が系に一人もいなくなるまで続く。普通客の手作業の時間の分布関数を $B_i(x)$ とすると優先客について定理が成立する。注意したいのは、普通客の λ_i はこの場合到着率ではなくて、機械に掛けられる率である。したがって、普通客が無限に並んでいてもかまわない。モデル変形も可能である。例えば、普通客は $n-1$ 回繰り返して機会に掛けられ、その度にサーバーの作業を受ける。各作業の終了時に優先客がいれば、優先客の仕事をする。この場合は $B_i(x)$ は第 $i-1$ 回目の手作業の時間の分布関数で、$\lambda_2 = \cdots = \lambda_n$ とすればよい。

例 10.6　どの客も一つの窓口 Q で n 回サービスを受け、最初のサービスは非割り込み優先規則になっているとする。ならば、最初のサービスを受ける客を優先客として、$\lambda_2 = \cdots = \lambda_n = \lambda$ となる定理が成立する。この式が成立するならば、モデルを待ち行列網の中の一つの窓口とすることもできる。

例 10.7　忍耐強い客と忍耐できない客の二種類の客がいるとする。どの客も、到着時に系に客がいなければ、ただちにサービスを受けるが、先客がいると、忍耐強い客は待ち、忍耐できない客は系を去って、他の用事をしてまた戻ってくるとする。この回数に制限はない。忍耐強い客を優先客、忍耐強くない客を普通客とすれば、定理 10.2 の形になる。

第十一章　時間制限式サービス規則

サービス中にタイマーが鳴るとある出来事が起き、サービスに何らかの影響を与えるとき、時間制限式サービス規則と呼ぶ。この規則を持つサービスには完了時間が有効であり、この上の短過程の時間 (到着) 平均 PGF $\Pi(z : \oplus)$ を求め、これを第八章の M/CT/1、M/CT/1/N$_{policy}$、M/CT/1/MV 等に組み込めば、出来事に対応した PGF を得る。

このように言えば味気ないが、この結果は、故障しやすい機械を使っての作業、ある生産モデル、それに割り込み優先権モデルに応用できる。追加客や到着率の変更も考えられ、この種のサービスは現実に合わせたモデル構築に役立つ。

11.1　時間制限式サービス

時間制限式サービス (Time-limited service) とは、タイマー (時計) があって、サービスと同時に開始し、そのサービス中に鳴ると、何らかの出来事がそのサービスに起きるサービス方式を指す。ただし本章での出来事は休憩が生じたり、残りのサービス時間に変更が生じたりするものである。他の出来事は最後章で言及する。またタイマーが鳴るまでの時間はサービス時間とは独立で、母数 ζ の指数分布をする。

二つ例を挙げておこう。

例 11.1　故障しやすいが、高価なのでこのまま使っている機械がある。作業中に時々停止する。原因はわかっていて、作業員が容易に原因を除去し、再開できるとする。この場合の出来事とは、機械が止まり、原因除去作業の時間だけ本来の仕事ができないことである。

例 11.2　例 10.5 に類似して A、B 二種類の作業を一人の作業員が行っているとする[1]。図 11.1 の生産系では A に無限の未加工品がある。作業員は A の一つの未加工品を手作業して機械にかける。機械の動作中は B の仕事を行う。B の未加工品はポアソン到着し、加工されて他工程に行く。求めるのは B の系内未加工品数

---

[1] この型の生産モデルを議論したのは、L.W.Liu, K.Adachi, M.Kowada の論文 (Queueing Systems Vol.4, 1989 年) が最初であろう。

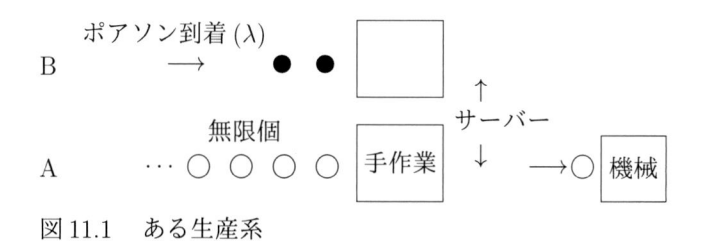

図 11.1　ある生産系

の時間 (到着) 平均分布である。B の一つの仕事が終わったときまだ機械が動いていると、次の B の仕事があれば、それにとりかかる。終了していると機械から製品を取り外す。取り外し時間は 0 とする。続いて A の手作業を行う。機械の処理時間をタイマーと見なし、この時間が指数分布をするならば、B の仕事開始に合わせてタイマーも開始することと同等になる。ならば、B の仕事は、タイマーが鳴れば、その仕事の終了直後に休憩 (A の仕事) をとる時間制限式サービスになる。

　8.2 と 8.4 節の式に、サービス時間の完了時間を適用すると、次の時間 (到着) 平均 PGF が得られる。

$$(11.1) \qquad \Pi(z:M/CT/1) = (1 - \lambda m_\oplus)\Big(1 + \frac{\lambda m_\oplus(1-z)}{C_\oplus^*(\lambda - \lambda z) - z}\Pi(z:\oplus)\Big),$$

$$(11.2) \qquad \Pi\big(z:{}^{M/CT/1}_{/N_{policy}}\big) = \frac{1-z^N}{N(1-z)}\Pi(z:M/CT/1),$$

$$(11.3) \qquad \Pi\big(z:{}^{M/CT/1}_{/MV(V_1)}\big) = \Pi^R(z:V_1)\Pi(z:M/CT/1).$$

ただし、$\lambda m_\oplus < 1$、かつ $V_1(x)$ は、空のときの多重休憩の確率分布関数、v_1 と $V_1^*(s)$ はその期待値と LST である。

　本章の出来事は最後節以外は休憩として、$\Pi(z:\oplus)$ を求める。休憩も一般化して短過程にしてもよいが、典型的な応用が見つからないので、休憩のままにする。

　休憩の取り方について、次の規則 2-2 以外はタイマーが鳴るのはサービス中高々 1 回である。

　規則 1-1(非割り込み型). サービス中にタイマーが鳴ると、そのサービス終了後に休憩をとる。

　規則 1-2 (非割り込み型). タイマーが鳴ってもサービスは続けるが、残りサービス時間の分布は $B_0(x)$ となる。そのサービスが終了すると休憩を取る。

規則 1-3 (割り込み型). タイマーが鳴ると、サービスはただちに打ち切られ、客は系を去り、サーバーは休憩をとる。

規則 2-1 (割り込み型). タイマーが鳴ると、ただちに休憩をとる。休憩が終わると残りサービス時間が再開される。

規則 2-2 (割り込み型). 規則 2-1 において、残りサービス時間でもタイマーが働く。よって一つのサービスに複数回休憩を取りうる。

規則 2-3 (割り込み型). タイマーが鳴ると、ただちにサーバーは休憩をとる。休憩が終わると、サービスが再開されるがその分布関数は $B_0(x)$ である。

これら各規則で $\Pi(z : \oplus)$ を求め、(11.1)〜(11.3) に代入しよう。単一到着とするが、集団到着への拡張は可能である。以前と同じ記号 λ, $B(x)$, b, $B^*(s)$, $C_\oplus(x)$, $m_\oplus$, $C_\oplus^*(s)$ を使う。完了時間内の休憩には v, $V^*(s)$ を使い、M/CT/1/MV の多重休憩には v_1, $V_1^*(s)$ を使う。1.6 節の入力表現で言えば、客はマーク $\boldsymbol{\tau}_n$ の要素にタイマー時間も入れている。

完了時間がサービス時間で始まるならば、到着から完了時間の開始までが、客の待ち時間である。この極限分布 (=(到着平均分布)) は、9.2 節の結果を完了時間に置き換えて次のように得られる[2]。

$\lambda m_\oplus < 1$ の条件下で、

$$(11.4) \qquad W^*(s : M/CT/1) = \frac{(1 - \lambda m_\oplus)s}{\lambda C_\oplus^*(s) - \lambda + s},$$

$$(11.5) \qquad W^*\!\left(s : {}^{M/CT/1}_{/N policy}\right) = \frac{1 - \lambda m_\oplus}{N\lambda^{N-1}} \times \frac{\lambda^N - (\lambda - s)^N}{\lambda C_\oplus^*(s) - \lambda + s},$$

$$(11.6) \qquad W^*\!\left(s : {}^{M/CT/1}_{/MV(V_1)}\right) = \frac{1 - V_1^*(s)}{v_1 s} W^*(s : M/CT/1).$$

11.2 準備のための定理

次の二つの定理は、伊藤清三 [ルベーグ積分入門] からほぼ書き写したものである。言葉の定義や証明等はそちらを参照していただきたい。

定理 11.1(積分変数の変換) $(X, \sigma(X), \mu)$ を測度空間とし、Φ をこの空間上

---

[2]ここは完了時間を使ったが、時間制限式のサービス時間をもった待ち行列系の待ち時間分布の LST の多くは、最初は片山勁氏が見出した。

の加法的集合関数で、μ に関して絶対連続、したがって

$$\Phi(E) = \int_E \varphi(x)d\mu(x), \qquad E \in \sigma(X)$$

と表される可測関数 $\varphi(x)$ が存在する。このとき $\sigma(X)$ 可測関数 $f(x)$ が X の上で Φ の全変動 V_Φ について可積分なことと、$f(x)\varphi(x)$ が X の上で μ について可積分なこととは同等であって、

$$\int_X f(x)d\Phi(x) = \int_X f(x)\varphi(x)d\mu(x).$$

定理 11.2(部分積分法)　開区間 (s,t) において $F(x)$ は連続で有界変動、$\varphi(x)$ は有界変動とすると

$$\int_s^t \varphi(x)dF(x) = F(t)\varphi(t) - F(s)\varphi(s) - \int_s^t F(x)d\varphi(x).$$

系 1(部分積分法)　開区間 (s,t) において $f(x)$ はルベーグ積分可能、$\varphi(x)$ は有界変動とする。$F(x) = \int_a^x f(y)dy$ とおくと

$$\int_s^t f(x)\varphi(x)dx = F(t)\varphi(t) - \int_s^t F(x)d\varphi(x).$$

定理 11.2 と系 1 は $\varphi(x)$ が連続でなくてもよいことが我々には役立つ。つまりそれが確率分布関数であってもよいのである。例えば、次が成立する。

系 2　$B(x)$ は確率分布関数。$f(x)$ は $f(0) = 0$ かつ $\int_0^\infty f(x)dB(x) < \infty$ を満たす非負の微分可能な連続関数とする。ならば、

$$\int_0^\infty f(x)dB(x) = \int_0^\infty f'(x)\{1 - B(x)\}dx.$$

(証明)　$f(x) = \int_0^x f'(y)dy$ と表す。ならば系 1 の $F(x)$ に $f(x)$ を、$\varphi(x)$ に $B(x)$ を代入し、$s = 0$ とおけば、任意の正の数 t について

$$\int_0^t f'(x)B(x)dx = B(t)\int_0^t f'(x)dx - \int_0^b f(x)dB(x)$$

が成立する。ここで $t \to \infty$ とすればこの系が出る。　　　　　　　□

$f(x) = x$ を系 2 に代入すれば、関係式 $b = \int_0^\infty (1 - B(x))dx$ を得る。

次にタイマーが鳴るまでの時間 T とサービス時間 S の関係を述べよう。二つは同時に開始し、T は母数 ζ の指数分布をするとする。到着率 ζ のポアソン到着では S の間の到着客数の PGF は $B^*(\zeta - \zeta z)$ であるから (1.14 節)、

$$(11.7) \qquad Pr(S < T) = B^*(\zeta)$$

が得られる。

以下では、例えば右連続非減少関数 $F(x) = Pr(S \le x, \ S < T)$ による積分を

$$\int_0^\infty f(x)dPr(S \le x, \ S < T)$$

と表す[3]。

補助定理 11.1　(1)　$S < T$ なる条件下での S の分布の LST と期待値はそれぞれ

$$\frac{B^*(s + \zeta)}{B^*(\zeta)}, \qquad -\frac{B^{*\prime}(\zeta)}{B^*(\zeta)}.$$

(2)　$T < S$ なる条件下での S の分布の LST と期待値はそれぞれ

$$\frac{B^*(s) - B^*(s + \zeta)}{1 - B^*(\zeta)}, \qquad \frac{b + B^{*\prime}(\zeta)}{1 - B^*(\zeta)}.$$

(3)　$T < S$ なる条件下での T の分布の LST と期待値はそれぞれ[4]

$$\frac{\zeta(1 - B^*(s + \zeta))}{(1 - B^*(\zeta))(s + \zeta)}, \qquad \frac{B^{*\prime}(\zeta)}{1 - B^*(\zeta)} + \frac{1}{\zeta}.$$

(4)　$Y(T, S) = max\{S - T, 0\}$ とすると、$Y(T, S)$ の分布の LST と期待値[5]は

$$\frac{sB^*(\zeta) - \zeta B^*(s)}{s - \zeta}, \qquad \frac{b\zeta - 1 + B^*(\zeta)}{\zeta}.$$

(5)　$T < S$ なる条件下での $S - T$ の分布の LST と期待値は

$$\frac{\zeta\{B^*(\zeta) - B^*(s)\}}{(1 - B^*(\zeta))(s - \zeta)}, \qquad \frac{b\zeta - 1 + B^*(\zeta)}{\zeta(1 - B^*(\zeta))}.$$

---

[3]この補助定理の5つの期待値は正になることを数式からも言えることを確認しよう。$0 < b < \infty$ は 1.14 節。(1) は明らか。(2) は $B^{*\prime}(0) = -b$、かつ $B^{*\prime\prime}(s) > 0$ より、$b + B^{*\prime}(s)$ は s の増加関数。(3)(4)(5) は 1.13 節で保証されている。

[4]この LST は、$\zeta \to 0$ とすると、$(1 - B^*(s))/(bs)$ となる。これは、4.1 節に述べた待ち時間研究の基本 LST である。

[5]この期待値が正になることは 1.13 節の第四でも述べた。

（証明）(1) (11.7) より [6]

$$Pr(S \leq x | S < T) = \frac{Pr(S \leq x, S < T)}{Pr(S < T)} = \frac{1}{B^*(\zeta)} \int_0^x e^{-\zeta y} dB(y).$$

定理 11.1 の積分変数の変換公式から

$$\int_0^\infty e^{-sx} dPr(S \leq x | S < T) = \frac{1}{B^*(\zeta)} \int_0^\infty e^{-(s+\zeta)x} dB(x) = \frac{B^*(s+\zeta)}{B^*(\zeta)}.$$

期待値はこれを微分して得られる。

$$\begin{aligned}(2) \quad Pr(S \leq x | T < S) &= \frac{Pr(S \leq x, T < S)}{Pr(T < S)} \\ &= \frac{Pr(S \leq x) - Pr(S \leq x, S < T)}{1 - B^*(\zeta)}\end{aligned}$$

であるから、$\displaystyle\int_0^\infty e^{-sx} dPr(S \leq x | T < S)$ は定理の式になる。期待値はこれを微分して得られる。

$$\begin{aligned}(3) \quad Pr(T \leq x | T < S) &= \frac{Pr(T \leq x, \ T < S)}{Pr(T < S)} \\ &= \{1 - B^*(\zeta)\}^{-1} \int_0^x (1 - B(y))\zeta e^{-\zeta y} dy.\end{aligned}$$

この形は確率密度関数を持っているので、この分布の LST は

$$\begin{aligned}\int_0^\infty e^{-sx} dPr(T \leq x | T < S) &= \{1 - B^*(\zeta)\}^{-1} \int_0^\infty e^{-sx}(1 - B(x))\zeta e^{-\zeta x} dx \\ &= \frac{\zeta}{(1 - B^*(\zeta))(s+\zeta)} \int_0^\infty (1 - e^{-(s+\zeta)x}) dB(x) \quad \cdots \text{系 2 から} \\ &= \frac{\zeta(1 - B^*(s+\zeta))}{(1 - B^*(\zeta))(s+\zeta)}\end{aligned}$$

となる。期待値はこれを微分して得られる。

(4) x を固定すると $\displaystyle\int e^{-sY(t,x)} dP_T(t) = \int_0^x e^{-s(x-t)}\zeta e^{-\zeta t} dt + e^{-\zeta x}$ であるから、

---

[6] $s \leq x, \ s < t$ ならば、$h(s,t) = 1$、さもなければ、$h(s,t) = 0$ とすると、$Pr(S \leq x, \ S < T) = \int_0^\infty \int_0^\infty h(s,t) dP_T(t) dB(s).$ これにフビニの定理を適用する。他も同様。

$Y(T,S)$ の LST $F_Y^*(s)$ は、

$$
\begin{aligned}
F_Y^*(s) &= \int\int e^{-sY(t,x)}dP_T(t)dB(x)\\
&= B^*(\zeta) + \int_0^\infty \int_0^x \zeta e^{-sx}e^{-(\zeta-s)t}dtdB(x)\\
&= B^*(\zeta) - \frac{\zeta}{\zeta-s}\int_0^\infty e^{-sx}\{e^{-(\zeta-s)x}-1\}dB(x)\\
&= \frac{s}{s-\zeta}B^*(\zeta) - \frac{\zeta}{s-\zeta}B^*(s).
\end{aligned}
$$

期待値はこれを微分して得られる。

(5) $T<S$ なる条件下での $S-T$ の確率分布関数を $F_{S-T}^{T<S}(x)$、その LST を $F_{S-T}^{T<S*}(s)$ とする。$x\geq 0$ ならば、

$$
\begin{aligned}
Pr(Y(S,T)\leq x) &= Pr(S-T\leq x,\ T\leq S) + Pr(S<T)\\
&= \{1-B^*(\zeta)\}F_{S-T}^{T<S}(x) + B^*(\zeta).
\end{aligned}
$$

よって $F_Y^*(s) = B^*(\zeta) + \{1-B^*(\zeta)\}\int_0^\infty e^{-sx}dF_{S-T}^{T<S}(x)$ となるから、

$$
\begin{aligned}
F_{S-T}^{T<S*}(s) &\equiv \int_0^\infty e^{-sx}dF_{S-T}^{T<S}(x)\\
&= \frac{1}{1-B^*(\zeta)}\Big\{F_Y^*(s) - B^*(\zeta)\Big\}\\
&= \frac{1}{1-B^*(\zeta)}\Big\{\frac{s}{s-\zeta}B^*(\zeta) - \frac{\zeta}{s-\zeta}B^*(s) - B^*(\zeta)\Big\}\\
&= \frac{\zeta\big(B^*(\zeta)-B^*(s)\big)}{(1-B^*(\zeta))(s-\zeta)}.
\end{aligned}
$$

期待値はこれを微分して得られる。 □

ついでながら $T<S$ の条件下で $\zeta\to 0$ を調べる。これは後章で役立つ。

定理 11.3

$$
\begin{aligned}
\lim_{\zeta\to 0} E(S|T<S) &= \frac{B^{*\prime\prime}(0)}{b} > b,\\
\lim_{\zeta\to 0} E(T|T<S) &= \lim_{\zeta\to 0} E(S-T|T<S) = \frac{B^{*\prime\prime}(0)}{2b}.
\end{aligned}
$$

(証明) 補助定理 11.1 で得た各期待値にロピタルの定理を適用すればよい。な お、1.13 節の仮定 1.5 と分散の式から、$B^{*''}(0)/b > b$ である。 $\qquad\square$

この定理は $T < a$ の条件下での T の分布 $Pr(T < x | T < a) = \dfrac{1 - e^{-\zeta x}}{1 - e^{-\zeta a}}$ が $\zeta \to 0$ のとき一様分布 x/a に向かうことの一般化でもある。

11.3 規則 1-1, 規則 1-2, 規則 1-3

11.3.1 確率母関数 $\Pi(z : M/CT/1)$

規則 1-1, 1-2, 1-3 について $C_{\oplus}^{*}(s)$ と $\Pi(z : \oplus)$ を求めよう。それらを (11.1) に 代入すれば、M/CT/1 の系内客数の μ 平均 PGF が得られる。これらの規則では 客が系を去った後に休憩するから、$\Pi(z : \oplus)$ は、実際のサービス時間上の累積過 程と休憩時間上の累積過程の組み合わせになる。実際のサービス時間を $\tilde{S}$ とす る。$S < T$ ならば $\tilde{S} = S$ である。$T < S$ ならば、規則によって $\tilde{S}$ は異なる。 $B_{\tilde{S}}(x)$, $b_{\tilde{S}}$ それに $B_{\tilde{S}}^{*}(s)$ は $\tilde{S}$ の分布関数、期待値、LST とする。$B_{\tilde{S}}^{*}(s : T < S)$ は、$T < S$ の条件下における $\tilde{S}$ の分布の LST とする。

まずどの規則でも言える式を引き出そう。補助定理 11.1 から

$$
\begin{aligned}
B_{\tilde{S}}^{*}(s) &\equiv \int_{0}^{\infty} e^{-sx} dPr(\tilde{S} \leq x) \\
&= \int_{0}^{\infty} e^{-sx} dPr(S \leq x, \ S < T) + \int_{0}^{\infty} e^{-sx} dPr(\tilde{S} \leq x, \ T < S) \\
&= B^{*}(s + \zeta) + (1 - B^{*}(\zeta))B_{\tilde{S}}^{*}(s : T < S).
\end{aligned}
$$

これから

$$
(11.8) \qquad B_{\tilde{S}}^{*}(s : T < S) = \frac{B_{\tilde{S}}^{*}(s) - B^{*}(s + \zeta)}{1 - B^{*}(\zeta)}.
$$

サービス開始からその後の休憩の終了までを客の完了時間 CT とすると、

$$
CT = \begin{cases} \tilde{S} = S & : \ S \leq T \ \text{のとき} \\ \tilde{S} + V & : \ T < S \ \text{のとき} \end{cases}
$$

と表される。CT の分布の LST が $C_{\oplus}^*(s)$ であるから、

$$
\begin{aligned}
C_{\oplus}^*(s) &\equiv \int_0^\infty e^{-sx} dPr(CT \le x) \\
&= \int_0^\infty e^{-sx} dPr({}_{S<T}^{S \le x}) + \int_0^\infty e^{-sx} dPr({}_{T<S}^{\tilde{S}+V \le x}) \\
&= B^*(s+\zeta) + (1 - B^*(\zeta)) B_{\tilde{S}}^*(s : T < S) V^*(s) \\
(11.9) \qquad &= B^*(s+\zeta) + \big(B_{\tilde{S}}^*(s) - B^*(s+\zeta)\big) V^*(s).
\end{aligned}
$$

期待値 $m_{\oplus} = E(CT) = -C_{\oplus}^{*\prime}(0)$ は CT の定義式から

$$
(11.10) \qquad\qquad m_{\oplus} = b_{\tilde{S}} + v(1 - B^*(\zeta)).
$$

次に各規則で、$B_{\tilde{S}}^*(s)$ と $C_{\oplus}^*(s)$ を求めよう。規則 1-1 では $\tilde{S} = S$ である。よって $b_{\tilde{S}} = b$ かつ $B_{\tilde{S}}^*(s) = B^*(s)$ である。(11.9)(11.10) から

$$
m_{\oplus} = b + v(1 - B^*(\zeta)),
$$
$$
(11.11) \qquad C_{\oplus}^*(s) = B^*(s+\zeta) + \big(B^*(s) - B^*(s+\zeta)\big) V^*(s).
$$

規則 1-2 における S_0 を新サービス時間としよう。$B_0(x)$, b_0, $B_0^*(s)$ はそれぞれその分布関数、期待値、LST とする。

$$
\tilde{S} = \begin{cases} S & : S \le T \text{ のとき} \\ T + S_0 & : T < S \text{ のとき} \end{cases}
$$

であるので、

$$
\begin{aligned}
B_{\tilde{S}}^*(s) &= \int_0^\infty e^{-sx} dPr(\tilde{S} \le x) \\
&= \int_0^\infty e^{-sx} dPr(S \le x | S < T) + \int_0^\infty e^{-sx} dPr(T + S_0 \le x | T < S) \\
&= B^*(s+\zeta) + \frac{\zeta(1 - B^*(s+\zeta)) B_0^*(s)}{s+\zeta}, \qquad \cdots \text{補助定理 11.1.}
\end{aligned}
$$

これを微分して $b_{\tilde{S}} = (\zeta^{-1} + b_0)(1 - B^*(\zeta))$ を得る。(11.9)(11.10) に代入して、

$$
m_{\oplus} = (\zeta^{-1} + b_0 + v)(1 - B^*(\zeta)),
$$
$$
C_{\oplus}^*(s) = B^*(s+\zeta) + \frac{\zeta(1 - B^*(s+\zeta)) B_0^*(s) V^*(s)}{s+\zeta}
$$

が得られる。

規則 1-3 は規則 1-2 の特殊な場合であり、$\tilde{S} = \min\{S, T\}$, $b_{\tilde{S}} = \dfrac{1 - B^*(\zeta)}{\zeta}$. 後ほどこの場合を利用するので、$S \wedge T \equiv \min\{S, T\}$ と表す。ならば、

$$F^*_{S \wedge T}(s) = B^*_{\tilde{S}}(s) = B^*(s + \zeta) + \frac{\zeta(1 - B^*(s + \zeta))}{s + \zeta}$$
$$= \frac{\zeta + s B^*(s + \zeta)}{s + \zeta}.$$

期待値は $E(S \wedge T) = \{1 - B^*(\zeta)\}/\zeta$. $B^{*(n)}(0) = \infty$ であっても、$F^{*(n)}(0) = (-1)^n n! \zeta^{-n} + \sum_{i=0}^{n-1} \frac{n!}{i!}(-\zeta)^{n-i+1} B^{*(i)}(\zeta)$ より $F^{*(n)}(0) < \infty$ である。さらに

$$C^*_\oplus(s) = B^*(s + \zeta) + \frac{\zeta(1 - B^*(s + \zeta))V^*(s)}{s + \zeta}.$$
$$m_\oplus = (\zeta^{-1} + v)(1 - B^*(\zeta)).$$

これらを次式に代入すれば、各規則について $\Pi(z : M/CT/1)$ が得られる。

定理 11.4　規則 1-1、1-2、1-3 においては、$\lambda m_\oplus < 1$ の条件下において

$$\Pi(z : M/CT/1) = \frac{(1 - \lambda m_\oplus)(1 - z)B^*_{\tilde{S}}(\lambda - \lambda z)}{C^*_\oplus(\lambda - \lambda z) - z}.$$

(証明) $\oplus$ はサービス時間 $\tilde{S}$ 上の累積過程と休憩時間 V 上の累積過程からなっている。4.1 節の記号 $\Pi^R(z : \Gamma)$ を使うと、定理 2.5 より

$$\Pi(z : \oplus) = \alpha_1 b_{\tilde{S}} z \Pi^R(z : B_{\tilde{S}}) + \alpha_2 v \Pi^l(z) \Pi^R(z : V),$$
$$\alpha_1 : \alpha_2 = 1 : Pr(T < S), \quad \alpha_1 b_{\tilde{S}} + \alpha_2 v = 1.$$

この式で $\Pi^l(z)$ は条件 $T < S$ の下で実際のサービス時間 $\tilde{S}$ 中に来た客数の PGF $\Pi^l(z) = B^*_{\tilde{S}}(\lambda - \lambda z : T < S)$ であるから、(11.8) を利用できる。$Pr(T < S) = 1 - B^*(\zeta)$ より、$\alpha_1 = 1/m_\oplus$, $\alpha_2 = (1 - B^*(\zeta))/m_\oplus$. こうして得た $\Pi(z : \oplus)$ を (11.1) に入れれば定理が得られる。　　　　　　□

(11.2)(11.3) に本定理を適用して、$\Pi\left(z : {}^{M/CT/1}_{/N_{policy}}\right)$ と $\Pi\left(z : {}^{M/CT/1}_{/MV(V_1)}\right)$ も得られる。

11.3.2 $p_{I,n}$ を算出する。

$\Pi(z : M/CT/1)$ の $p_{I,n}$ を計算してみよう。定理 10.4 の式の分母、分子を

$$C(z) = C_{\oplus}^*(\lambda - \lambda z) - z, \quad D(z) = (1 - \lambda m_{\oplus})(1 - z)B_{\tilde{S}}^*(\lambda - \lambda z)$$

とおく。4.4 節の記号において、$f_n^F(x)$ を $f_n(x : F)$ と表すと、

$$\tilde{C}_{I,n} = f_n(\lambda_I : C_{\oplus}^*) - \chi_n(I),$$
$$\tilde{D}_{I,n} = -(1 - \lambda m_{\oplus})\Big\{(I - 1)f_n(\lambda_I : B_{\tilde{S}}^*) + f_{n-1}(\lambda_I : B_{\tilde{S}}^*)\Big\}$$

である。

$$\tilde{C}_{0,0} = C_{\oplus}^*(\lambda) \neq 0, \quad \tilde{C}_{1,0} = C_{\oplus}^*(0) - 1 = 0, \quad \tilde{C}_{1,1} = -C_{\oplus}^{*\prime}(0) - 1 = m_{\oplus} - 1 \neq 0$$

であるから $q = I$ である。

規則 1-1 に適用してみよう。この場合は、$\tilde{S} = S$ であるから、(11,11) より、

$$1 - \lambda m_{\oplus} = 1 - \lambda b - \lambda v(1 - B^*(\zeta)), \qquad f_n(\lambda_I : B_{\tilde{S}}^*) = f_n^B(\lambda_I),$$
$$f_n(\lambda_I : C_{\oplus}^*) = f_n^B(\lambda_I + \zeta) + \sum_{i=0}^{n}\Big\{f_{n-i}^B(\lambda_I) - f_{n-i}^B(\lambda_I + \zeta)\Big\}f_i^V(\lambda_I).$$

これらを上記 $\tilde{C}_{I,n}$, $\tilde{D}_{I,n}$ の式に代入して、1.12.2 節の $p_{I,n}$ 導出式 (図 5.4 の型参照) に入れると $p_{I,n}$ が得られる。表 11.1

はサービス分布と休憩分布を一定にして ζ を変化させた計算結果である。

11.4 割り込み規則

規則 2-1、2-2、2-3 の割り込み規則では、完了時間は客のサービス開始から退去時点までとしよう。この完了時間の分布の期待値と LST をそれぞれ $m_{\oplus}$, $C_{\oplus}^*(s)$ で表す。完了時間中客は系にいるから

$$\Pi(z : \oplus) = \frac{z\{1 - C_{\oplus}^*(\lambda - \lambda z)\}}{\lambda m_{\oplus}(1 - z)}.$$

これを (11.1) に代入すれば次の定理を得る。すなわち M/G/1 のサービス時間を完了時間に置きかえればよい。

系内客数	M/G/1 b=0.6	規則 1-1 の M/CT/1			
		$\zeta = 0.01$	$\zeta = 0.1$	$\zeta = 1$	$\zeta = 3$
0	0.4	0.39776	0.37803	0.21995	0.03000
1	0.2912	0.29043	0.28326	0.19961	0.03327
2	0.15759	0.15796	0.16075	0.15005	0.03219
3	0.07832	0.07905	0.08517	0.11081	0.03098
4	0.03792	0.03858	0.04444	0.08211	0.02989
5	0.01821	0.01870	0.02314	0.06098	0.02886
6	0.00873	0.00905	0.01206	0.04532	0.02788
7	0.00418	0.00438	0.00629	0.03368	0.02692
8	0.00200	0.00212	0.00328	0.02503	0.02600
9	0.00096	0.00102	0.00171	0.01861	0.02511
10	0.00046	0.00050	0.00089	0.01383	0.02425
15	0.00001	0.00001	0.00003	0.00314	0.02038
20	0.00000	0.00000	0.00000	0.00071	0.01712

サービス分布は $E_3(5)$、休憩分布は $E_4(8)$。

表 11.1　時間制限式規則 1-1 の系内客数の分布

定理 11.5　規則 2-1、2-2、2-3 において

$$\Pi(z : M/CT/1) = \frac{(1 - \lambda m_\oplus)(1 - z)C_\oplus^*(\lambda - \lambda z)}{C_\oplus^*(\lambda - \lambda z) - z}.$$

この定理から $m_\oplus$ と $C_\oplus^*(s)$ を得れば十分である。規則 2-1 と規則 2-3 の完了時間はそれぞれ規則 1-1 と規則 1-2 のそれに同じであるから、規則 2-1 では

$$C_\oplus^*(s) = B^*(s + \zeta) + \{B^*(s) - B^*(s + \zeta)\}V^*(s),$$
$$m_\oplus = b + v(1 - B^*(\zeta)).$$

規則 2-3 では

$$C_\oplus^*(s) = B^*(s + \zeta) + \frac{\zeta\{1 - B^*(s + \zeta)\}B_0^*(s)V^*(s)}{s + \zeta},$$
$$m_\oplus = (\zeta^{-1} + b_0 + v)(1 - B^*(\zeta)).$$

最後に規則 2-2 であるが、一つのサービスが n 回中断されると、客の完了時間は $S + V_1 + \cdots + V_n$ となる。中断は母数 ζ の指数分布で起こるから、1.16 節と同様に、次が得られる。

(11.11)　　　$C_\oplus^*(s) = B^*(s + \zeta - \zeta V^*(s)), \quad m_\oplus = b(1 + \zeta v).$

11.5 $S < T$ となる個数

M/G/1 の一つの稼働期間内でサービスを受ける客数 Γ の PGF は 1.15.3 節で得た。ここでは時間制限式において、稼働期間内で $S < T$ となる客数 X の PGF $\Gamma_{S<T}(z : \bullet)$ を求める。結果は後章で使う。全ての客がたまたま $S < T$ となっていれば、再生間隔も短くなりがちであり、Γ も小さくなりがちであろう。よって Γ と X は独立ではない。

稼働期間最初の完了時間に K 人来たとする。その完了時間が終わると、後着順では M/CT/1 の稼働期間が K 個続く。これらの稼働期間において $S < T$ となる回数を $X_1, \cdots, X_K$ とする。ならば

$$X = \begin{cases} X_1 + \cdots + X_K & : \text{最初の客が } S \geq T, \\ 1 + X_1 + \cdots + X_K & : \text{最初の客が } S < T. \end{cases}$$

最初の客が $S \geq T$ か $S < T$ かで分けると、

$$\Gamma_{S<T}(z) = \sum_{j=0}^{\infty} z^j Pr(X = j)$$

$$= Pr(S \geq T) \sum_{j=0}^{\infty} Pr(X = j | S \geq T) z^j + Pr(S < T) \sum_{j=0}^{\infty} Pr(X = j | S < T) z^j$$

$$= Pr(S \geq T) \sum_{j=0}^{\infty} \sum_{k=0}^{\infty} Pr\big(\substack{X_1 + \cdots + X_k \\ = j} \big| \substack{K=k, \\ S \geq T}\big) Pr(K = k | S \geq T) z^j$$

$$+ Pr(S < T) \sum_{j=1}^{\infty} \sum_{k=0}^{\infty} Pr\big(\substack{X_1 + \cdots + X_k \\ = j-1} \big| \substack{K=k, \\ S < T}\big) Pr(K = k | S < T) z^j$$

X と X_i は同じ PGF $\Gamma_{S<T}(z)$ をもっているから

$$= Pr(S \geq T) \sum_{k=0}^{\infty} \Gamma_{S<T}(z)^k Pr(K = k | S \geq T)$$

$$+ Pr(S < T) \sum_{k=0}^{\infty} z \Gamma_{S<T}(z)^k Pr(K = k | S < T).$$

$S \geq T$ または $S < T$ の条件下での完了時間の分布の LST をそれぞれ $C_{\oplus}^*(s : S \geq T)$、$C_{\oplus}^*(s : S < T)$ とする。この間の到着客数の PGF は、それぞれ

$C_\oplus^*(\lambda - \lambda z : S \geq T)$、$C_\oplus^*(\lambda - \lambda z : S < T)$ となるので、上式から方程式

$$(11.12) \qquad \Gamma_{S<T}(z) = (1 - B^*(\zeta))C_\oplus^*\big(\lambda - \lambda\Gamma_{S<T}(z) : S \geq T\big)$$
$$+ zB^*(\zeta)C_\oplus^*\big(\lambda - \lambda\Gamma_{S<T}(z) : S < T\big)$$

を得る。

例えば、規則 1-1 の非割り込み型、または規則 2-1 の割り込み型では、補助定理 11.1 から

$$C_\oplus^*(s : S < T) = \frac{B^*(s + \zeta)}{B^*(\zeta)},$$
$$C_\oplus^*(s : S \geq T) = \frac{\big(B^*(s) - B^*(s + \zeta)\big)V^*(s)}{1 - B^*(\zeta)}$$

である。これらを (11.12) に代入すれば、次を得る。

$$(11.13) \quad \Gamma_{S<T}(z : \bullet) = \Big\{B^*\big(\lambda - \lambda\Gamma_{S<T}(z : \bullet)\big) - B^*\big(\lambda - \lambda\Gamma_{S<T}(z : \bullet) + \zeta\big)\Big\}$$
$$\times V^*\big(\lambda - \lambda\Gamma_{S<T}(z : \bullet) + zB^*\big(\lambda - \lambda\Gamma_{S<T}(z : \bullet) + \zeta\big).$$

これから $\Gamma_{S<T}(z : \bullet)$ の陽表現は引き出せないが、積率は求まる。例えば、

$$\Gamma'_{S<T}(1 : \bullet) = \frac{B^*(\zeta)}{1 - \lambda b - \lambda v(1 - B^*(\zeta))} = \frac{B^*(\zeta)}{1 - \lambda m_\oplus}.$$

$\mathrm{M/CT/1/MV}(V_1)$ の場合は、一つの休憩時間に到着する客数を K とすれば、後着順では、休憩時間直後から $\mathrm{M/CT/1}$ の稼働期間が K 個続く。K の PGF $V_1^*(\lambda - \lambda z)$ と (11.13) の PGF $\Gamma_{S<T}(z : \bullet)$ を使って次が得られる。

$$\Gamma_{S<T}\big(z :_{/MV}^{M/G/1}\big) = \sum_{k=0}^{\infty} \Gamma_{S<T}(z : \bullet)^k Pr(K = k)$$
$$= V_1^*\big(\lambda - \lambda\Gamma_{S<T}(z : \bullet)\big),$$
$$\Gamma'_{S<T}\big(z :_{/MV}^{M/G/1}\big) = \frac{\lambda v_1 B^*(\zeta)}{1 - \lambda m_\oplus}.$$

11.6 加工工程モデルへの応用

図 11.1 に示した A と B の作業工程において、B の系内未加工品数の時間 (到着) 平均 PGF を求めてみよう。$B(x)$ は B の仕事時間の分布関数、$V(x)$ は A の手作

業時間の分布関数、機械の処理時間は母数 ζ の指数分布に従うとし、機械の処理時間をタイマーと見なすと、B の仕事開始とともにタイマーも始まる。規則 1-1 から規則 2-3 のいずれもありうる。

B の仕事は M/CT/1 の稼働期間上の短過程と M/CT/1/MV(V) の短過程のどちらかに入るから定理 10.2 の形になっていて、

$$\Pi(z) = \alpha_1 \frac{1}{\lambda(1 - \lambda m_\oplus)} \Pi(z : M/CT/1) + \alpha_2 \frac{v}{1 - \lambda m_\oplus} \Pi\left(z : {}^{M/CT/1}_{/MV(V)}\right)$$

と表される。サーバーが手空きになる時点を再生時点にして、再生過程になっているから α_1, α_2 が存在して

$$\alpha_1 : \alpha_2 = \lambda : \zeta, \qquad \alpha_1 \frac{1}{\lambda(1 - \lambda m_\oplus)} + \alpha_2 \frac{v}{1 - \lambda m_\oplus} = 1$$

である。これを解けば

$$\Pi(z) = \frac{1}{1 + v\zeta}\left\{\Pi\left(z : M/CT/1\right) + v\zeta\Pi\left(z : {}^{M/CT/1}_{/MV(V)}\right)\right\},$$

$$W^*(s) = \frac{1}{1 + v\zeta}\left\{W^*\left(s : M/CT/1\right) + v\zeta W^*\left(s : {}^{M/CT/1}_{/MV(V)}\right)\right\}$$

が得られる。

再生間隔の期待値は次のとおり。

$$\frac{1}{\lambda + \zeta} + \frac{\lambda}{\lambda + \zeta} \times \frac{m_\oplus}{1 - \lambda m_\oplus} + \frac{\zeta}{\lambda + \zeta} \times \frac{v}{1 - \lambda m_\oplus} = \frac{1 + \zeta v}{(\lambda + \zeta)(1 - \lambda m_\oplus)}$$

11.7　他の時間制限式サービス規則

タイマーが鳴るときの出来事として、休憩以外にもいろいろ想像できる。ここでは追加客と到着率の変更を考える。追加客の場合、追加客のサービス時間の分布関数も $B(x)$ とする。一度に追加される客数の PGF を $H(z)$ とする。追加は 1 サービス時間に高々 1 回とする。

この場合は完了時間とサービス時間は同じである。$\beta = E(S - T | T < S)$ とする。時間平均で調べると

$$\Pi(z : \oplus) = \alpha_1 E(S \wedge T) \frac{z\{1 - B^*_{S \wedge T}(\lambda - \lambda z)\}}{\lambda E(S \wedge T)(1 - z)}$$
$$+ \alpha_2 \beta \Pi^l(z) H(z) \frac{z\{1 - F^{T<S*}_{S-T}(\lambda - \lambda z)\}}{\lambda \beta (1 - z)}$$

$$\alpha_1 : \alpha_2 = 1 : Pr(T < S), \quad \alpha_1 E(S \wedge T) + \alpha_2 \beta = 1$$

と表せる。これを解いて

$$\Pi(z:\oplus) = \frac{z}{\lambda b(1-z)}\Big[1 - B^*_{S\wedge T}(\lambda - \lambda z) $$
$$+ (1 - B^*(\zeta))\Pi^l(z)H(z)\{1 - F^{T<S*}_{S-T}(\lambda - \lambda z)\}\Big].$$

ただし、サービス時間に到着する客数の期待値は $b - H'(0)(1 - B^*(\zeta))$ であるから、安定条件は $\lambda\{b - H'(0)(1 - B^*(\zeta))\} < 1$ となる。

　第二に、タイマーが鳴る前の到着率は λ_1、鳴った後は λ_2 としよう。例えば、長いサービス時間には混雑予防のために到着率を下げる $(\lambda_1 > \lambda_2)$ 場合がこれである。この場合、$\alpha_1,\ \alpha_2$ は第一の場合と同じである。そして

$$\Pi(z:\oplus) = \alpha_1 \frac{z\{1 - B^*_{S\wedge T}(\lambda_1 - \lambda_1 z)\}}{\lambda_1(1-z)} + \alpha_2\Pi^l(z)\frac{z\{1 - F^{T<S*}_{S-T}(\lambda_2 - \lambda_2 z)\}}{\lambda_2(1-z)}$$

を計算すればよい。

第十二章　優先権モデルにおける普通客

10.4節で非割り込み優先権モデルの優先客数の時間 (到着) 平均 PGF を求めた。本章では、割り込み、非割り込み優先権モデルにおいて普通客のそれを求める。

12.1　完了時間表示

10.4節では、非割り込み優先権をもった優先客数を調べた。ここでは割り込み型と非割り込み型について、普通客数の μ 平均 PGF を求める。μ 平均は時間平均と到着平均とする。優先客を第一クラス、普通客を第二クラスとし、第 $i(=1,2)$ クラスの到着は、強度 λ_i のポアソン到着とする。そのサービス時間分布を $B_i(x)$、期待値を b_i、LST を $B_i^*(s)$ とする。

普通客のサービス開始時には優先客はいない。割り込み型では、割り込んだ優先客は M(λ_1)/G(B_1)/1 の稼働期間サーバーを占有する。その後普通客のサービスに戻るが、再割り込みもあり得る。そこで優先客のサービス時間帯を休憩と見て、普通客のサービス開始から割り込まれた休憩を経てサービス終了までをその客の完了時間とすると、11.4節の結果を使ってその上の短過程の μ 平均 PGF $\Pi(z:\oplus)$ が得られる。

非割り込み型では、普通客のサービス開始時点から、その客のサービス終了後優先客がいなくなるまでを完了時間と見よう。次節でその $\Pi(z:\oplus)$ を求める。

割り込み、非割り込みいずれにしろこの完了時間を使うと、空のとき普通客が到着すれば、$M(\lambda_2)$/CT/1 の稼働期間が始まる。同じく優先客が到着すれば、優先客の $M(\lambda_1)$/G(B_1)/1 の稼働期間 Θ_1 が始まり、その後に普通客の完了時間が続く。これを普通客で見れば Θ_1 を休憩と見て、M(λ_2)/CT/1/MV(Θ_1) の短過程が生じているから、普通客数の PGF は次の形となる。

$$\Pi(z) = \alpha_2 \frac{1}{\lambda_2(1-\lambda_2 m^\oplus)}\Pi\big(z:{}^{M(\lambda_2)}_{/CT/1}\big) + \alpha_1 \frac{E(\Theta_1)}{1-\lambda_2 m^\oplus}\Pi\big(z:{}^{M(\lambda_2)/CT/1}_{/MV(\Theta_1)}\big),$$
$$\alpha_2:\alpha_1 = \lambda_2:\lambda_1.$$

$\Theta_1^*(s)$ は、Θ_1 の分布の LST とすると、1.15.1 節から

$$\Theta_1^*(s) = B_1^*(s + \lambda_1 - \lambda_1\Theta_1^*(s)), \quad E(\Theta_1) = \frac{b_1}{1 - \lambda_1 b_1}$$

で与えられる。よって

$$(12.1) \qquad \Pi(z) = (1 - \lambda_1 b_1)\Pi\big(z :{}^{M(\lambda_2)}_{/CT/1}\big) + \lambda_1 b_1\Pi\big(z :{}^{M(\lambda_2)/CT/1}_{/MV(\Theta_1)}\big),$$

$$(12.2) \qquad W^*(s) = (1 - \lambda_1 b_1)W^*\big(s :{}^{M(\lambda_2)}_{/CT/1}\big) + \lambda_1 b_1 W^*\big(s :{}^{M(\lambda_2)/CT/1}_{/MV(\Theta_1)}\big)$$

が成立する。

12.2 $\Pi(z : \oplus)$

(12.1) を使うために完了時間上の PGF $\Pi(z : \oplus)$ を求めよう。まず、割り込み型では、普通客は完了時間の間は系に滞在するから、その区間での普通客数は累積過程になり、その μ 平均 PGF は、11.4 節から

$$(12.3) \qquad \Pi(z : \oplus) = \frac{z\{1 - C_\oplus^*(\lambda_2 - \lambda_2 z)\}}{\lambda_2 m^\oplus(1 - z)}$$

である。

非割り込み型では 11.1 節の規則 1-1 のみ求める。規則 1-2 は同様にすればよい。図 12.1 は完了時間 (c_i, c_{i+1}) 上の短過程を独立に繰り返した図である。完了時間帯 (c_1, c_2) は普通客のサービス区間 (c_i, d_i) と優先客のサービス区間 (d_i, c_{i+1}) とからなり、上に優先客数を下に普通客数を描いている。普通客は d_1 で 1 人退去後 c_2 まで累積されていく。

後ほどの利用も考えて、まず優先客のサービス時間帯 (d_1, c_2) 上の普通客数の短過程の時間平均 PGF $\Pi(z : d_1, c_2)$ を計算しよう。言葉で言えば、一方がサービスされて 0 になるまでに、他方が累積し、その累積過程の PGF である。

d_1 直後での優先客数を N_1、普通客数を N_2 とし、その PGF を

$$A(z_1, z_2) = \sum_{j=0,k=0}^{\infty} z_1^j z_2^k Pr(N_1 = j, \ N_2 = k)$$

とおく。N_1, N_2 は $(c_1, \ d_1)$ に到着したそれぞれの客数でもある。これが与えられると次が成立する。

優先客の客数

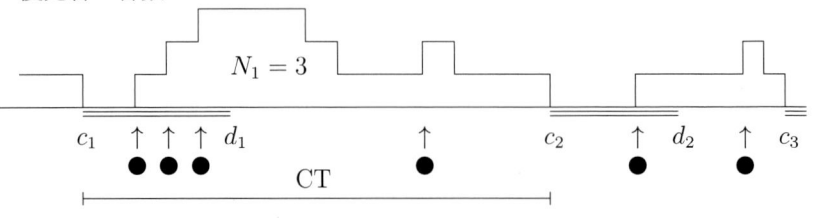

普通客の客数

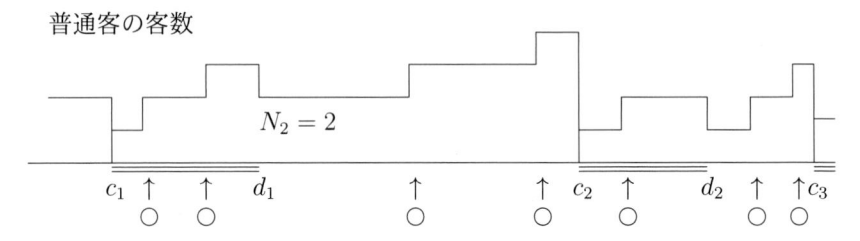

$\bullet \cdots$ 優先客、　$\bigcirc \cdots$ 普通客、　$=\!=\!= \cdots$ 普通客のサービス時間帯。

図 12.1　普通客の完了時間上の短過程の繰り返し

定理 12.1　(d_i, c_{i+1}) 上の普通客数の μ 平均 PGF は

$$\Pi(z : d_1, c_2) = \frac{1 - \lambda_1 b_1}{\lambda_1 \lambda_2 b_1 b_2 (1 - z)} \Big\{ A(1, z) - A\big(\Theta_1^*(\lambda_2 - \lambda_2 z), z\big) \Big\}$$

となる。

（証明）　区間 (d_i, c_{i+1}) は普通客数の累積区間になっている。$N_1 = n_1$ のとき、(d_1, c_2) は 優先客の稼動期間 Θ_1 が n_1 個独立に現れるから、

$$E(c_2 - d_1 | N_1 = n_1) = \frac{n_1 b_1}{1 - \lambda_1 b_1}.$$

これを $\tau(n_1)$ とおくと $E(c_2 - d_1) = E(\tau(N_1)) = \lambda_1 b_1 b_2 / (1 - \lambda_1 b_1)$.　この間に到着する普通客数の PGF は $\theta_1^*(\lambda_2 - \lambda_2 z)^{n_1}$ である。よって $N_1 = n_1$, $N_2 = n_2$ の条件下で、普通客数の (d_1, c_2) 上の短過程の PGF は

$$z^{n_2} \frac{1 - \Theta_1^*(\lambda_2 - \lambda_2 z)^{n_1}}{\lambda_2 \tau(n_1)(1 - z)}.$$

そこで定理 2.4 より

$$\Pi(z : d_1, c_2) = \frac{1}{E(\tau(N_1))} \sum_{n_1 = 0, n_2 = 0}^{\infty} \tau(n_1) z^{n_2} \frac{1 - \Theta_1^*(\lambda_2 - \lambda_2 z)^{n_1}}{\lambda_2 \tau(n_1)(1 - z)} Pr\binom{N_1 = n_1}{N_2 = n_2}$$

$$= \frac{1-\lambda_1 b_1}{\lambda_1 b_1 b_2} \frac{1}{\lambda_2(1-z)} \sum_{n_1=0,n_2=0}^{\infty} z^{n_2} \big\{ 1 - \Theta_1^*(\lambda_2 - \lambda_2 z)^{n_1} \big\} Pr \binom{N_1=n_1}{N_2=n_2}$$

$$= \frac{1-\lambda_1 b_1}{\lambda_1 \lambda_2 b_1 b_2 (1-z)} \big\{ A(1,z) - A\big(\Theta_1^*(\lambda_2 - \lambda_2 z), z\big) \big\}. \qquad \square$$

1.14 節に示したように、このモデルでは

$$A(z_1, z_2) = B_2(\lambda_1 - \lambda_1 z_1 + \lambda_2 - \lambda_2 z_2)$$

であるから、完了時間帯 (c_1, c_2) を (c_1, d_1) と (d_1, c_2) に分けて、

(12.4)　$\Pi(z : \oplus)$

$$= \frac{1-\lambda_1 b_1}{b_2} b_2 z \frac{1 - B_2^*(\lambda_2 - \lambda_2 z)}{\lambda_2 b_2 (1-z)} + \frac{1-\lambda_1 b_1}{b_2} \frac{\lambda_1 b_1 b_2}{1-\lambda_1 b_1} \Pi(z : d_i, c_{i+1})$$

$$= \frac{1-\lambda_1 b_1}{\lambda_2 b_2 (1-z)} \Big\{ z + (1-z) B_2^*(\lambda_2 - \lambda_2 z)$$

$$\qquad - B_2\big(\lambda_1 - \lambda_1 \Theta_1^*(\lambda_2 - \lambda_2 z) + \lambda_2 - \lambda_2 z\big) \Big\}$$

が得られる。これを 8.3 節の式、あるいは (11.1) と (11.3) に代入すると、普通客数について

$$\Pi(z : M/CT/1) = \frac{1-\lambda_2 b_2}{1-\lambda_1 b_1} \frac{(1-z) B_2^*(\lambda_2 - \lambda_2 z)}{B_2\big(\lambda_1 - \lambda_1 \Theta_1^*(\lambda_2 - \lambda_2 z) + \lambda_2 - \lambda_2 z\big) - z},$$

$$\Pi\big(z : {}^{M/CT/1}_{/MV(\Theta_1)}\big) = \frac{1-\lambda_1 b_1}{\lambda_2 b_1} \frac{1 - \Theta_1^*(\lambda_2 - \lambda_2 z)}{1-z} \Pi(z : M/CT/1)$$

が得られる。これらを (12.1)(12.2) に入れれば、普通客数の μ 平均 PGF が得られる。$W^*(z : M/CT/1)$ と $W^*\big(z : {}^{M/CT/1}_{/MV(\Theta_1)}\big)$ も同様にして求まる。

　優先権モデルは通信関係で盛んに研究され、多くのモデルが議論されている。

第十三章　モデルの小さな変形

前章までで少し込み入った話に入ってきたので、少し生き抜きに簡単なモデルを作って見よう。実際のところ、モデルを思いつくのは楽しい。なお本章の各節に関連はない。後章でも利用しない。

13.1　休憩予告と先を見越した休憩

休憩予告を想像してみよう。休憩予告にはその条件によって多くの変形が考えられる。ここでは p 番目の客の退去時点を d_p とし、退去時点 d_p に他の客がいないならば、時間 C_p の後に休憩することにしよう。$p+1$ 番目の客が休憩予定時間 $d_p + C_p$ 以前に到着するならば、休憩予告は解消され、彼のサービスは直ちに始まり、客がいなくなるまで次々とサービスされる。$p+1$ 番目の客が $d_p + C_p$ 以後に到着するならば、N ポリシーの規則でサービスされる。つまり、$p+N$ 番目の客の到着までサーバーは休憩する。

到着は、到着率 λ のポアソン到着とする。C_p は i.i.d.、その分布関数を $C(x)$、LST を $C^*(s)$ とする。$(d_p, d_p + C_p)$ 間に客が到着する確率は $1 - C^*(\lambda)$ であり、到着すれば M/G/1 の稼働期間が始まる。その間に到着しなければ $d_p + C_p$ から M/G/1/N$_{policy}$ の短過程が始まる。これら以外では空である。よって定理 10.2 が使える。系内客数に関しては

$$\Pi(z) = \alpha_1 \frac{1}{\lambda(1 - \lambda b)} \Pi(z : M/G/1) + \alpha_2 \frac{N}{\lambda(1 - \lambda b)} \Pi\left(z : {}^{M/G/1}_{/N_{policy}}\right)$$

と表される。係数については

$$\alpha_1 : \alpha_2 = 1 - C^*(\lambda) : C^*(\lambda),$$
$$\alpha_1 \frac{1}{\lambda(1 - \lambda b)} + \alpha_2 \frac{N}{\lambda(1 - \lambda b)} = 1.$$

これを解くと、

$$\Pi(z) = \frac{1 - C^*(\lambda)}{1 + (N-1)C^*(\lambda)} \Pi(z : M/G/1) + \frac{NC^*(\lambda)}{1 + (N-1)C^*(\lambda)} \Pi\left(z : {}^{M/G/1}_{/N_{policy}}\right)$$

$$W^*(s) = \frac{1 - C^*(\lambda)}{1 + (N-1)C^*(\lambda)} W^*(s : M/G/1)$$
$$+ \frac{NC^*(\lambda)}{1 + (N-1)C^*(\lambda)} W^*\left(s : \frac{M/G/1}{/N_{policy}}\right).$$

休憩予告とよく似たものに、先を見越した休憩とでも呼ぶべきものがある。我々が何かの仕事中に、その場をちょっとした用事で離れるとき、周りの状況を見計らうのがほとんどである。例えば、スーパーのレジ係りは、彼女のレジだけでなく回りに新規客が来ていないことを確認して、彼女のレジを閉鎖し、他の用事に就く。あるいは、屋台のおじさんは客が0になっただけでなく、周りを見回してこちらに向かっている客がいないことを確認して店じまいする。モデルで表現すると、客の退去時点 d_p で系が空となり、しかも区間 $(d_p, d_p + C_p)$ に新客が来ないことを確認したら、サーバーは休憩 V を取る。

閉鎖予告と違うのは、V の開始が $d_p + C_p$ ではなく、d_p であることである。このモデルは読者に考えてもらうことにしよう。

13.2 店と家事のモデル

小さなお店があって、一人の奥さんが店番をしている。彼女 (サーバー) は家事もしなければならないが、家事のときはそちらに神経を集中するので店での応対はできないとする。現実とは異なるが、家事は一つ一つ母数 λ のポアソン到着で生じ、家事一つの作業時間分布は $B(x)$、その期待値と LST をそれぞれ $b, B^*(s)$ とする。客 (customer) は母数 λ_c のポアソン到着、客のサービス時間分布は $B_c(x)$ で、その平均と LST はそれぞれ $b_c, B_c^*(s)$ とする。客のサービスは**全処理式** (exhaustive) である。すなわち、客がいるかぎり働き続ける。奥さんの移働時間は0とし、家事のないときは奥さんは店にいるとする。家事の系内個数の時間平均 PGF を求めよう。

幾つかの場合が考えられる。第一の場合は、客は店に入ってサーバー (奥さん) がいなければ、いつまでも待ち、サーバーは、1つの家事が終わるたびに店を見て、客がいれば店でサービスする。この場合は、家事を普通客とした非割り込み型優先権モデルであって、第十二章の結果がそのまま使える。

第二に、サーバーがいないときに客が来ると、図13.1のごとく帰ってしまう

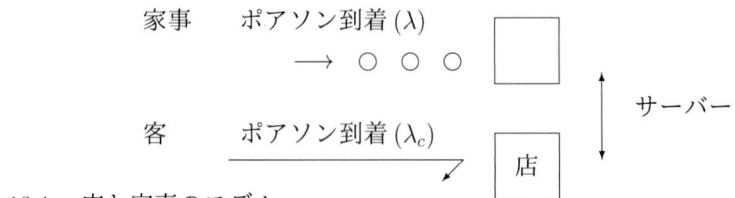

図 13.1　店と家事のモデル

としよう。この場合は、空き時間に家事が発生すれば、ただちに家事に取り掛かり、一つ終えるごとに店を見ても客はいないので、家事は全処理式になり、$M(\lambda)/G(B)/1$ の稼働期間が始まり、その終了時にも店は空である。空き時間に客が来れば、客の $M(\lambda_c)/G(B_c)/1$ の稼働期間が始まり、その間に家事が累積していく。その稼働期間の長さの分布の LST を $\Theta_c^*(s)$ とする。この稼働期間は、家事から見れば、サーバーの休憩になるので、$M(\lambda)/G(B)/1/MV(\Theta_c)$ の短過程となって現れる。この短過程終了時も系は空である。そこで時間平均分布の PGF $\Pi(z)$ は定理 10.2 を使って、

$$\Pi(z) = \alpha_1 \frac{1}{\lambda(1-\rho)} \Pi(z:M/G/1) + \alpha_2 \frac{E(\Theta_c)}{1-\rho} \Pi\left(z:{}^{M/G/1}_{/MV(\Theta_c)}\right)$$

となる。ただし、$\alpha_1 : \alpha_2 = \lambda : \lambda_c$.　これから家事の待ち時間の到着平均の LST $W^*(s)$ も求まる。

　この二つのモデルは極端である。現実はこの中間であろう。どのようにモデル化すべきか。第一に考えられるのは、サーバーがいないとき来る客は指数分布の時間だけ待って、サーバーが現れないならば帰るとする。ところがこの規則は意外と大変なのでやめよう。

　そこで、今までの議論を延長して、次のようにしよう。客は第一種と第二種に別れ、、母数がそれぞれ λ_{1c}, λ_{2c} のポアソン到着をし、サービス時間分布 $B_c(x)$ は同じとする。店にサーバーがいなくとも、第一種の客はサーバーを待ち続ける。第二種の客は、他の客がいても、直ちに店を出て戻ってこないとする。サーバーは家事の一つが終わる度に、店に客がいればそのサービスをする。

　このモデルで 1 つの家事の完了時間上の $\Pi(z:\oplus)$ を求めてみよう。図 13.2 のように t_1 で家事が始まれば、その時点で客はいない。その家事一つが d_1 で終

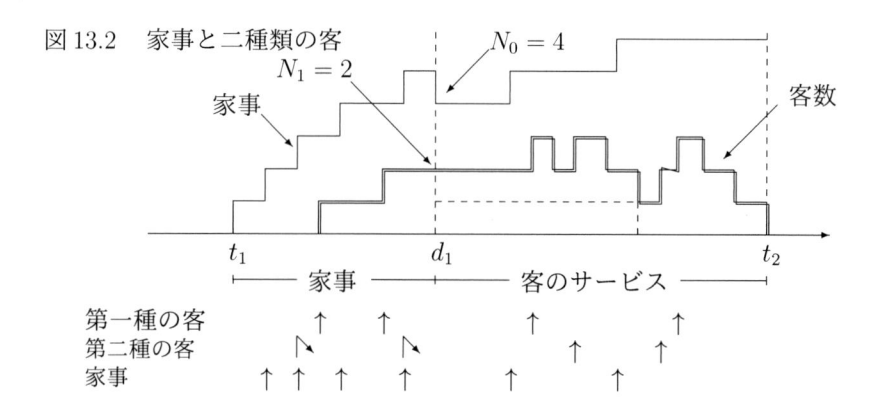

図13.2　家事と二種類の客

わったとき店に客(第一種)がいれば、t_2 まで客のサービスをする。区間 (t_1, t_2) を完了時間に選ぼう。まず $E(d_1 - t_1) = b$ である。次に区間 (t_1, d_1) に到着する第一種の客数を N_1 とする。d_1 以後は第二種の客も系に入るから、後着順で考えれば、区間 (d_1, t_2) では $M(\lambda_{1c} + \lambda_{2c})/G(B_c)/1$ の稼働期間 Θ_c が N_1 回独立に続く。そこで 1.16 節において M/G/1/MV の再生区間の $\tilde{\Theta}_V^*(s)$ を求めたのと同じ方法で次が得られる。

$$C_\oplus^*(s) = B^*(s + \lambda_{1c} - \lambda_{1c}\Theta_c^*(s)),$$

$$E(N_1) = \lambda_{1c}b, \quad E(\Theta_c) = \frac{b_c}{1 - (\lambda_{1c} + \lambda_{2c})b_c},$$

$$m^\oplus = b + E(t_2 - d_1) = b + E(N_1)E(\Theta_c) = \frac{b(1 - \lambda_{2c}b_c)}{1 - (\lambda_{1c} + \lambda_{2c})b_c}.$$

区間 (t_1, d_1) に到着する家事数を N_0 とすると、(N_1, N_0) の同時分布の PGF は

$$A(z_1, z_2) = B^*(\lambda_{1c} - \lambda_{1c}z_1 + \lambda - \lambda z_2)$$

である。(d_1, t_2) では客がサービスされてやがて 0 になり、その間家事が累積するから、定理 12.1 が使える。その定理の λ_1 に $\lambda_{1c} + \lambda_{2c}$、$\lambda_2$ に λ、Θ_1 に Θ_c を代入すれば、家事の PGF について

$$\Pi(z : d_1, t_2) = \frac{B^*(\lambda - \lambda z) - B^*(H(z))}{E(t_2 - d_1)\lambda(1 - z)},$$

$$H(z) = \lambda_{1c} - \lambda_{1c}\Theta_c^*(\lambda - \lambda z) + \lambda - \lambda z$$

193

となる。よって (t_1, t_2) 上では

$$\Pi(z : \oplus) = \alpha b z \frac{1 - B^*(\lambda - \lambda z)}{\lambda b (1 - z)} + \alpha E(t_2 - d_1)\Pi(z : d_1, t_2),$$

$$\alpha b + \alpha E(t_2 - d_1) = 1$$

であるから

$$\Pi(z : \oplus) = \frac{1 - (\lambda_{1c} + \lambda_{2c})b_c}{\lambda b(1 - \lambda_{2c}b_c)(1 - z)}\Big[z + (1 - z)B^*(\lambda - \lambda z) - B^*(H(z))\Big]$$

を得る。これを第八章の式、または (11,2)(11,3) に代入すると、$\Pi(z : M/CT/1)$ と $\Pi\big(z : {}^{M/CT/1}_{/MV(\Theta_c)}\big)$ が得られる。

　家事から見ると、系に客も家事もないときに、家事が発生すると、$M/CT/1$ の稼働期間が始まり、客の到着が早ければ Θ_c の家事ができない区間が生じるから、$M/CT/1/MV(\Theta_c)$ の短過程に入る。よって家事数の時間平均の PGF は

$$\Pi(z) = \frac{\alpha_1}{\lambda(1 - \lambda m^{\oplus})}\Pi(z : M/CT/1) + \frac{\alpha_2 E(\Theta_c)}{1 - \lambda m^{\oplus}}\Pi\big(z : {}^{M/CT/1}_{/MV(\Theta_c)}\big),$$

$$\alpha_1 : \alpha_2 = \lambda : \lambda_{1c} + \lambda_{2c}.$$

すなわち

$$\Pi(z) = \frac{1}{\beta}\Pi(z : M/CT/1) + \frac{(\lambda_{1c} + \lambda_{2c})E(\Theta_c)}{\beta}\Pi\big(z : {}^{M/CT/1}_{/MV(\Theta_c)}\big),$$

$$\beta = 1 + (\lambda_{1c} + \lambda_{2c})E(\Theta_c).$$

13.3　割り込み型後着順

　割り込み型後着順は、到着客は現在サービス中の客を押しのけて自分がサービスを受ける規則である。押しのけられた客は、自分より後に到着した客がいなくなってから残りサービス時間をサービスされる。筆者はこの規則を現実社会で見聞きしたことはないが、この規則は不思議な特徴を持っているので、M/G/1 の系内客数の PGF を求めておこう。

　まず空のとき到着した客を X 氏と呼ぶ。X 氏は直ちにサービスを受けられるが、後から来た客に割り込まれ、後回しにされる。そのため彼のサービスが終了

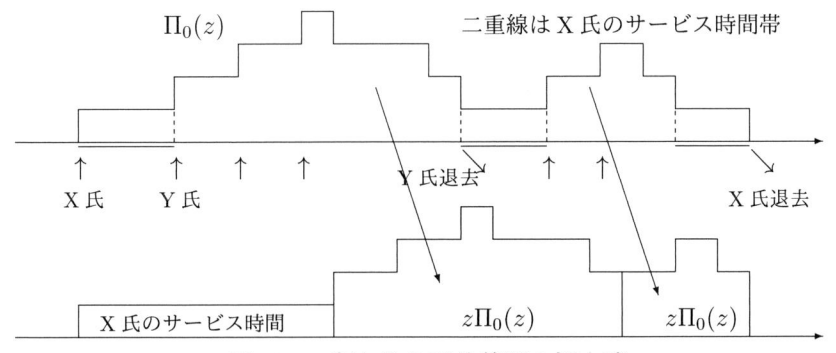

図 13.3　割り込み型後着順の標本路

した直後には系に客はいない。X 氏がサービスを受け始めてから、終了するまでの系内客数の PGF を $\Pi_0(z)$ とする。この区間はサーバーの稼働期間であり、先着順と同一なので、この間隔の期待値は $\theta = b/(1 - \lambda b)$ である。X 氏のサービス中に他の客が来れば、X 氏のサービスは中断され、再開するのは X 氏以外に系に客がいなくなった時点である。その再開時点を考えるに、X 氏の次に来る客を Y 氏とし、Y 氏が X 氏のサービスに割り込んだとしよう。Y 氏の退去時点には彼以後来た客はいないから、Y 氏の退去時点が X 氏のサービス再開時点である (図 13.3)。Y 氏が滞在中の短過程は、X 氏がいる以外は X 氏のそれと同じ確率構造をもっているから、その PGF は $z\Pi_0(z)$ である。

　X 氏のサービス再開から次の到着までの時間は母数 λ の指数分布なので、X 氏のサービス中断回数の PGF は $B^*(\lambda - \lambda z)$、期待値は λb である。よって n 回中断される確率を p_n として、図 13.3 の下図のように整理すると

$$\Pi_0(z) = \alpha\Big(bz + \sum_{n=1}^{\infty} n\theta z\Pi_0(z)p_n\Big) = \frac{1}{1 + \lambda\theta}\Big\{z + \lambda\theta z\Pi_0(z)\Big\}$$

これから

$$\Pi_0(z) = \frac{(1 - \lambda b)z}{1 - \lambda bz}$$

が得られる。これは、不思議にも、期待値 b 以外、サービス分布には依存しない。確率や積率はどうなるか等は読者にまかせよう。

195

図 13.4　有限待合室を
　　　　もった待ち行列

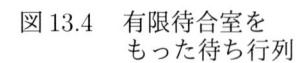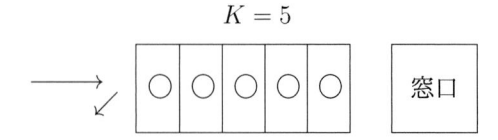

$K = 5$

窓口

13.4　有限待合室

13.4.1　$\Pi(z : M/G/1/K)$

$M/G/1$ を少し変形して、系内客数は K 人に制限され、満杯のとき到着客は引き返し、戻ってこないとする (図 13.4)。このモデルを $M/G/1/K$ と表す。結果は新しくないが、基本的なモデルなので短過程法でも分析しておく。

乗り物や駐車場など厳格に K 人に制限するのは一般社会でも見受けられるが、データ通信の交換機では、記憶装置が付いていて、その能力以上の伝送要求が来れば、物理的に記憶しておくことができず損失となる。このため有限待合室の研究は通信やコンピューターの分野に直接の応用を見出している。

$M/G/1/K$ の稼働期間の長さの平均を θ_K とする。この再生区間は空期間と稼働期間からなっているから、定理 3.5 より

$$(13.1) \qquad \Pi(z : M/G/1/K) = \frac{1}{1 + \lambda\theta_K} + \frac{\lambda\theta_K}{1 + \lambda\theta_K}\Pi\left(z : \begin{smallmatrix} busy/M \\ /G/1/K \end{smallmatrix}\right).$$

$K = 1$ のときは明らかに

$$\theta_1 = b, \quad \Pi\left(z : \begin{smallmatrix} busy \\ /M/G/1 \end{smallmatrix}\right) = z, \quad \Pi(z : M/G/1/1) = \frac{1}{1 + \rho} + \frac{\rho}{1 + \rho}z.$$

$K \geq 2$ の場合を、後着順サービスで考える。空状態に到着した客のサービス中 (図 13.5 の S) は、残り $K - 1$ 人しか系に入れない。この区間に j 人が入ったとしよう。これらの客のサービス開始時点を $t_1 < \cdots < t_j$ とすると、このうち $j - 1$ 人の客は、後着順のため区間 (t_1, t_2) 上ではサービスを受けられない。そこで $M/G/1/K - j + 1$ の稼働期間上の短過程が生じている (図の黒塗り部分)。同様に、区間 (t_p, t_{p+1}) は $M/G/1/K - j + p$ の稼働期間になっている。S の区間に到着した客が、t_1 時点に j 人いる確率を a_j とすると、

$$a_j = \frac{(-\lambda)^j}{j!}B^{*(j)}(\lambda), \qquad j \leq K - 2,$$
$$a_{K-1} = 1 - a_0 - a_1 - \cdots - a_{K-2}.$$

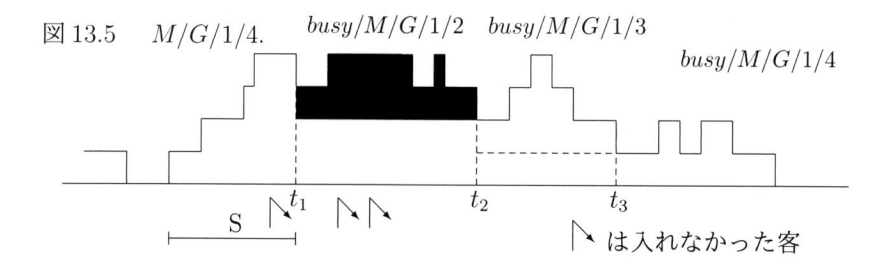

図 13.5　$M/G/1/4.$　$busy/M/G/1/2$　$busy/M/G/1/3$　$busy/M/G/1/4$

S　t_1　t_2　t_3　は入れなかった客

j が与えられたという条件下では S 以後の後続期間の長さの期待値は $\theta_{K-j+1} + \theta_{K-j+2} + \cdots + \theta_K$ であるから

$$\theta_K = b + \sum_{j=1}^{K-1} (\theta_{K-j+1} + \theta_{K-j+2} + \cdots + \theta_K)a_j$$

$$= b + \sum_{j=1}^{K-1} \sum_{i=K-j+1}^{K} \theta_i a_j$$

$$= b + \sum_{i=2}^{K} \Big(1 - \sum_{j=0}^{K-i} a_j\Big)\theta_i.$$

右辺にも θ_K があるから整理すると、θ_i の繰り返し関係

$$\theta_K = \frac{1}{p_{t_1,0}} \Big\{ b + \sum_{i=2}^{K-1} \Big(1 - \sum_{j=0}^{K-i} a_j\Big)\theta_i \Big\}$$

$$= \frac{1}{B^*(\lambda)} \Big\{ b + \sum_{i=2}^{K-1} \Big(1 - \sum_{j=0}^{K-i} \frac{(-\lambda)^j}{j!} B^{*(j)}(\lambda)\Big)\theta_i \Big\}$$

が得られる。

定理 13.1　$K \geq 2$ のときの稼働期間上の系内客数の PGF は次の繰り返し関係で得られる。

$$\Pi\Big(z :_{/G/1/K}^{busy/M}\Big) = \frac{1}{\lambda a_0 \theta_K} \sum_{j=1}^{K-1} z^j (1 - a_0 - \cdots - a_{j-1})$$

$$+ \frac{1}{\lambda a_0 \theta_K} z^K \Big\{ \lambda b - K + 1 - \sum_{k=0}^{K-1} (k - K + 1)a_k \Big\}$$

$$+ \frac{1}{a_0 \theta_K} \sum_{i=1}^{K-2} (1 - a_0 - \cdots - a_i)\theta_{K-i} z^i \Pi\Big(z :_{/G/1/K-i}^{busy/M}\Big).$$

（証明） 最初のサービス時間 S 上での時間平均PGF を $z\Pi(z : B(x), K-1)$ とする。すなわち、$\Pi(z : B(x), K-1)$ は、$K-1$ 人に制限されたサービス時間上の累積過程の PGF である。ならば、定理2.5 より稼働期間上の PGF は

$$\Pi\left(z : {}^{busy/M}_{/G/1/K}\right) = \alpha_0 bz\Pi(z : B(x), K-1) + \sum_{i=1}^{K-1} \alpha_i \theta_{K-i+1} z^{i-1} \Pi\left(z : {}^{busy/M}_{/G/1/K-i+1}\right)$$

なる形をもつ。係数には

$$\alpha_0 : \alpha_1 : \cdots : \alpha_{K-1} = 1 : 1 - a_0 : \cdots : 1 - a_0 - \cdots - a_{K-2},$$

$$\alpha_0 b + \sum_{i=1}^{K-1} \alpha_i \theta_{K-i+1} = 1$$

の関係があるから、$\alpha_0 = \{b + \sum_{i=1}^{K-1}(1 - a_0 - \cdots - a_{i-1})\theta_{K-i+1}\}^{-1} = \theta_K^{-1}$、 よって

$$\Pi\left(z : {}^{busy/M}_{/G/1/K}\right) = \frac{b}{\theta_K} z\Pi(z : B(x), K-1)$$

$$+ \frac{1}{\theta_K} \sum_{i=1}^{K-1} (1 - a_0 - \cdots - a_{i-1})\theta_{K-i+1} z^{i-1} \Pi\left(z : {}^{busy/M}_{/G/1/K-i+1}\right).$$

右辺にも $\Pi\left(z : {}^{busy/M}_{/G/1/K}\right)$ があるから、整理して

$$(13.2) \qquad \Pi\left(z : {}^{busy/M}_{/G/1/K}\right) = \frac{b}{a_0\theta_K} z\Pi(z : B(x), K-1)$$

$$+ \frac{1}{a_0\theta_K} \sum_{i=1}^{K-2} (1 - a_0 - \cdots - a_i)\theta_{K-i} z^i \Pi\left(z : {}^{busy/M}_{/G/1/K-i}\right).$$

最後に $\Pi(z : B(x), K-1)$ を求める。最初のサービス時間 S において、サービス中の客を除外して j 人が待っている時間帯の長さを L_j とすると、

$$\Pi(z : B(x), K-1) = \frac{1}{b} \sum_{j=0}^{K-1} z^j E(L_j).$$

よって $E(L_j)$ を求めればよいが、最初のサービス時間が t、その間に損失客も含めて、k 人到着するという条件下で、$0 \le j < K-1$ の場合、定理1.6 から $E(L_j|t,k) = t/(k+1)$ となる。ならば、

$$E(L_j) = \int_0^\infty \sum_{k=j}^\infty E(L_j|t,k) \frac{(\lambda t)^k}{k!} e^{-\lambda t} dB(t)$$

$$= \frac{1}{\lambda} \int_0^\infty \sum_{k=j+1}^\infty \frac{(\lambda t)^k}{k!} e^{-\lambda t} dB(t)$$

有界収束定理より $\int$ と Σ を交換できて

$$= \frac{1}{\lambda} \sum_{k=j+1}^{\infty} a_k$$
$$= \frac{1}{\lambda} (1 - a_0 - \cdots - a_j).$$

L_{K-1} は $K-1$ 番の到着時点から S の終了時点までである。よって

$$E(L_{K-1}) = \int_0^{\infty} \sum_{k=K-1}^{\infty} \frac{(k-K+2)t}{k+1} \frac{(\lambda t)^k}{k!} e^{-\lambda t} dB(t)$$
$$= \frac{1}{\lambda} \int_0^{\infty} \sum_{k=K}^{\infty} (k-K+1) \frac{(\lambda t)^k}{k!} e^{-\lambda t} dB(t)$$
$$= \frac{1}{\lambda} \sum_{k=K}^{\infty} (k-K+1) a_k$$
$$= \frac{1}{\lambda} (\lambda b - K + 1) - \frac{1}{\lambda} \sum_{k=0}^{K-1} (k-K+1) a_k.$$

これらを上式に入れると

$$\Pi(z : B(x), K-1) = \frac{1}{\lambda b} \sum_{j=0}^{K-2} z^j (1 - a_0 - \cdots - a_j)$$
$$+ \frac{1}{\lambda b} z^{K-1} \left\{ \lambda b - K + 1 - \sum_{k=0}^{K-1} (k-K+1) a_k \right\}.$$

よって (13.2) は定理の式になる。 □

(13.1) より $\Pi\left(z : {}^{busy/M}_{/G/1/K}\right)$ から $\Pi(z : M/G/1/K)$ が求まる。例えば、

$$\Pi\left(z : {}^{busy/M}_{/G/1/2}\right) = \frac{1 - a_0}{\lambda b} z + \frac{\lambda b - 1 + a_0}{\lambda b} z^2,$$
$$\Pi(z : M/G/1/2) = \frac{a_0}{a_0 + \lambda b} + \frac{1 - a_0}{a_0 + \lambda b} z + \frac{\lambda b - 1 + a_0}{a_0 + \lambda b} z^2,$$
$$\Pi\left(z : {}^{busy/M}_{/G/1/3}\right) = \frac{a_0}{\lambda b (1 - a_1)} \Big\{ (1 - a_0) z + (1 - a_0 - a_1) z^2$$
$$+ (\lambda b - 2 + 2a_0 + a_1) z^3 + \lambda (1 - a_0 - a_1) \theta_2 z \Pi\left(z : {}^{busy/M}_{/G/1/2}\right) \Big\},$$

$$\Pi(z : M/G/1/3) = \frac{1}{a_0^2 + \lambda b(1 - a_1)} \Big[a_0^2 + a_0(1 - a_0)z + (1 - a_0 - a_1)z^2$$
$$+ \big\{ \lambda b - 1 + a_0(\lambda b - 1 + 2a_0 + a_1) \big\} z^3 \Big].$$

13.4.2 M/G/1 と M/G/1/K

M/G/1/K の確率 p_i^K については、p_i^K/p_0^K は K に依存しないことを示そう。この特徴から p_i^K を M/G/1 の確率を使って求められる。

まず (13.1) から

$$p_0^K = \frac{1}{1 + \lambda \theta_K},$$

(13.3) $$\Pi\big(z : {}^{busy/M}_{/G/1/K}\big) = \frac{1}{\lambda \theta_K} \sum_{j=1}^{K} \frac{p_j^K}{p_0^K} z^j$$

である。さらに定理から $K \geq 2$ ならば、$\dfrac{p_1^K}{p_0^K} = \dfrac{1 - a_0}{a_0}$ は K に依存しない。数学的帰納法を使おう。ある整数 k に対し、$1 \leq i \leq k-1$ ならば、p_i^K/p_0^K は $K(> i)$ に依存しないとする。(13.3) から z^k の項の係数を取り出し、他方 (12.3) の右辺からも取り出すと、$K > k$ のとき、

(13.4) $$\frac{p_k^K}{p_0^K} = \frac{1}{a_0}\Big\{ 1 - a_0 - \cdots - a_{k-1} + \sum_{j=1}^{k-1}(1 - a_0 - \cdots - a_j)\frac{p_{k-j}^{K-j}}{p_0^{K-j}} \Big\}$$

となる。これは K に依存しないから証明された。

続いて p_i^K を求める。(13.4) の $1 - a_0 - \cdots - a_j$ を $1 - a_0 - \cdots - a_{j-1}$ と a_j に分けると

$$\frac{p_k^K}{p_0^K} = \frac{1}{a_0}\Big\{ 1 - \cdots - a_{k-1} + \sum_{j=0}^{k-2}(1 - \cdots - a_j)\frac{p_{k-1-j}^{K-1-j}}{p_0^{K-1-j}} - \sum_{j=1}^{k-1} a_j \frac{p_{k-j}^{K-j}}{p_0^{K-j}} \Big\}.$$

右辺には (13.4) の K を $K - 1$ にした式があるから、それを代入すると

$$\frac{p_k^K}{p_0^K} = \frac{p_{k-1}^{K-1}}{p_0^{K-1}} + \frac{1}{a_0}\Big\{ -a_{k-1} + (1 - a_0)\frac{p_{k-1}^{K-1}}{p_0^{K-1}} - \sum_{j=1}^{k-1} a_j \frac{p_{k-j}^{K-j}}{p_0^{K-j}} \Big\}$$

$$= \frac{1}{a_0}\Big\{ -a_{k-1} + \frac{p_{k-1}^{K-1}}{p_0^{K-1}} - \sum_{j=1}^{k-1} a_j \frac{p_{k-j}^{K-j}}{p_0^{K-j}} \Big\}$$

と表される。この関係式は $M/G/1$ の 4.4 節からも出る。よって $M/G/1$ の確率を p_n で表すと

$$\frac{p_k^K}{p_0^K} = \frac{p_k}{p_0}, \qquad k = 0, 1, \cdots, K-1$$

となる。$p_0 = 1 - \lambda b$ より

$$p_n^K = \frac{p_n}{(1+\lambda\theta_K)(1-\lambda b)} \quad : 0 \le n < K-1,$$

$$p_K^K = 1 - \frac{1}{(1+\lambda\theta_K)(1-\lambda b)} \sum_{i=0}^{K-1} p_i$$

が得られる。

モーメントも定理の式から出るが、簡潔な式ではない。期待値は上式から、

$$\sum_{i=0}^{K} i p_i^K = \frac{1}{(1+\lambda\theta_K)(1-\lambda b)} \left\{ \sum_{i=0}^{K-1} i p_i - K \sum_{i=0}^{K-1} p_i \right\} + K.$$

$M/G/1/K/N_{policy}$、$M/G/1/K/MV$、$M/G/1/K/(Setup)$ あるいはそれらの結合についても PGF を求められる。他にも単一休憩モデル、閉鎖時間のあるモデル、優先客の待合室が制限されている優先権モデルにおける優先客の客数または普通客の客数等は、無限待合室の場合と同様にできる。

有限待合室には、あふれ客や共有待合室など, 特有の問題もある。

第十四章　G/C/1における時間制限式稼働期間

　単純作業であっても予想外のことが起き、完全自動化工場でもラインが止まることがある。これらをモデル化したいが、頻繁に起きるわけではないので、起きても稼働期間に高々1回としてもよいであろう。

　第三章で、短過程が生む稼働期間を論じた。この期間にある出来事が1回起きる可能性を追加する。モデルとしては、タイマーがあって、稼働期間と同時に開始し、指数分布の時間が経てば鳴るとする。鳴った時点が同じ稼働期間内ならば、あらかじめ指定した出来事が起きるとする。系はその出来事の影響をその後も受けるが、やがて初期状態に戻り、出来事の影響も消えるとする。本章では、このモデルの系内個体数の μ 平均PGFを求める。さらに、タイマーが鳴る前後の短過程の μ 平均PGFを求める。

　なお、高々1回としたのは、複数回を許せば、数学的困難度が多大に増すからである。しかし、高々1回だけでも、厳密な結果を出せれば、そこから有益な例等を引き出せる。それを後章で論じる。

14.1　基礎定理

14.1.1　問題設定

　作業中、作業を乱すことが時に起きる。それらは地震のような甚大な被害を出すものから、ボールペンのインク切れ等のささいなものまで多様である。これら想定外の出来事以外にも、紡績機械における糸切れのように、起きることはわかっているが、いつ起きるかが事前にはわからない場合もある。このような出来事をモデルに取り込むことは可能であろうか。

　一般性を確保するため、第三章の短過程 □ が生む稼働期間上の短過程 Δ に戻る。注目変数 y_t は系内個体数である。タイマー (時計) があって、Δ 開始と同時にタイマーも開始し、T 時間が経ってまだ稼働期間が終わらなければ鳴り、あらかじめ指定した出来事が起き、初期状態になるまでその影響は続くとしよう。第十一章ではどのサービス時間もタイマー付きであるが、ここでの出来事は稼働期間に高々一回限りとする。これは複雑さ回避のためであるが、めったに起きな

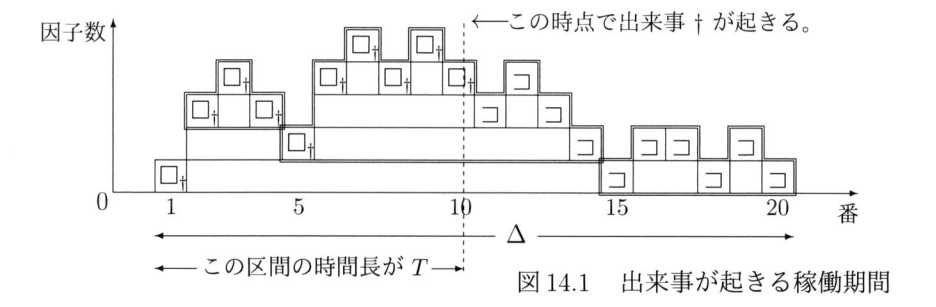

図14.1　出来事が起きる稼働期間

いことを想定していると考えればよい。μ は第三章に同じく、時間平均ならばルベーグ測度、時点平均ならば ϕ と $\boldsymbol{x}_t^0(\phi, \boldsymbol{a})$ から定まる計数測度である。このタイマー付稼働期間上の短過程の μ 平均 PGF を定理 14.1 で求める。

出来事を †(ダグ) で表す。図 3.1 と図 14.1 を比べると、後者にはタイマーが付いている。次の四条件を前提にする。

(1)　T は他の確率変数とは独立で、母数 ζ の指数分布をする。

(2)　† が起きると進行中の短過程 □ は影響を受けるが、その時点で待っている因子の個数は影響を受けない。

(3)　□ を元の短過程とし、これに † が起きる可能性を加えてもやはり短過程になり、終点が存在する。この短過程を $□_†$ と表す。

(4)　† が起きた $□_†$ が終了すると、後続の因子は新しい短過程 ⊐ を発生し、これのみが続く。$l^⊐ < 1$ とする。

特に断らない限り

$$(14.1) \qquad 0 < m_□ < \infty, \quad 0 < E_{□_†} < \infty, \quad かつ \quad 0 < m_{□_†} < \infty$$

とする (記号は 3.1 節)。⊐ の時間帯の長さの期待値 $m_⊐$ は、$m_⊐ = 0$ も可能とする。$m_⊐ = 0$ ならば、† が起きた $□_†$ の終了と同時に因子すべてを系から追い出し、初期化される。

T は次のようにしてもよい。どの因子も母数 ζ の指数分布をする確率変数を持っているとし、因子 a のそれを T_a で表す。a が引き起こす □ の始点を ν_a、終点を $\nu_a + \mathrm{v}_a$ とする。稼働期間が始まってから ν_a まではタイマーが鳴らないで、$T_a < \mathrm{v}_a$ ならば、□ の途中時点 $\nu_a + T_a$ でタイマーが鳴るとする。稼働期間開始

からこの時点までの時間を T とすると、T の分布は母数 ζ の指数分布である。そこで T と T_a のどちらを使ってもよいので、どちらも使う。

記号 $L_{\square_\dagger}(z)$ は使わず、二つに分けて、各々について後に残す因子数の条件付き PGF と期待値を、

$$\begin{cases} K_0(z),\ k_0 & : \mathrm{v}_a \le T_a\ \text{の条件下 (□でタイマーが鳴らない。)} \\ K_1(z),\ k_1 & : T_a < \mathrm{v}_a\ \text{の条件下 (□でタイマーが鳴る。)} \end{cases}$$

が得られているとする。すなわち、□ が後に残す因子数を N、さらに $H = \{\omega : \mathrm{v}_a \le T_a\}$ とおくと

$$(14.2) \qquad K_0(z) = \sum_{i=0}^{\infty} z^i \frac{Pr(\{N=i\} \cup H)}{Pr(H)}$$

である。これは出来事の内容には依存しない。$K_1(z)$ はそれに依存する。

$0 \le k_i < \infty (i=0,1)$ と仮定する。このことは $l^{\square} = Pr(H)k_0 + (1 - Pr(H))k_1$ より　 $0 \le l^{\square} < \infty$ を意味する。$l^{\square}$ や k_i は大きな値でもよい。なぜなら、タイマーが鳴らない $\square_\dagger$ が続いても、(14.1) より $0 < E_{\square_\dagger} < \infty$ であるから、いつかは T に到達し、コ に変わり、$l^{\square} < 1$ のため、やがて初期状態になる。

以上において、最初の $\square_\dagger$ の開始時点から初期状態になるまでを **G/C/1/T(†)** の稼働期間と呼ぶ。**G/C/1/T(†)** は □ がない区間も加えたモデルである。

$l^{\square} < 1$ の G/C/1 の稼働期間のイメージを図 14.2 に示す (図 3.2 参照)。縦軸は個体数 y_t である。G/C/1/T(†) が図 14.3 である。$t_{min} = min\{t^*, t_1 + T\}$ とおく。図 14.1 の 2~4 番二重線囲み部分は、タイマーが鳴りうるので、$\Delta_\dagger$ と確率構造が同じ。よって図 14.3 では $\Delta_{1\dagger}$ と表記する。図 14.1 の 5~14 番の二重線部分も同様に $\Delta_{2\dagger}$ と表す。図 14.3 の R にも、図 14.1 の 11~14 番のように コ はある。図 14.1 の 15 番からは コ のみ。図 14.3 の ◇(ダイヤモンド) は コ が生む稼働期間上の短過程である。

14.1.2 定理と証明

図 14.2 において最初の □ の時間帯の長さを $D = t_2 - t_1$ とおく。タイマーが鳴る前に稼働期間が終わる確率

$$\xi \equiv Pr(t^* < \infty,\ t^* \le t_1 + T)$$

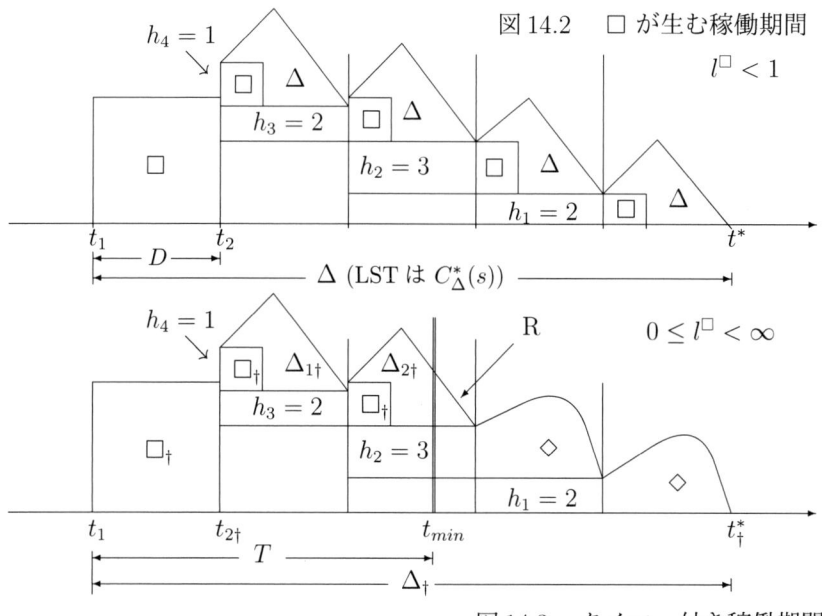

図 14.2　□ が生む稼働期間

図 14.3　タイマー付き稼働期間

が鍵になるので説明しておく。

　第一に、$1 \leq l^\square$ を否定していないので $t^* = \infty$ の場合もありうるが、この場合も含めて、$t^* - t_1$ の確率測度を P^* とすると、フビニの定理より

$$(14.3) \qquad \xi = \int_{[0,\infty)} \int_x^\infty \zeta^{-1} e^{-\zeta t} dt dP^*(x) = \int_{[0,\infty)} e^{-\zeta x} dP^*(x)$$

と表されるので、$Pr(t^* - t_1 < \infty) > 0$ ならば、ξ は ζ の短調減少関数である。

　$l^\square < 1$ ならば、確率 1 で、$t^* - t_1$ は有限である。よって $\lim_{\zeta \to 0} \xi = 1$、かつ (14.3)、あるいは 1.14 節から $\xi = C_\Delta^*(\zeta)$ となる。$1 \leq l^\square$ ならば、$t^* = \infty$ となりうるので、$\xi = 0$ もありうる。

　第二に、$t^* \leq t_1 + T$ は $D \leq T$、かつ図 14.3 で言えば $t_{2\dagger}$ 以後の短過程 $\Delta_{i\dagger}$ がすべてタイマーが鳴らない有限区間の場合である。$\Delta_\dagger$ と $\Delta_{i\dagger}$ は同じ確率構造なので、n 個の $\Delta_{i\dagger}$ で鳴らない確率は ξ^n である。よって条件 $D \leq T$ の下で D 直後の因子数が n の確率を $p_n^{D \leq T}$ とすると、$D \leq T$ の下で $t^* \leq t_1 + T$ となる確率は $Pr(t^* \leq t_1 + T | D \leq T) = \sum_{n=0}^\infty \xi^n p_n^{D \leq T} = K_0(\xi)$ である。

一方、タイマー時間 T は D とは独立で、母数 ζ の指数分布をするから、

$$(14.4) \qquad Pr(D \le T) = C_\square^*(\zeta), \qquad Pr(T < D) = 1 - C_\square^*(\zeta)$$

となる (1.14 節)。よって方程式

$$(14.5) \qquad C_\square^*(\zeta) K_0(\xi) = \xi$$

が成立する。

第三に、(14.1) より $0 < E(D) = m_\square < \infty$. よって $0 < Pr(D \le T) < 1$. (14.4) から、$0 < C_\square^*(\zeta) < 1$.[1] したがって (14.5) から

$$(14.6) \qquad 0 \le \xi \le C_\square^*(\zeta) < 1$$

となる。特殊な場合 $\xi = C_\square^*(\zeta)$ のときは $0 < \xi < 1$ であり、同時に (14.5) から $K_0(\xi) = 1$ である。この二つが起きるのは $p_0^{D \le T} = 1$ のときのみである[2]。

ところで、$p_0^{D \le T} < 1$ ならば $K_0(z) = \sum_{n=0}^{\infty} z^n p_0^{D \le T}$ は、$0 < x$ において、$K_0'(x) > 0$, $K_0''(x) \ge 0$ となる。よって、二直線 $y = C_\square^*(\zeta) K_0(x)$ と $y = x$ の交点である (14.5) の解は一意に定まる。この解は、$K_0(z)$ と $C_\square^*(\zeta)$ が複雑な関数でなければ、計算機を使って求められるので、ξ は得られるものとする。

次の定理で、$E_{\Delta_\dagger}$ と $\Pi(z : \Delta_\dagger)$ を得る。また (14.6) より、$0 \le A < 1$ である。

定理 14.1 $\alpha(z) = C_\square^*(\zeta) K_0(z)$ とおく。

(1) $A = \{C_\square^*(\zeta) - \xi\}/(1 - \xi)$ とおくと、
$$E_{\Delta_\dagger} = \frac{E_{\square\dagger} + \{(1 - C_\square^*(\zeta))k_1 + k_0 C_\square^*(\zeta) - A\}E_\diamond}{1 - A}.$$

(2) $\left\{\dfrac{G(z) - \alpha(G(z))}{G(z) - \xi}\right\} E_{\Delta_\dagger} \Pi(z : \Delta_\dagger) = E_{\square\dagger} \Pi(z : \square_\dagger)$
$$+ \left\{\frac{\beta(z)}{G(z) - 1} - \frac{\alpha(G(z)) - \xi}{G(z) - \xi}\right\} E_\diamond \Pi(z : \diamond).$$

ただし、$\beta(z) = \{1 - C_\square^*(\zeta)\} K_1(G(z)) - 1 + \alpha(G(z))$ である。

---

[1] これから、$\xi = 0$ であるための必要十分条件は $p_0^{D < T} = 0$ である。なぜなら、$\xi = 0$ ならば、(14.4) から $K(0) = 0$. これは $p_0^{D < T} = 0$ に同等である。反対に $p_0^{D < T} > 0$ ならば、D で稼働期間が終了する確率が正なので、定義から ξ も正になる。

[2] $p_0^{D \le T} = 1$ は $\square$ が後に残す因子がないことであるから、稼働期間は D で終了する。

(証明)　(1)　$T < D$ の条件下で、

$$\psi^{T<D} \equiv E\big(\mu((t_{2\dagger}, t_{\dagger}^*))|T < D\big) = \sum_{n=0}^{\infty} nE_\diamond p_n^{T<D} = k_1 E_\diamond.$$

$D \leq T$ ならば、$t_{2\dagger}$ から $\Delta_{1\dagger}$ が始まる。$t_{2\dagger}$ 直後の因子数が n の場合、後からの発生順なので、これらの因子は $\Delta_\dagger$ または $\diamond$ を引き起こす。これらのうち $i(\leq n)$ 番目に引き起こされるのは、確率 ξ^{i-1} で $\Delta_\dagger$、確率 $1 - \xi^{i-1}$ で $\diamond$ である。よってこの区間の μ 値の期待値は

$$\psi_{n,i} = \xi^{i-1}E_{\Delta_\dagger} + (1 - \xi^{i-1})E_\diamond$$

であり、後続期間の μ 値の期待値は $\gamma_n = \sum_{i=1}^{n} \psi_{n,i}$ である。そして

$$
\begin{aligned}
\psi^{D\leq T} &\equiv E\big(\mu(t_{2\dagger}, t^*)|D \leq T\big) = \sum_{n=1}^{\infty} \gamma_n p_n^{D\leq T} \\
&= \sum_{n=1}^{\infty} \Big\{ \frac{1 - \xi^n}{1 - \xi} E_{\Delta_\dagger} + \Big(n - \frac{1 - \xi^n}{1 - \xi} \Big) E_\diamond \Big\} p_n^{D\leq T} \\
&= \frac{1 - K_0(\xi)}{1 - \xi} E_{\Delta_\dagger} + \Big(k_0 - \frac{1 - K_0(\xi)}{1 - \xi} \Big) E_\diamond
\end{aligned}
$$

$K_0(\xi) = \xi/C_\square^*(\zeta)$ なので、

$$= \frac{1}{C_\square^*(\zeta)} \Big[AE_{\Delta_\dagger} - \big\{ -k_0 C_\square^*(\zeta) + A \big\} E_\diamond \Big].$$

これらの結果と (14.4) を

$$
\begin{aligned}
E_{\Delta_\dagger} &= E_{\square_\dagger} + \int \mu(t_{2\dagger}, t^*)d\mathbb{P}(u), \qquad u \in \sigma(\Omega) \\
&= E_{\square_\dagger} + \int \mu(t_{2\dagger}, t^*)d\Big(\mathbb{P}(u \cap \{T < D\}) + \mathbb{P}(u \cap \{D \leq T\}) \Big) \\
&= E_{\square_\dagger} + Pr(T < D)\psi^{T<D} + Pr(D \leq T)\psi^{D\leq T}
\end{aligned}
$$

に入れて、$E_{\Delta_\dagger}$ を取り出すと定理の式が得られる。

(2)　次に $\Pi(z : \Delta_\dagger)$ を求めよう。$T < D$ のとき後続期間には PGF

$$G(z)^{n-1}\Pi(z : \diamond), \quad G(z)^{n-2}\Pi(z : \diamond), \cdots, \quad \Pi(z : \diamond)$$

を持った短過程が連なる。よって、定理 3.1 から後続期間の μ 平均 PGF は

$$\Pi\left(z:_{T<D}^{後続}\right) = \frac{1-K_1(G(z))}{k_1(1-G(z))}\Pi(z:\diamond)$$

である。

$D \le T$ かつ $t_{2\dagger}$ 直後の因子数が n のとき、i 番目の短過程の μ 平均 PGF は

$$\frac{G(z)^{n-i}}{\psi_{n,i}}\left\{\xi^{i-1}E_{\Delta\dagger}\Pi(z:\Delta_\dagger) + (1-\xi^{i-1})E_\diamond\Pi(z:\diamond)\right\}$$

であるから、後続期間の μ 平均 PGF は、補助定理 3.1 の記号を使うと、

$$\begin{aligned}
\Pi\left(z:_{n,\ D\le T}^{後続}\right) &= \frac{1}{\gamma_n}\sum_{i=1}^{n}G(z)^{n-i}\left\{\xi^{i-1}E_{\Delta\dagger}\Pi(z:\Delta_\dagger) + (1-\xi^{i-1})E_\diamond\Pi(z:\diamond)\right\} \\
&= \frac{G(z)^{n-1}}{\gamma_n}\left[F_n^\Sigma\left(\frac{\xi}{G(z)}\right)E_{\Delta\dagger}\Pi(z:\Delta_\dagger)\right. \\
&\qquad\qquad \left. + \left\{F_n^\Sigma\left(\frac{1}{G(z)}\right) - F_n^\Sigma\left(\frac{\xi}{G(z)}\right)\right\}E_\diamond\Pi(z:\diamond)\right].
\end{aligned}$$

$D \le T$ の条件下での後続期間の μ 平均 PGF は、

$$\begin{aligned}
\Pi\left(z:_{D\le T}^{後続}\right) &= \frac{1}{\psi^{D\le T}}\sum_{n=1}^{\infty}\gamma_n\Pi\left(z:_{n,\ D\le T}^{後続}\right)p_n^{D\le T} \\
&= \frac{1}{\psi^{D\le T}}\left[\frac{K_0(G(z))-K_0(\xi)}{G(z)-\xi}E_{\Delta\dagger}\Pi(z:\Delta_\dagger)\right. \\
&\qquad \left. + \left\{\frac{K_0(G(z))-1}{G(z)-1} - \frac{K_0(G(z))-K_0(\xi)}{G(z)-\xi}\right\}E_\diamond\Pi(z:\diamond)\right].
\end{aligned}$$

以上の結果を

$$\begin{aligned}
\Pi(z:\Delta_\dagger) = \frac{1}{E_{\Delta\dagger}}\left[E_{\square\dagger}\Pi(z:\square_\dagger) + Pr(T<D)\psi^{T<D}\Pi\left(z:_{T<D}^{後続}\right)\right. \\
\left. + Pr(D\le T)\psi^{D\le T}\Pi\left(z:_{D\le T}^{後続}\right)\right]
\end{aligned}$$

に代入すれば、

$$\begin{aligned}
E_{\Delta\dagger}\Pi(z:\Delta_\dagger) =& E_{\square\dagger}\Pi(z:\square_\dagger) + (1-C_\square^*(\zeta))\frac{K^{T<D}(G(z))-1}{G(z)-1}E_\diamond\Pi(z:\diamond) \\
&+ \frac{\alpha(G(z))-\xi}{G(z)-\xi}E_{\Delta\dagger}\Pi(z:\Delta_\dagger)
\end{aligned}$$

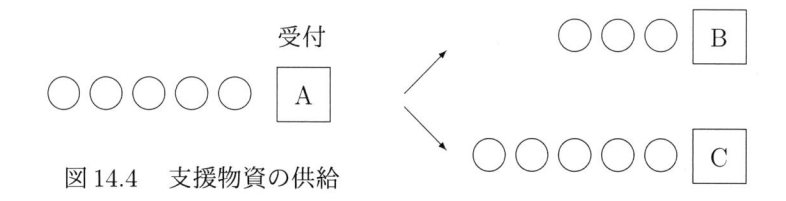

図 14.4　支援物資の供給

$$+\left\{\frac{\alpha(G(z)) - C_\square^*(\zeta)}{G(z) - 1} - \frac{\alpha(G(z)) - \xi}{G(z) - \xi}\right\}E_\diamond\Pi(z:\diamond).$$

この方程式を整理すると定理の (2) が得られる。　　　　　　　　　　□

14.2　出来事の例

　待ち行列では、前節の □ は集団または客のサービス時間、あるいは完了時間上の短過程である。

　そもそもこの研究課題は、到着率が頻繁に切り変わる論文[3]を見た筆者が、切り替えを稼働期間内に高々 1 回にすれば、利用しやすい結果が得られると予想したことに始まる。例はいろいろ思いつく。特殊ではあるが、到着率切り替えモデルに近い状況として、入力管理者がいるモデルを見てみよう。例えば、災害発生の被災地において支援物資を図 14.4 の B と C で手渡しているとする。被災者は A に並び、受付 (入力管理者) が B, C どちらに行くか決める。B は待つ場所が危険、あるいはぬかるんでいるため多人数並ぶのは避けたい。C は少し遠いとする。そこである程度の時間 B に誘導し、その後は C に誘導する。しかし指示に逆らって B に行く者がいる。空になった B のサーバーは入力管理者に電話する。この繰り返しである。この B の待ち行列が我々の注目するところであり、稼働期間上の標本路は図 14.5 のようになる。ここでは到着率が変わると空になるまでそれが続くとしている。

　他の例として、工場の作業において、ある機械は仕事 (客) が途切れたときに油をさしているとする。稼働期間が長いときは作業員が作業を止めて油をさすとすれば、この作業を休憩と見なせばよい。スーパーのレジでは、混雑のとき一つの

[3]Kasahara, Takine, Takahashi, Hasegawa、雑誌 Queueing Systems, Vol.14(1993)pp 349-367 所収. この論文では到着率が二つあって、指数分布の時間が経過するごとに交替する。系内客数の PGF を出すことに成功しているが、その式は複雑で、確率と積率は出しづらい。

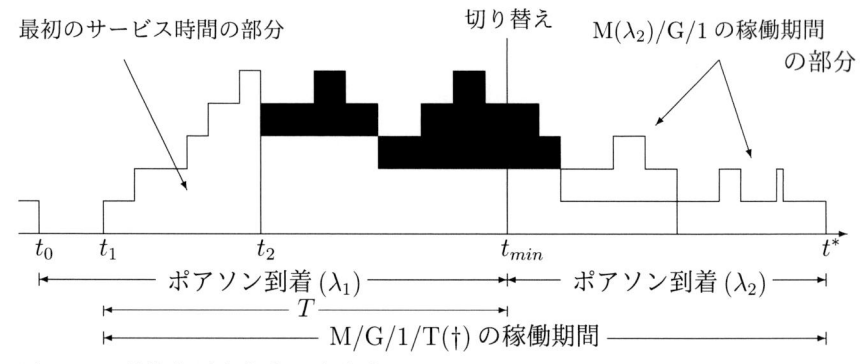

図 14.5. 到着率が変化する出来事

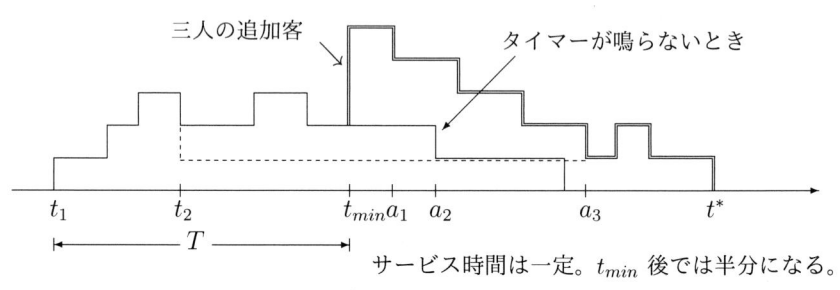

サービス時間は一定。t_{min} 後では半分になる。

図 14.6　追加客とサービス時間短縮が同時に起こる出来事

レジで二人の店員がつくのを時々見かける。図 14.6 は、追加客と同時に処理速度を 2 倍にした図である。このようなことは頻繁には起きないから、空になると加勢店員はそこを離れるであろう。

　頻度は少ないが、時々起きる**稀な出来事** (rare event)、あるいは起きるとも思えない出来事や空前絶後[4]の出来事は、T の分布の母数が小さい、あるいは極めて小さい場合と考えれば、本書の分析から何らかの知識が得られるであろう。

　出来事 † にはどのようなものがあるか。思いつくままに書き出してみよう。

　１．　サーバーが休憩をとる。

　２．　客が追加される (図 14.6)。

---

[4]高速道路の天井が落ちたことがある。これを契機に道路管理会社は不要な天井を取り外したので、このような惨事はもう起きないであろう。ならば字義通り空前絶後である。

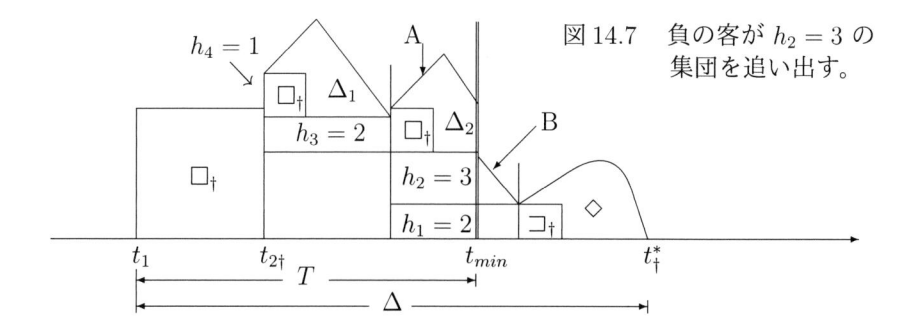

図 14.7　負の客が $h_2 = 3$ の集団を追い出す。

3．**即時初期化**[5]。客は全員追い出される。

4．到着率が $\lambda = \lambda_1$ から λ_2 に変更される (図 14.5)。

5．サービス分布が $B(x)$ から $B_0(x)$ に変わる。

6．1 サービス 1 休憩になる。

7．非割り込み型優先客が到着開始し、今までの客は普通客扱いになる。

8．門が T 時間閉まり、新規客は損失となる。(図 4.3 と比較されたい。)

9．待ち客をさらう**負の客** (negative customer) が来る。手空きのサーバーがこちらの待ち客をサービスする場合など。

10．事故が起きて、待っている客 (部品) が損傷を受け、サービス分布関数が $B_0(x)$ に替わる。事故後来た客は $B(x)$ である。

11．サービス中の客は最後尾に回され、次の客のサービスが開始する。

定理 14.1 の条件を満たす例 1 〜 8 を念頭に置いて理論展開する。図 14.6 が例の 2 と 5 の組み合わせである。例 9 はサービス内に来た客のみをさらうのでなければ、図 14.7 のように Δ と Δ_i が同じ確率構造ではなくなる。

14.3　G/C/1/T(†) における四つの短過程

出来事と言えば、その後の系の乱れに関心が向く。そこで G/C/1/T(†) において、記号

$$\Pi\left(z : {}^{busy/\square}_{/T(\dagger)}\right), \quad \Pi\left(z : {}^{busy/\square}_{/T \text{前}}\right), \quad \Pi\left(z : {}^{busy/\square}_{/T \text{後}(\dagger)}\right), \quad \Pi\left(z : {}^{busy/\square}_{/T \text{後}}\right)$$

---

[5]タイマーが鳴るとまた最初からという意味なので、"初期化"にした。これが論文に出た最初は確認できないが、Jain and Sigman, "A Pollaczek-Khintchine formula for M/G/1 queues with disasters", J. Appl. Prob. Vol.33(1996) では disaster と呼んでいる。

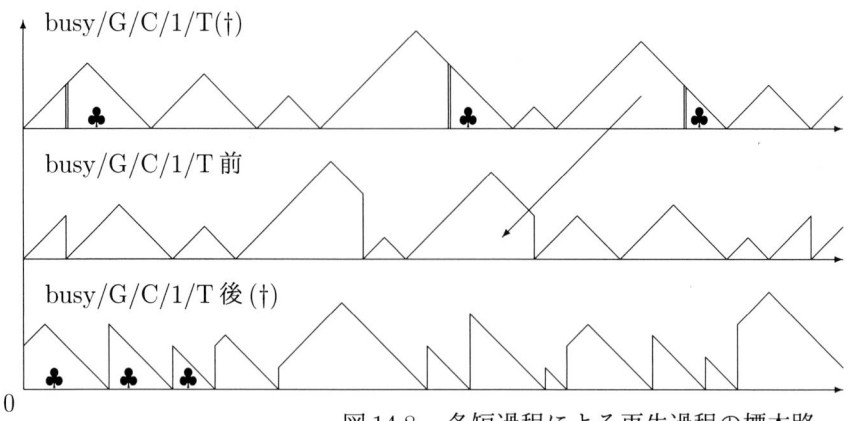

図14.8　各短過程による再生過程の標本路

を使う。左三つはそれぞれ区間 $(t_1, t_\dagger^*)$、(t_1, t_{min})、$(t_{min}, t_\dagger^*)$ 上の y_t の μ 平均 PGF である。左から二番目は出来事に依存しないので、$\dagger$ を付けていない。左から三番目の短過程の開始時点では、何かの変数が進行中かもしれない。これを短過程と呼びたいがために第二章で一般的に短過程を定義したのである。右端は G/C/1 の区間 (t_{min}, t^*) 上の短過程の PGF、すなわち $\dagger$ が何も起きない出来事を指す $\{T\,後\,(\dagger)\}$ の PGF である。これらをそれぞれ

$$\{T(\dagger)\}, \quad \{T\,前\,\}, \quad \{T\,後\,(\dagger)\}, \quad \{T\,後\,\}$$

の PGF と呼ぶ。さらに区間の μ 値と長さの期待値を次で表す。

$$E_{T(\dagger)}, \quad E_{T\,前}, \quad E_{T\,後\,(\dagger)}, \quad E_{T\,後},$$
$$m_{T(\dagger)}, \quad m_{T\,前}, \quad m_{T\,後\,(\dagger)}, \quad m_{T\,後}.$$

　図14.8 の最上段は、G/C/1/T($\dagger$) の稼働期間上の y_t の標本路を三角形で示し、それが独立に繰り返したイメージ図である。縦棒はタイマーが鳴った時点であり、その後の部分 (♣) を除いたのが第二段、取り出したのが第三段である。これらが $\{T(\dagger)\}$、$\{T\,前\,\}$、$\{T\,後\,(\dagger)\}$ の標本路である。定理14.1 で $\{T(\dagger)\}$ の PGF を求めた。次節で求める $\{T\,前\,\}$ を使えば、$\{T\,後\,(\dagger)\}$ の PGF は

$$(14.7) \qquad E_{T\,後\,(\dagger)}\Pi\big(z:{}^{busy/\square}_{/T\,後\,(\dagger)}\big) = E_{T(\dagger)}\Pi\big(z:{}^{busy/\square}_{/T(\dagger)}\big) - E_{T\,前}\Pi\big(z:{}^{busy/\square}_{/T\,前}\big)$$

212

から得られる。

14.4 $\{T\text{前}\}$ と $\{T\text{後}\}$

$\{T\text{前}\}$ と $\{T\text{後}\}$ の PGF を求めよう。$\{T\text{前}\}$ は、† を即時初期化に選んだ $\{T(\dagger)\}$ であるから、定理 14.1 が適用できる。このとき $\square_\dagger$ は区間 $I_{D\wedge T} \equiv (t_1, t_1 + D \wedge T)$ 上の短過程になる (∧ の記号説明は 11.3.1 節)。その μ 平均 PGF を $\Pi(z : I_{D\wedge T})$ と表す。

定理 14.1 の系 1

$$(14.8) \qquad E_{T\text{前}} = \frac{1-\xi}{1 - C_\square^*(\zeta)} E(\mu(I_{D\wedge T})), \quad \text{特に} \quad m_{T\text{前}} = \frac{1-\xi}{\zeta},$$

$$(14.9) \qquad \Pi\Big(z : {}^{busy/\square}_{/T\text{前}}\Big) = \frac{(1 - C_\square^*(\zeta))(G(z) - \xi)}{(1-\xi)(G(z) - \alpha(G(z)))} \Pi(z : I_{D\wedge T}).$$

(証明) 即時初期化モデルを考える。このモデルでは $m_\square = 0$ より $E_\Diamond = E(\mu(\Diamond)) = 0$. よって定理の (1) から、

$$(14.10) \qquad E_{T(\dagger)} = (1-\xi)E_{\square\dagger}/(1 - C_\square^*(\zeta))$$

となる。$E_{T(\dagger)} = E_{T\text{前}}$ かつ $E_{\square\dagger} = E(\mu(I_{D\wedge T}))$ は自明。これを (14.10) に入れると (14.8) の前半が言える。μ が時間平均の場合、11.3.1 節から $E_{\square\dagger} = E(D \wedge T) = \{1 - C_\square^*(\zeta)\}/\zeta$. これを (14.10) に入れて (14.8) の後半が言える。

定理の (2) の $\Pi\Big(z : {}^{busy/\square}_{/T(\dagger)}\Big)$ が $\Pi\Big(z : {}^{busy/\square}_{/T\text{前}}\Big)$ であり、$\Pi(z : \square_\dagger) = \Pi(z : I_{D\wedge T})$ であるから、(14.9) が言える。 $\square$

稼働期間にタイマーが鳴る条件下で、鳴る時点での系内個体数 N_T の PGF $\Pi(z : N_T)$ は、次定理のように $\{T\text{前}\}$ の PGF に一致する。なぜなら $\{T\text{前}\}$ の短過程を独立に繰返せば、出来事の発生時点列がポアソン点過程になり (図 14.9)、PASTA(第四章の脚注) が使える。本書は PASTA を使わないことにしているので、短過程法で、次章で証明する。

定理 14.2 $\Pi(z : N_T) = \Pi\Big(z : {}^{busy/\square}_{/T\text{前}}\Big)$.

$\{T\text{後}(\dagger)\}$ の PGF は、(14.7) より、求めた $\{T\text{前}\}$ と $\{T(\dagger)\}$ の PGF から得られる。特に、$l^\square < 1$ の G/C/1 の稼働期間上の短過程 Δ の長さの期待値は

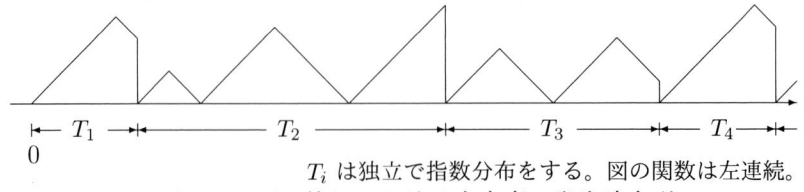

T_i は独立で指数分布をする。図の関数は左連続。

図 14.9 $\{T\text{ 前 }\}$ における出来事の発生時点列

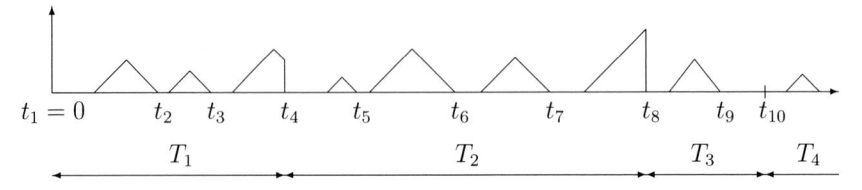

三角は稼働期間の系内客数の変化のイメージ図

図 14.10 指数分布の営業時間をもったお店のイメージ図

$m_\Delta = m_\square/(1 - l^\square)$（定理 3.1 の系）であるから、

$$(14.11) \qquad m_{T\text{ 後}} = m_\Delta - m_{T\text{ 前}} = \frac{m_\square}{1 - l^\square} - \frac{1 - \xi}{\zeta},$$

$$(14.12) \qquad m_{T\text{ 後}}\Pi\left(z : {}^{busy/\square}_{/T\text{ 後}}\right) = m_\Delta\Pi(z : busy/\square) - \frac{1 - \xi}{\zeta}\Pi\left(z : {}^{busy/\square}_{/T\text{ 前}}\right).$$

式は簡単にはならないのでこのままにする。

14.5 □ がない区間の開始からタイマーが鳴るまで

G/C/1 の □ がない区間の長さの分布の LST を $V_0^*(s)$、期待値を v_0 とする。この区間開始時にタイマーも開始し、それが鳴るまでの短過程を考えてみよう。

我々の身近では朝 9 時から夜の 8 時までのように一定時間のみ営業する店が多い。一定時間はモデル分析が困難なので、営業時間は指数分布とし、毎日独立に繰り返すとしよう。営業時間内はお客さんがいる時もあれば、いない時もある。そこで営業時間のみを取り出して繋ぐと、図 14.10 のようになる。T_i が i 日目の営業時間である。

この図で 1 日と 2 日は客がいる時に終了し、3 日は空の時間帯に終了する。この図における開店時間と稼働期間終了時点を $(0 =)t_1 < t_2 < \cdots$ としよう。ならば $(t_i, t_{i+1}]$ 上の短過程の繰り返しになっているから、この短過程の μ 平均 PGF

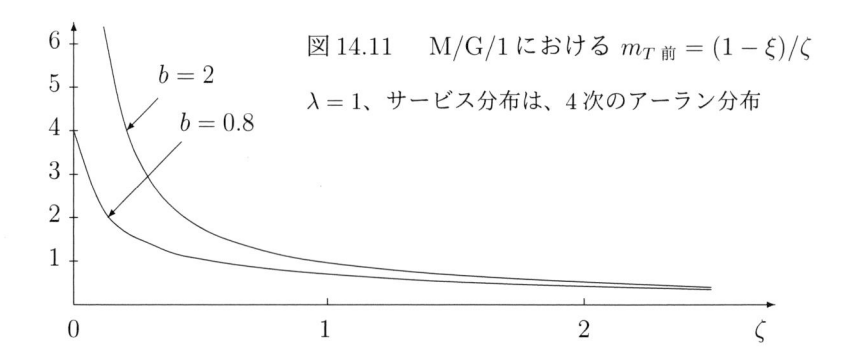

図 14.11　　M/G/1 における $m_{T\,前} = (1-\xi)/\zeta$

$\lambda = 1$、サービス分布は、4 次のアーラン分布

が営業時間上のそれである。

タイマーがない時の $(t_1, t_2]$ 間の □ がない区間の長さを X とする、X の分布のLST は $V_0^*(s)$ であるから、$min\{X, T\}$ の期待値は $(1-V_0^*(\zeta))/\zeta$ であり (11.3.1 節)、$Pr(X < T) = V_0^*(\zeta)$ である。$(t_1, t_2]$ 上の短過程の時間平均 PGF は

$$\Pi(z) = \alpha\left\{\frac{1 - V_0^*(\zeta)}{\zeta} + V_0^*(\zeta) m_{T\,前} \Pi\left(z :^{busy/\square}_{/T\,前}\right)\right\}$$

$$= \frac{1 - V_0^*(\zeta)}{1 - V_0^*(\zeta)\xi} + \frac{V_0^*(\zeta)(1-\xi)}{1 - V_0^*(\zeta)\xi} \Pi\left(z :^{busy/\square}_{/T\,前}\right)$$

で与えられる。X が指数分布をするならば、$V_0^*(\zeta) = (1 + v_0\zeta)^{-1}$ より

$$\Pi(z) = \frac{v_0\zeta}{1 + v_0\zeta - \xi} + \frac{1-\xi}{1 + v_0\zeta - \xi} \Pi\left(z :^{busy/\square}_{/T\,前}\right).$$

このように $\Pi\left(z :^{busy/\square}_{/T\,前}\right)$ を使って表せる。

14.6　付録：$\zeta \to 0$ の場合

稀な出来事に関心があるなら、$\zeta \to 0$ のときを調べたくなる。とくに $\{T\,後(\dagger)\}$ に興味が起きる。ここでは一般論の枠内で言えることを記す。

まず $\{T\,前\}$ について認識を深めよう。図 14.11 は、M/G/1 のもとで、(14.8) の $m_{T\,前}$ を計算機で出したものである。$b = 0.8$ のとき $\zeta \to 0$ ならば、稼働期間の長さの期待値 $b/(1-\lambda b) = 4$ に向い、$\zeta \to \infty$ ならば、0 に行く。安定条件 $\lambda b < 1$ を満たさない $b = 2$ では M/G/1 は発散するので、$\zeta \to 0$ のとき、$m_{T\,前}$ の曲線は無限に向う。

本節は $\{T\,後\}$ を調べたいので、$l^\square < 1$ を仮定する。第一に、$I_{D \wedge T}$ 関連を調べよう。T は他の変数とは独立であるから、基礎の確率測度を T とそれ以外に分解表示 $\mathbb{P} = \mathbb{P}_T \times \mathbb{P}_0$ する。$\mu(I_{D \wedge T})$ の期待値は、フビニの定理より、

$$(14.13) \qquad E(\mu(I_{D \wedge T})) = \int \int_0^\infty \mu(I_{D \wedge t}) \zeta e^{-\zeta t} dt d\mathbb{P}_0$$

である。内側の積分は、

$$(14.14) \qquad \int_0^\infty \mu(I_{D\wedge t})\zeta e^{-\zeta t}dt = \int_0^D \mu(I_{D\wedge t})\zeta e^{-\zeta t}dt + \int_D^\infty \mu(I_D)\zeta e^{-\zeta t}dt.$$

右辺第一項は、$\mu(I_D)\int_0^D \zeta e^{-\zeta t}dt$ で抑えられるので、$\zeta \to 0$ のとき 0 に行く。よって (14.14) は $\mu(I_D)$ に向かう。そこで有界収束の定理を (14.13) に適用すると

$$(14.15) \qquad E(\mu(I_{D\wedge T})) \xrightarrow{\zeta\to 0} \int \mu(I_D)d\mathbb{P}_0 = E_\square.$$

これは到着平均も考慮しているが、時間平均では 11.3.1 節より、ロピタルの定理を使っても $E(D \wedge T) = \{1 - C_\square^*(\zeta)\}/\zeta \xrightarrow{\zeta\to 0} m_\square$ が言える。ついでながら (1.13.2) を使えば、$\frac{d}{d\zeta}E(D \wedge T) = \{-C_\square^{*\prime}(\zeta)\zeta - 1 + C_\square^*(\zeta)\}/\zeta^2 < 0$ も言える。

区間 $(0, D \wedge T)$ と区間 $(D \wedge T, D)$ に分けて表した式

$$E_\square \Pi(z:\square) = E(\mu(I_{D\wedge T}))\Pi(z:I_{D\wedge T}) + \{E_\square - E(\mu(I_{D\wedge T}))\}\Pi(z:I_{D-D\wedge T})$$

に (14.15) を適用して、次を得る。

$$\lim_{\zeta\to 0}\Pi(z:I_{D\wedge T}) = \Pi(z:\square), \qquad |z| \le 1$$

2.8 節末で述べたように、確率も収束するが、積率の収束はこれだけでは言えない。

第二に、$K_0(z)$ を調べよう。(14.2) 式を使って、$|z| \le 1$ において

$$\left|K_0(z) - L_\square(z)\right| \le \sum_{n=0}^j \left|\frac{Pr(\{N=n\}\cap H)}{Pr(H)} - Pr(N=n)\right|$$
$$+ \sum_{n=j+1}^\infty \left\{\frac{Pr(\{N=n\}\cap H)}{Pr(H)} + Pr(N=n)\right\}$$

と j で分けて表してみる。$\lim_{\zeta\to 0} Pr(H) = \lim_{\zeta\to 0} C_\square^*(\zeta) = 1$ であるから、右辺第一項は、$\zeta \to 0$ のとき 0 に行く。また $\zeta < 1$ の範囲で一様に

$$(右辺第二項) \le (Pr(H)^{-1} + 1)Pr(N \ge j+1) \xrightarrow{j\to\infty} 0.$$

ここから $|z| \le 1$ の範囲で一様に、$\lim_{\zeta\to 0} K_0(z) = L_\square(z)$. 定理で定義した $\alpha(z)$ も $\lim_{\zeta\to 0}\alpha(z) = L_\square(z)$ を満たす。$K_0(z) = \sum_{n=0}^\infty z^n p_{0n}$ と表せば、$K_0'(z) = \sum_{n=1}^\infty nz^{n-1}p_{0n}$ であり、期待値が存在するとしているから、$K_0(z)$ と同様に $\lim_{\zeta\to 0}K_0'(z) = L_\square'(z)$. 特に $\lim_{\zeta\to 0}k_0 = l^\square$.

第三に、$\Pi\left(z:_{/T\, 前}^{busy/\square}\right)$ を調べる。$l^\square < 1$ より、

$$\lim_{\zeta\to 0}\xi = 1, \qquad \cdots \quad \xi \text{ の定義から}$$

$$\lim_{\zeta\to 0}\xi' = -m_\Delta \qquad \cdots \quad (14.3) \text{ から出る } \xi = C_\Delta^*(\zeta) \text{ を微分する。}$$

$$\lim_{\zeta\to 0}\frac{1 - C_\square(\zeta)}{1 - \xi} = \frac{m_\square}{m_\Delta} = 1 - l^\square \qquad \cdots \quad 定理 3.1 \text{ の系}$$

また $m_{T\,前} = (1-\xi)/\zeta$ にロピタルの定理を適用すると

$$\text{(14.16)} \qquad \lim_{\zeta \to 0} m_{T\,前} = m_\Delta.$$

ついでながら $\xi = C_\Delta^*(\zeta)$ なので、$(1.13.2)$ より、$(d/d\zeta)m_{T\,前} = (-\xi'\zeta - 1 + \xi)/\zeta^2 < 0$ が言える。これは図 14.11 に合っている。

以上を使えば、(14.9) の式で $\zeta \to 0$ とすると

$$\text{(14.17)} \qquad \lim_{\zeta \to 0} \Pi(z:N_T) = \lim_{\zeta \to 0} \Pi\left(z : {}^{busy/\square}_{/T\,前}\right) = \frac{(1-l^\square)(1-G(z))}{L_\square(G(z)) - G(z)}\Pi(z:\square)$$

$$= \Pi(z:busy/\square). \qquad \cdots \quad 定理 3.3.$$

$\lim_{\zeta \to 0} \Pi(z:N_T)$ を空前絶後の事象が稼働期間上で起きた時点での系内客数の分布と見なせば、それは $\bullet/\mathrm{C}/1$ の稼動期間上の分布になることを示している。ただし、(14.17) は積率の収束は保証しない。

第四は $m_{T\,後}$ を考える。(14.11) において $\zeta \to 0$ のとき、$m_{T\,後} = m_\Delta - m_{T\,前} \to 0$. 稼働期間でタイマーが鳴らないと、$\{T\,後\}$ はない。鳴った条件下では、区間の長さの期待値は

$$\text{(14.18)} \qquad \frac{m_{T\,後}}{1-\xi}$$

である。これは、タイマーが鳴るとその後稼働期間がどれだけ続くかの目安になる。$\zeta \to 0$ の極限値を求めてみよう。

ロピタルの定理を使うために、分母を微分すれば $-\xi' \xrightarrow{\zeta \to 0} m_\Delta$. 分子は

$$\frac{d}{d\zeta}m_{T\,後} = -\frac{d}{d\zeta}m_{T\,前} = \frac{\xi'\zeta - \xi + 1}{\zeta^2}.$$

分母分子は 0 に向かうので、分母分子を微分すると、分母は 2ζ、分子は $\xi''\zeta$. よって $\lim_{\zeta \to 0} \frac{m_{T\,後}}{1-\xi} = \frac{1}{2m_\Delta}\lim_{\zeta \to 0}\xi''$ となる。さらに進んで ξ'' を調べるため $C_\square^*(\zeta)K_0(\xi) = \xi$ の両辺を微分すると、

$$C_\square^{*\prime}(\zeta)K_0(\xi) + C_\square^*(\zeta)\frac{d}{d\zeta}K_0(\xi) = \xi'.$$

$\zeta \to 0$ とすると

$$\lim_{\zeta \to 0}\frac{d}{d\zeta}K_0(\xi) = m_\square - m_\Delta$$

が得られる。もう一度微分して、$\zeta \to 0$ とすると

$$C_\square^{*\prime\prime}(0) + 2m_\square(m_\Delta - m_\square) + \lim_{\zeta \to 0}\frac{d^2}{d\zeta^2}K_0(\xi) = \lim_{\zeta \to 0}\xi'',$$

さらに計算すると

$$\lim_{\zeta \to 0}\xi'' = (1-k_0)^{-1}\left\{C_\square''(0) + 2m_\square(m_\Delta - m_\square) + K_0''(1)m_\Delta^2\right\}$$

となるから、$C_\square''(0)$ と $K_0''(1)$ が有限ならば、(14.18) の極限が求まる。

第五に、(14.12) の両辺を $1-\xi$ で割ると、左辺は $\lim_{\zeta \to 0} m_{T\,後}/(1-\xi)$ が使える。そこで右辺の極限を調べれば良い。一般論はここまでなので、次章で $\mathrm{M/G/1}$ で具体化する。

第十五章 M/G/1における $\{T\,前\}$ と $\{T\,後\}$

前章の結果をM/G/1に適用し、具体的に考える。四つの結果に注目したい。第一は、系内客数について

$$(\{T\,前\}\,の期待値) < (\Pi(z:{}^{busy/}_{/M/G/1})\,の期待値) < (\{T\,後\}\,の期待値)$$

となり、$\zeta \to 0$ とすると両端は中央の値に収束する。これらを任意次数の積率について証明する。

しかし、この差はゆるやかにしか縮まらない。$\{T\,前\}$ を有限区間で打ち切られる現実と見ると、これは一時解と定常分布の違いを表しているように思える。つまり、現実に、あるいは一時解に定常分布を当てはめれば、系内客数を過大評価しがちである。研究から除外した一時解が関係してきたことが面白い。

第二に、$\lim_{\zeta \to 0} p_{0,n}^{T\,後}$ の存在を示す。$\{T\,後\}$ は分散も $busy/M/G/1$ より大きいようである。これらの意味を、計算機実験も含めて検討する。

第三に、他の関連した変量のPGFを出す。第四は $\Pi(z:N_T) = \Pi\left(z:{}^{busy/M/G}_{/1/T\,前}\right)$ を、PASTA を使わないで、証明することである。

15.1　基礎モデルがM/G/1の場合の定理14.1

前章をM/G/1に適用して、時間制限式稼働期間の特徴を精密に見てみよう。四つに分けて整理する。第一は記号。M/G/1だから、$G(z) = z$、$\square$ は最初のサービス時間上の短過程、D はサービス時間 S、さらに

$$C_\square^*(s) = B^*(s), \quad m_\square = b, \quad l^\square = \lambda b, \quad C_\Delta^*(s) = \Theta^*(s), \quad m_\Delta = \theta = \frac{b}{1 - \lambda b}$$

となる。$\Pi\left(z:{}^{busy/\square}_{/T\,後\,(\dagger)}\right)$ 等は $\Pi\left(z:{}^{busy/M/G}_{/1/T\,後\,(\dagger)}\right)$ 等と表す。さらに

$$\Pi(z:\square) = \frac{z\{1 - B^*(\lambda - \lambda z)\}}{\lambda b(1 - z)}, \qquad \cdots (4.4)\,から$$

$l^\square = \lambda b < 1$ の下で、(4.7) から

$$(15.1) \qquad \Pi(z:busy/\square) = \Pi\left(z:{}^{busy}_{/M/G/1}\right) = \frac{(1 - \lambda b)z\{1 - B^*(\lambda - \lambda z)\}}{\lambda b\{B^*(\lambda - \lambda z) - z\}}.$$

第二に M/G/1 にタイマーが付いて、$\{T\,前\}$ と $\{T\,後\}$ を整理すると

$$K_0(z) = \frac{B^*(\lambda - \lambda z + \zeta)}{B^*(\zeta)}, \quad k_0 = -\frac{\lambda B^*(\zeta)}{B^*(\zeta)}, \quad \cdots \text{補助定理 11.1}$$

$$\alpha(z) \equiv B^*(\lambda - \lambda z + \zeta),$$

$$\xi = B^*(\lambda - \lambda \xi + \zeta), \text{ または } \lambda b < 1 \text{ ならば、} \xi = \Theta^*(\zeta),$$

$\tilde{S} = S \wedge T$ については、11.3.1 節から、

$$B_{\tilde{S}}^*(s) = \frac{\zeta + s B^*(s + \zeta)}{s + \zeta}, \qquad E(S \wedge T) = b_{\tilde{S}} = \frac{1 - B^*(\zeta)}{\zeta},$$

$$\Pi(z : I_{S \wedge T}) = z \Pi^R(z : B_{\tilde{S}}^*(\lambda - \lambda z)) \equiv \frac{z\{1 - B_{\tilde{S}}^*(\lambda - \lambda z)\}}{\lambda b_{\tilde{S}}(1 - z)}$$

$$= \frac{\zeta z\{1 - \alpha(z)\}}{(1 - B^*(\zeta))(\lambda - \lambda z + \zeta)},$$

よって定理 14.1 の系を使うと[1]

$$m_{T\,前} = \frac{1 - \xi}{\zeta}, \quad \lambda b < 1 \text{ ならば、} m_{T\,後} = \frac{b}{1 - \lambda b} - \frac{1 - \xi}{\zeta}.$$

$$\mu \text{ が到着平均ならば、} E_{T\,前} = \frac{\lambda(1 - \xi)}{\zeta},$$

$$\Pi\big(z : {}^{busy/M/G}_{/1/T\,前}\big) = \frac{(1 - B^*(\zeta))(z - \xi)}{(1 - \xi)\{z - B^*(\lambda - \lambda z + \zeta)\}} \Pi(z : I_{S \wedge T})$$

(15.2)
$$= \frac{\zeta z(z - \xi)\{1 - \alpha(z)\}}{(1 - \xi)(\lambda - \lambda z + \zeta)\{z - \alpha(z)\}},$$

$$\Pi(z : N_T) = \Pi\big(z : {}^{busy/M/G}_{/1/T\,前}\big), \quad \cdots 15.3 \text{ 節で別証明}$$

である[2]。

M/G/1 の稼働期間上の短過程、$\{T\,前\}$、$\{T\,後\}$ の $p_{I,n}$ をそれぞれ $p_{I,n}^{busy}$、$p_{I,n}^{T\,前}$、$p_{I,n}^{T\,後}$ と表す。$B^{*(n)}(\zeta)$ の (ζ) を省略して表記すると、

(15.3)
$$p_{1,1}^{T\,前} = \Pi'\big(1 : {}^{busy/M/G}_{/1/T\,前}\big) = 1 + \frac{1}{1 - \xi} + \frac{\lambda}{\zeta} - \frac{1}{1 - B^*}$$

---

[1]M/G/1 における $\{T\,前\}$ は 14.2 節で記した Jain and Sigman が仮の待ち時間の LST を出しているが、他の予備知識が必要。ここでは条件 9.1 のため第九章の議論は通じない。

[2](15.2) の z, $1 - \alpha(z)$, $\lambda - \lambda z + \zeta$ は $0 < z < 1$ の範囲で正であるが、$z - \xi$ と $z - \alpha(z)$ はそうではない。図 1.14.2 から、両者とも z が ξ を境に符号が変わり、全体で正である。

$$p_{1,2}^{T\,前} = \frac{1}{2}\Pi''\big(1 :_{/1/T\,前}^{busy/M/G}\big)$$

$$= \frac{1}{1-\xi} + \frac{\lambda(2-\xi)}{\zeta(1-\xi)} + \frac{\lambda^2}{\zeta^2} - \frac{2-\xi}{(1-\xi)(1-B^*)} - \frac{\lambda}{\zeta(1-B^*)} + \frac{1+\lambda B^{*\prime}}{(1-B^*)^2}.$$

$\lambda b < 1$ の下で、(15.1) と (15.2) を

$$(15.4) \qquad m_{T\,後}\Pi\big(z :_{/1/T\,後}^{busy/M/G}\big) = \theta\Pi\big(z :_{/M/G/1}^{busy}\big) - \frac{1-\xi}{\zeta}\Pi\big(z :_{/1/T\,前}^{busy/M/G}\big)$$

に代入すれば、$\{T\,後\}$ の PGF が得られる。

第三に、$\zeta \to 0$ としよう。$\xi = B^*(\lambda - \lambda\xi + \zeta)$ の両辺を微分すれば、

$$\lim_{\zeta\to 0}\xi = 1, \qquad \lim_{\zeta\to 0}\xi' = -\theta, \qquad \lim_{\zeta\to 0}\xi'' = \frac{B^{*\prime\prime}(0)}{(1-\lambda b)^3},$$

$$\lim_{\zeta\to 0}\xi''' = \frac{1}{(1-\lambda b)^4}B'''(0) - \frac{3\lambda}{(1-\lambda b)^5}B''(0)^2$$

が得られる。$\{T\,前\}$ については、14.6 節からも

$$\lim_{\zeta\to 0}\Pi\big(z :_{/1/T\,前}^{busy/M/G}\big) = \Pi\big(z :_{/M/G/1}^{busy}\big)$$

が得られる。

$\{T\,後\}$ を見てみよう。

$$(15.5) \qquad \frac{m_{T\,後}}{1-\xi} = \frac{b\zeta - (1-\lambda b)(1-\xi)}{(1-\lambda b)(1-\xi)\zeta} \xrightarrow{\zeta\to 0} \frac{1}{2b(1-\lambda b)^2}B^{*\prime\prime}(0).$$

(15.4) の右辺の PGF に (15.1)(15.2) を代入し、分母分子を ζ で微分し、ロピタルの定理を使うと、結果は

$$(15.6) \qquad \lim_{\zeta\to 0}\Pi\big(z :_{/1/T\,後}^{busy/M/G}\big) = \frac{\gamma z\{Y(z)E(z) + (1-\lambda b)(1-z)^2 Y'(z)\}}{(z-1)E(z)^2}$$

となる。ただし

$$\gamma = \frac{-2(1-\lambda b)^2}{\lambda^2 B^{*\prime\prime}(0)}, \quad E(z) = B^*(\lambda - \lambda z) - z, \quad Y(z) = 1 - B^*(\lambda - \lambda z).$$

$0 < B^{*\prime\prime}(0) < \infty$ ならば、(15.6) 右辺は $z \to 1$ のとき 1 に向かうことを、ロピタルの定理で確認できる。よって PGF の性質を持つ。(15.6) は空前絶後の出来事

が稼働期間内で起きた場合の $\{T後\}$ の PGF と言える。この $p_{I,n}$ を、15.2.2 節で電算機によって求める。期待値 $p_{1,1}$ の式のみ記す[3]。

$$(15.7) \qquad p_{1,1} = 1 + \gamma \frac{(4 - 2\lambda b)(1 - \lambda b)\lambda^3 B^{*(3)}(0) - (9 - 3\lambda b)\lambda^4 B^{*\prime\prime}(0)^2}{12(1 - \lambda b)^3}.$$

第四にタイマーが鳴るとある出来事 † が起きるとしよう。$\Box_\dagger$ は図 14.1、$\diamond$ は図 14.3 で説明した。本章の μ 平均は時間平均とする。ならば、定理 14.1 から次のように、$\Pi(z : \Box_\dagger)$ 等が求まれば、$T後 (\dagger)$ の PGF を得ることができる。

$$A \equiv \frac{B^*(\zeta) - \xi}{1 - \xi},$$

$$m_{T(\dagger)} = \frac{m_{\Box_\dagger} + \{(1 - B^*(\zeta))k_1 - \lambda B^{*\prime}(\zeta) - A\}m_\diamond}{1 - A},$$

$$(z - 1)(z - \alpha(z))m_{T(\dagger)}\Pi\left(z : {}^{busy/M/G}_{/1/T(\dagger)}\right) = (z - 1)(z - \xi)m_{\Box_\dagger}\Pi(z : \Box_\dagger)$$
$$+ \left\{(1 - B^*(\zeta))(z - \xi)K_1(z) - (1 - \xi)(z - \alpha(z))\right\}m_\diamond\Pi(z : \diamond),$$

$$m_{T後 (\dagger)} = m_{T(\dagger)} - \frac{1 - \xi}{\zeta},$$

$$m_{T後 (\dagger)}\Pi\left(z : {}^{busy/M/G}_{/1/T後 (\dagger)}\right) = m_{T(\dagger)}\Pi\left(z : {}^{busy/M/G}_{/1/T(\dagger)}\right) - \frac{1 - \xi}{\zeta}\Pi\left(z : {}^{busy/M/G}_{/1/T前}\right).$$

15.2　M/G/1 の $\{T前\}$ と $\{T後\}$ の確率と積率

15.2.1　$p_{I,n}^{T前}$ と $p_{I,n}^{T後}$ を求める。

M/G/1 の $\{T前\}$ と $\{T後\}$ の $p_{I,n}$ を $p_{I,n}^{T前}$, $p_{I,n}^{T後}$ と表し、電算機でこれらの数値を求める方法を述べる。繰り返し式には、1.11 節の記号

$$\Pi(z) = \frac{D(z)}{C(z)}, \qquad \tilde{C}_{I,n} = \frac{1}{n!}C^{(n)}(I), \qquad \tilde{D}_{I,n} = \frac{1}{n!}D^{(n)}(I), \quad I = 0, 1$$

と 5.1 節の $f_n^B(\lambda_I + \zeta J)$ と $\chi_n(z)$ を使う。

最初に $p_{I,n}^{T前}$ を求める。その式 (15.2) の分母

$$C(z) = (1 - \xi)(\lambda - \lambda z + \zeta)\{z - B^*(\lambda - \lambda z + \zeta)\}$$

については、5.1 節の表から、$n \geq 0$ において

---

[3](15.6) を微分して 1 を入れればよいが、分母分子とも 0 になるので、両方を 5 回ずつ微分してロピタルの定理を利用した。結果は $B^{*(3)}(0)$ が関係している。数値は他の方法で電算機で出す。

$$\tilde{C}_{I,n} = (1-\xi)\Big[(\lambda_I + \zeta)\big\{\chi_n(I) - f_n^B(\lambda_I + \zeta)\big\}$$
$$- \lambda\big\{\chi_{n-1}(I) - f_{n-1}^B(\lambda_I + \zeta)\big\}\Big], \qquad I = 0,1$$

が直ちに得られる。

$$\begin{cases} \tilde{C}_{0,0} = C(0) = -(1-\xi)(\lambda+\zeta)B^*(\lambda+\zeta) \neq 0, \\ \tilde{C}_{1,0} = C(1) = (1-\xi)\zeta(1 - B^*(\zeta)) \neq 0. \end{cases}$$

よって $I = 0,1$ ともに、$q = 0$ である。

一方、$D(z) = \zeta z(z-\xi)(\chi_1(z) - \alpha(z))$ は少し複雑なので、微分式を書くと、

$$D^{(n)}(z) = \zeta \sum_{i=0}^{n} \binom{n}{i} \frac{d^{n-i}}{dz^{n-i}}\{z(z-\xi)\}\frac{d^i}{dz^i}\{\chi_1(z) - \alpha(z)\},$$
$$= \zeta z(z-\xi)\{\chi_{n+1}(z) - \alpha^{(n)}(z)\} + \zeta n(2z-\xi)\{\chi_n(z) - \alpha^{(n-1)}(z)\}$$
$$+ \zeta n(n-1)\{\chi_{n-1}(z) - \alpha^{(n-2)}(z)\}.$$

ただし、$n = 1$ のときは右辺第三項は0とする。よって

$$\tilde{D}_{I,n} = \zeta\Big[I(I-\xi)\{\chi_{n+1}(I) - f_n^B(\lambda_I + \zeta)\}$$
$$+ (2I-\xi)\{\chi_n(I) - f_{n-1}^B(\lambda_I + \zeta)\} + h(n,I)\Big], \qquad n \geq 1.$$

ただし、$h(1,I) = 0.$ $n \geq 2$ ならば、$h(n,I) = \chi_{n-1}(I) - f_{n-2}^B(\lambda_I + \zeta).$

$\tilde{C}_{I,n}$ と $\tilde{D}_{I,n}$ を $p_{I,n}$ 導出式に入れて $p_{I,n}^{T\,前}$ が得られる。

$p_{I,n}^{T\,後}$ は、次式から計算できる（(15.4) 参照）。

(15.8)
$$m_{T\,後}\, p_{I,n}^{T\,後} = \theta p_{I,n}^{busy} - \frac{1-\xi}{\zeta} p_{I,n}^{T\,前}.$$

表15.1 右側はこの方法で計算した理論値である。「標本 …」の欄は、計算機に乱数を発生させ、タイマー付き M/G/1 の稼働期間上の短過程を次々に作り、それを繋ぎ、図1.5 のように系内客数を一定間隔で観察したものである。タイマー時点以後を集計したのが、$\{T$ 後$\}$ の欄、それ以外の集計が $\{T$ 前$\}$ の蘭である。結果は理論値に近く、(15.2)(15.4) 式は正しいと判断できる。

系内	標本相対度数			理論、確率		
客数	稼働期間上	T 前	T 後	$p_{0,n}^{busy}$	$p_{0,n}^{T\,前}$	$p_{0,n}^{T\,後}$
1	0.26880	0.64591	0.19048	0.26840	0.64575	0.19008
2	0.21112	0.23827	0.20548	0.21095	0.23818	0.20530
3	0.15242	0.07937	0.16759	0.15280	0.07955	0.16800
4	0.10799	0.02526	0.12518	0.10838	0.02525	0.12563
5	0.07612	0.00775	0.09037	0.07651	0.00782	0.09076
6	0.05380	0.00242	0.06447	0.05395	0.00240	0.06466
7	0.03811	0.00071	0.04587	0.03804	0.00073	0.04579
8	0.02698	0.00024	0.03254	0.02683	0.00022	0.03234

次数	標本階乗積率			理論、積率		
	稼働期間上	T 前	T 後	$n!p_{1,n}^{busy}$	$n!p_{1,n}^{T\,前}$	$n!p_{1,n}^{T\,後}$
1	3.47178	1.5232	3.87999	3.5	1.5231	3.91032
2	16.6544	1.5360	19.82155	17	1.5359	20.20965
3	117.700	2.1212	141.9130	122.1	2.1275	147.0008
4	1095.89	3.7255	1324.692	1167.89	3.7922	1409.503
5	12437.4	7.8497	15041.26	13962.4	8.3402	16858.62
6	162022	18.8218	195961.3	200308	21.9179	241878.3

$\lambda = 1$、サービス分布は $E_4(5)$、$\zeta = 1$、観察幅 1、客数千万人。

表 15.1　シミュレーションとの比較

15.2.2　$\zeta \to 0$ のときの $p_{I,n}^{T\,前}$ と $p_{I,n}^{T\,後}$

表 15.2 は $p_{I,n}^{T\,前}$ と $p_{I,n}^{T\,後}$ の値と、$\zeta \to 0$ のときの極限値を示している。次が見て取れる。$\{T\,前\}$ の分布は、$\zeta \to \infty$ のとき 1 に集中し、$\zeta \to 0$ のとき p^{busy} に近づく。他方 $p_{0,n}^{T\,後}$ は、$\zeta \to \infty$ のとき $p_{0,n}^{busy}$ に近づき、極限値 $\lim_{\zeta \to 0} p_{0,n}^{T\,後}$ が存在する。さらに $p_{0,1}^{T\,前}$ は $\zeta \to 0$ のとき短調に減少するが、表 15.3 の $p_{0,2}^{T\,前}$ と $p_{0,3}^{T\,前}$ は山型なので、単調に $p_{0,n}^{busy}$ に向かうわけではない。

ところで、極限値 $\lim_{\zeta \to 0} p_{0,n}^{T\,後}$ の存在や意味はわかりにくい。これを理解するために M/G/1 の稼働期間の長さ Θ に注目しよう。1.15.1 節から Θ の LST $\Theta^*(s)$ は $\Theta^{*\prime\prime}(0) = B^{*\prime\prime}(0)/(1 - \lambda b)^3$ を満たす。これを定理 11.3 の式に代入して、次を得る (図 15.1)。(15.10) は (15.11) にロピタルの定理を適用すれば出る。

$$(15.9) \qquad \lim_{\zeta \to 0} E(\Theta | T < \Theta) = \frac{B^{*\prime\prime}(0)}{b(1 - \lambda b)^2} > \theta,$$

$$(15.10) \qquad \lim_{\zeta \to 0} E(T | T < \Theta) = \lim_{\zeta \to 0} E(\Theta - T | T < \Theta) = \frac{B''(0)}{2b(1 - \lambda b)^2},$$

系内客数	$p_{0,n}^{busy}$	$\zeta = 10$ $p_{0,n}^{T\,前}$	$p_{0,n}^{T\,後}$	$\zeta = 1$ $p_{0,n}^{T\,前}$	$p_{0,n}^{T\,後}$	$\zeta = 0.2$ $p_{0,n}^{T\,前}$	$p_{0,n}^{T\,後}$
1	0.26840	0.91129	0.25208	0.64575	0.19008	0.45488	0.13525
2	0.21095	0.08099	0.21425	0.23818	0.20530	0.26366	0.17332
3	0.15280	0.00706	0.15650	0.07955	0.16800	0.13890	0.16272
4	0.10838	0.00060	0.11112	0.02525	0.12563	0.07079	0.13522
5	0.07651	0.00005	0.07845	0.00782	0.09076	0.03570	0.10564
6	0.05395		0.05532	0.00240	0.06466	0.01795	0.07966
7	0.03804		0.03901	0.00073	0.04579	0.00902	0.05877
8	0.02683		0.02751	0.00022	0.03234	0.00453	0.04274
9	0.01891		0.01939	0.00007	0.02282	0.00228	0.03079
10	0.01334		0.01368	0.00002	0.01610	0.00114	0.02204
11	0.00940		0.00964		0.01135	0.00057	0.01571
12	0.00663		0.00680		0.00801	0.00029	0.01116
15	0.00232		0.00238		0.00281	0.00004	0.00396

系内客数	$\zeta = 0.125$ $p_{0,n}^{T\,前}$	$p_{0,n}^{T\,後}$	$\zeta = 0.01$ $p_{0,n}^{T\,前}$	$p_{0,n}^{T\,後}$	$\zeta = 0.001$ $p_{0,n}^{T\,前}$	$p_{0,n}^{T\,後}$	$\lim\limits_{\zeta \to 0} p_{0,n}^{T\,後}$
1	0.41134	0.12234	0.28941	0.08598	0.27073	0.08041	0.07971
2	0.25827	0.16260	0.22075	0.12587	0.21209	0.11938	0.11855
3	0.14783	0.15787	0.15493	0.13428	0.15309	0.12919	0.12852
4	0.08214	0.13519	0.10636	0.12587	0.10820	0.12284	0.12243
5	0.04525	0.10845	0.07264	0.11003	0.07610	0.10894	0.10876
6	0.02487	0.08368	0.04956	0.09210	0.05348	0.09249	0.09251
7	0.01366	0.06296	0.03380	0.07485	0.03757	0.07623	0.07639
8	0.00750	0.04657	0.02306	0.05953	0.02640	0.06149	0.06173
9	0.00412	0.03403	0.01573	0.04658	0.01854	0.04880	0.04907
10	0.00226	0.02465	0.01073	0.03599	0.01303	0.03823	0.03851
11	0.00124	0.01774	0.00732	0.02752	0.00915	0.02964	0.02991
12	0.00068	0.01271	0.00499	0.02086	0.00643	0.02278	0.02304
15	0.00011	0.00458	0.00158	0.00875	0.00223	0.00996	0.01012

$\lambda = 1$、サービス分布は $E_4(5)$。

表 15.2　$p_{0,n}^{T\,前}$ と $p_{0,n}^{T\,後}$

客数 \ ζ	10	0.2773	0.1	0.0296	0.01	0.001	$p_{0,n}^{busy}$
1	0.91129	0.48903	0.39310	0.32107	0.28941	0.27073	0.26840
2	0.08099	0.26495	0.25476	0.23367	0.22075	0.21209	0.21954
3	0.00706	0.13019	0.15072	0.15610	0.15493	0.15309	0.15973
4	0.00060	0.06170	0.08667	0.10183	0.10636	0.10820	0.10838

$p_{0,2}^{T\,前}$、$p_{0,3}^{T\,前}$ の山はそれぞれ $\zeta = 0.2773$、$\zeta = 0.0296$ で最大になる。

表 15.3　$p_{0,n}^{T\,前}$

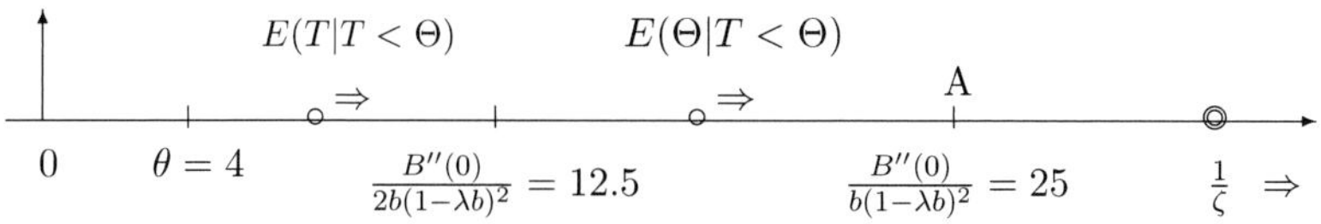

$$E(T|T < \Theta) \qquad E(\Theta|T < \Theta)$$

				A	
0	$\theta = 4$	$\dfrac{B''(0)}{2b(1-\lambda b)^2} = 12.5$		$\dfrac{B''(0)}{b(1-\lambda b)^2} = 25$	$\dfrac{1}{\zeta}$ ⇒

$\lambda = 1$, $E_4(5)$ の例。 ⇒ は $\zeta \to 0$ にしたときの方向。

図 15.1 $E(\Theta|T < \Theta)$ と $E(T|T < \Theta)$ の関係

(15.11) $\qquad E(T|T < \Theta) = \dfrac{\Theta^{*\prime}(\zeta)}{1 - \Theta^*(\zeta)} + \dfrac{1}{\zeta}, \quad \cdots$ 補助定理 11.1 の (3).

また補助定理 11.1 から、$T < \Theta$ なる条件下での Θ の分布の LST は

$$\frac{\Theta^*(\zeta) - \Theta^*(s + \zeta)}{1 - \Theta^{*\prime\prime}(\zeta)} \xrightarrow{\ \zeta \to 0\ } \frac{-\Theta^{*\prime}(s)}{b}$$

となる。

ζ が小さい $T < \Theta$ の条件下では、Θ も大きくなりやすい。ところが条件付きの Θ の分布は、上式より発散しない。図 15.1 の θ の回りから、A 点の回りに移動するだけである。Θ の立場から考えると、Θ が確率 1 で有限の場合が典型であるが、分布によっては大きな値はとりにくい。いわば、$T < \Theta$ となる確率は極端に小さいのである。$T < \Theta$ の条件下での $\Theta - T$ の分布が $\{T \, 後\}$ の区間の長さの分布である。その極限が存在するので $\{T \, 後\}$ の極限分布 (15.6) も存在する。

(15.6) の $p_{I,n}$ を出す計算式を記す。$p_{0,n}$ を表 15.4 に、期待値を図 15.2 に示す。$p_{1,1}^{T\,後}$ は ζ が 0 に向かうにつれて、$p_{1,1}^{busy}$ から大きく離れる。とくに安定条件近くでは (表 15.4 の $\kappa = 4.2$ の欄)、$\lim_{\zeta \to 0} p_{0,n}^{T\,後}$ の分布は広がるようである。

計算式 (15.6) の PGF の $p_{I,n}$ を求める計算式を示す。分母分子は $C(z) = (z - 1)E^2$, $D(z) = \gamma z \{ YE + (1 - \lambda b)(z - 1)^2 Y' \}$.

$$C^{(n)}(z) = (z - 1)\frac{d^n}{dz^n}E(z)^2 + n\frac{d^{n-1}}{dz^{n-1}}E(z)^2, \quad n \geq 1$$

$$D^{(n)}(z) = \gamma z \frac{d^n}{dz^n}\frac{D(z)}{\gamma z} + \gamma n \frac{d^{n-1}}{dz^{n-1}}\frac{D(z)}{\gamma z}$$

$$g_{I,n}^E \equiv \frac{1}{n!}E^{(n)}(I) = f_n^B(\lambda_I) - \chi_n(I), \qquad I = 0, 1$$

$$g_{I,n}^Y \equiv \frac{1}{n!}Y^{(n)}(I) = \chi_{n+1}(I) - f_n^B(\lambda_I)$$

系内客数	$\kappa = 4.2$		$\kappa = 5$		$\kappa = 7$	
	$p_{0,n}^{busy}$	$\lim\limits_{\zeta\to 0} p_{0,n}^{T\,後}$	$p_{0,n}^{busy}$	$\lim\limits_{\zeta\to 0} p_{0,n}^{T\,後}$	$p_{0,n}^{busy}$	$\lim\limits_{\zeta\to 0} p_{0,n}^{T\,後}$
1	0.06749	0.00505	<u>0.26840</u>	0.07971	<u>0.52947</u>	<u>0.30635</u>
2	<u>0.06820</u>	0.00978	0.21095	0.11855	0.26351	0.28142
3	0.06434	0.01386	0.15280	<u>0.12852</u>	0.11787	0.18648
4	0.05976	0.01729	0.10838	0.12243	0.05099	0.10810
5	0.05532	0.02013	0.07651	0.10876	0.02185	0.05833
6	0.05119	0.02245	0.05395	0.09251	0.00934	0.03011
7	0.04737	0.02431	0.03804	0.07639	0.00399	0.01508
8	0.04383	0.02577	0.02683	0.06173	0.00170	0.00739
9	0.04055	0.02687	0.01891	0.04907	0.00073	0.00356
10	0.03752	0.02767	0.01334	0.03851	0.00031	0.00169
11	0.03472	0.02819	0.00940	0.02991	0.00013	0.00080
12	0.03212	0.02849	0.00663	0.02304	0.00006	0.00037
13	0.02972	<u>0.02858</u>	0.00468	0.01761	0.00002	0.00008
14	0.02750	0.02850	0.00330	0.01339	0.00001	0.00008
15	0.02544	0.02827	0.00232	0.01012	0.00000	0.00004

$\lambda = 1$、サービス分布は $E_4(\kappa)$。下線は最大値。

表 15.4　$p_{0,n}^{busy}$ と $\lim_{\zeta\to 0}\Pi\left(z:_{/1/T\,後}^{busy/M/G}\right)$ の $p_{0,n}$

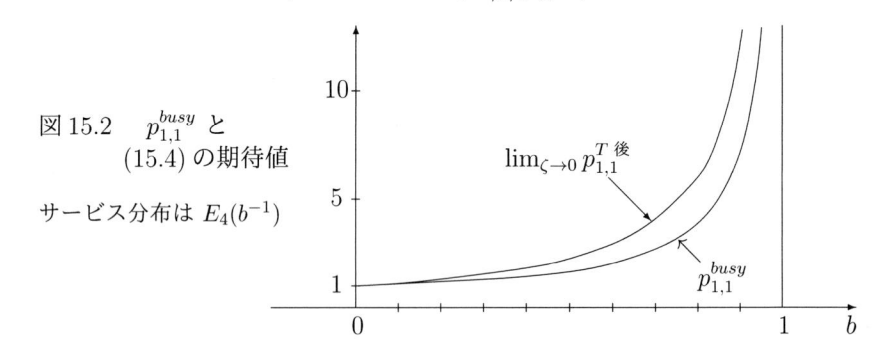

図 15.2　$p_{1,1}^{busy}$ と (15.4) の期待値

サービス分布は $E_4(b^{-1})$

$\lim_{\zeta\to 0} p_{1,1}^{T\,後}$

$p_{1,1}^{busy}$

より、$\tilde{C}_{0,0} = -f_0^B(\lambda)^2 \neq 0$, $\tilde{C}_{1,0} = 0$, $\tilde{C}_{1,1} = E(1)^2 = 0$, $\tilde{C}_{1,2} = 2E(1)E(1)' = 0$, $\tilde{C}_{1,3} = (E(1)')^2 = (1-\lambda b)^2 \neq 0$. これら以外の (I, n) では

$$\tilde{C}_{I,n} = (I - 1)\sum_{i=0}^{n} g_{I,n-i}^E g_{I,i}^E + \sum_{i=0}^{n-1} g_{I,n-i-1}^E g_{I,i}^E, \qquad n \geq 1.$$

一方、$\tilde{D}_{0,0} = 0$. $n \geq 1$ ならば、$\tilde{g}_{I,n}^Y = ng_{I,n}^Y$、$n \leq 0$ ならば、$\tilde{g}_{I,n}^Y = 0$ とすると、

$$\frac{1}{n!}\frac{d^n}{dz^n}\{YE\}\Big|_{z=I} = \frac{1}{n!}\sum_{i=0}^{n}\binom{n}{i}Y^{(n-i)}(I)E^{(i)}(I) = \sum_{i=0}^{n} g_{I,n-i}^Y g_{I,i}^E,$$

226

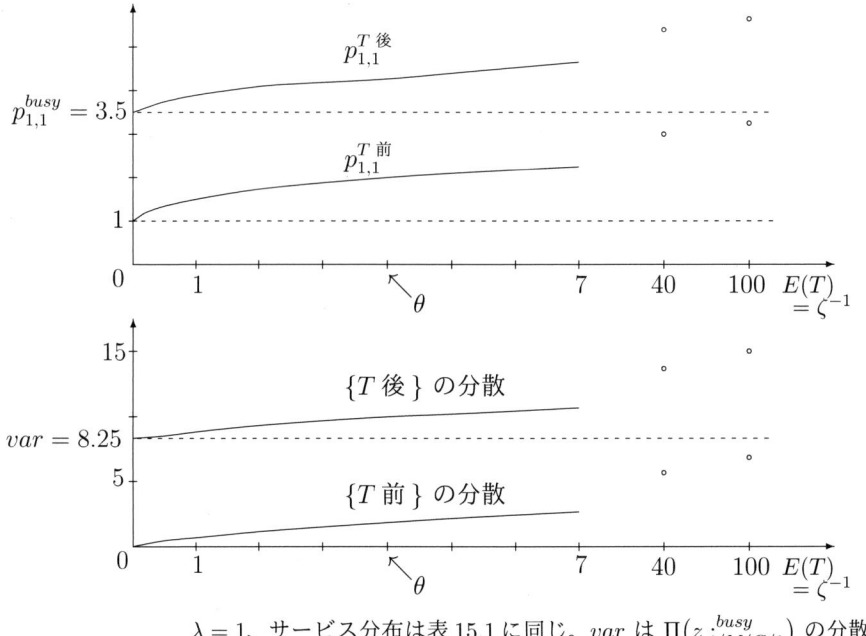

$\lambda = 1$、サービス分布は表 15.1 に同じ。var は $\Pi\left(z:^{busy}_{/M/G/1}\right)$ の分散。

図 15.3　$\{T$ 前 $\}$ と $\{T$ 後 $\}$ の PGF の期待値と分散

$$\frac{1}{n!}\frac{d^n}{dz^n}\left\{(z-1)^2 Y'\right\}\Big|_{z=I} = (I-1)^2 \tilde{g}^Y_{I,n+1} + 2(I-1)\tilde{g}^Y_{I,n} + \tilde{g}^Y_{I,n-1}.$$

ここから次が得られ、これらを 1.12 節の $p_{I,n}$ 導出式に代入すれば、$p_{I,n}$ を出せる。

$$\tilde{D}_{0,n} = \gamma \sum_{i=0}^{n-1} g^Y_{0,n-1-i} g^E_{0,i} + \gamma(1-\lambda b)\left\{\tilde{g}^Y_{0,n} - 2\tilde{g}^Y_{0,n-1} + \tilde{g}^Y_{0,n-2}\right\},$$

$$\tilde{D}_{1,n} = \gamma \sum_{i=0}^{n} g^Y_{1,n-i} g^E_{1,i} + \gamma \sum_{i=0}^{n-1} g^Y_{1,n-1-i} g^E_{1,i} + \gamma(1-\lambda b)\left\{\tilde{g}^Y_{1,n-1} + \tilde{g}^Y_{1,n-2}\right\}.$$

15.2.3　$p^{T\,前}_{1,n}$、$p^{busy}_{1,n}$、$p^{T\,後}_{1,n}$ の関係

　ζ の値をいくらか選び、電算機で $\{T$ 前 $\}$、$\{T$ 後 $\}$ の期待値と分散を 15.2.1 節の方法で求め、$0 < E(T) \leq 7$ では滑らかな曲線で結び、他に $E(T) = 40,\ 100$ の場合を図 15.3 に示した。この図から、

227

$$(15.12) \qquad p_{1,n}^{T\,前} < p_{1,n}^{T\,前} < p_{1,n}^{busy}, \qquad n = 1, 2, \cdots,$$

$$(15.13) \qquad \lim_{\zeta \to 0} p_{1,n}^{T\,前} = p_{1,n}^{busy}, \qquad n = 1, 2, \cdots,$$

$$(15.14) \qquad \left(\{T\,前\}\,の分散\right) < \left(busy/M/G/1\,の分散\right) < \left(\{T\,後\}\,の分散\right),$$

並びに、これらの曲線は $E(T)$ の単調増加 (ζ の単調減少) 関数であることが予想される。これらが成立すれば、$\{T\,前\}$、$\{T\,後\}$ の特徴と言えるであろう。(15.12)(15.13) は 15.5 節で証明する。関係 $p_{1,1}^{T\,前} = E(N_T)$ を考慮して、(15.12) を次のようにまとめると面白く思える。

「ある程度時間をおいて待ち行列をふと見ると、系内客数はそれほどでもない。むしろ少なく感じるほどである。少し経ってまた見ると、系内客数は大きくなっているように感じる。」

この言い方、"ふと見ると少ない ($p_{1,n}^{T\,前} < p_{1,n}^{busy}$ の解釈)、少し経ってみると多い ($p_{1,n}^{T\,前} < p_{1,n}^{busy}$ の解釈)。" これ本当だろうか。前半の "ふと見ると少ない" は、積率の面からも言えそうなことを 15.2.4 節で述べる。ならば後半はどうであろうか最終節で検討する。

$B^{(n)}(0)$ の観点から、次を確認しよう。(15.3) の $p_{1,1}^{T\,前}$ は $B^{(n)}(0)$ $(n \geq 1)$ に直接には関係しない。$p_{1,1}^{busy} = \Pi'(1 : M/G/1)/(\lambda b)$ (5.2 節) は $B''(0)$ に関係している。(15.4) から $\{T\,後\}$ も同様。そして $\{T\,後\}$ の極限 (15.7) は $B'''(0)$ に関係している。よってこれらは $B''(0)$、$B'''(0)$ の値によっては大きく異なる。

(15.14) の証明は得ていない。ζ に関する単調性は、次の場合のみ見出した。

定理 15.1 サービス分布が期待値 b の指数分布ならば、

$$p_{1,1}^{T\,前} = \frac{b}{1 - \lambda b \xi}.$$

これは ζ の単調減少関数である。

(証明) $\kappa = 1/b$ とおく。指数分布であるから、1.12 節と 15.1 節の式から、$\xi = \kappa/(\lambda - \lambda \xi + \zeta + \kappa)$ となる。この式を $\zeta = \{\lambda \xi^2 - (\lambda + \kappa)\xi + \kappa\}/\xi$ と変形して (15.3) 式に入れると、

表 15.5　$\dfrac{p_{0,n}^{T\,前}}{p_{0,n}^{busy}}$

n	$p_{0,n}^{T\,前}/p_{0,n}^{busy}$
1	1.53255
2	1.22429
3	0.96750
4	0.75789
5	0.59140
10	0.16977
20	0.013976
30	0.0011506
40	0.000094695

$\zeta = 0.125(E(T) = 40)$ のときの
$p_{0,n}^{T\,前}$ と $p_{0,n}^{busy}$ を比べる。表 15.2 参照。

$$1 + \frac{1}{1-\xi} + \frac{\lambda}{\zeta} - \left\{1 - \frac{\kappa}{\zeta+\kappa}\right\}^{-1} = \frac{1}{1-\xi} + \frac{\lambda - \kappa}{\zeta}$$
$$= \frac{1}{1-\xi} + \frac{(\lambda-\kappa)\xi}{\lambda\xi^2 - (\lambda+\kappa)\xi + \kappa} = \frac{1}{\kappa - \lambda\xi}. \qquad \square$$

15.2.4　$p_{1,n}^{T\,前}$ と $p_{1,n}^{busy}$

　期待値や分散は分布全体を表現する指標としてよく用いられる。M/G/1 では階乗積率は $n! p_{1,n}^{M/G/1} = \lambda b n! p_{1,n}^{busy}(n \geq 1,\,5.3節)$ であるが、この値は時間 (到着) 平均分布 (=定常分布) のそれである。現実のお店や役所の利用可能 (営業) 時間は有限なので、固定した初期条件での一時解の分布のそれがより重要であろう。

　14.5 節に述べたように、0 時点で空から始まって、母数 ζ の指数分布をする T 時間後に閉店する店ならば、その時間平均 PGF は

$$\frac{\zeta}{\lambda + \zeta - \lambda\xi} + \frac{\lambda(1-\xi)}{\lambda + \zeta - \lambda\xi} \Pi\big(z :{}^{busy/M/G}_{/1/T\,前}\big),$$

階乗積率は

$$n! \frac{\lambda(1-\xi)}{\lambda + \zeta - \lambda\xi} p_{1,n}^{T\,前}, \qquad n \in \mathbb{N}$$

で与えられる。そこで煩雑さを回避して $p_{1,n}^{T\,前}$ と $p_{1,n}^{busy}$ を比べてみよう。

　図 15.3 を見ると、$E(T) = 10\theta = 40$、あるいは $E(T) = 100$ でも $p_{1,1}^{T\,前}$ と $p_{1,1}^{busy}$ には差が見て取れる。これを分布で見るには表 15.2 がある。ここでは表 15.5 を作成した。これは $p_{0,n}^{T\,前}$ と $p_{0,n}^{busy}$ の比をとったものであり、n が大きくなるにつれて急激に減少する。すなわち {T 前} の系内客数は大きくなりにくい。一方で積

229

$n\backslash\zeta$	$p_{1,n}^{T前}$						$p_{1,n}^{busy}$
	1	0.2	0.125	0.025	0.01	0.001	
1	1.5231	2.1134	2.3245	3.0045	3.2542	3.4709	3.5
2	0.76795	2.2584	2.9602	5.8278	7.1131	8.3295	8.5
3	0.35458	2.3045	2.9602	11.077	15.287	19.700	20.35
4	0.15801	2.3305	4.4316	21.008	32.804	46.534	48.662
5	0.06950	2.3533	5.4015	39.837	70.382	109.91	116.35
6	0.03044	2.3759	6.5832	75.541	151.01	259.61	278.21
7	0.01332	2.3986	8.0233	143.24	323.99	613.19	665.21

$\lambda = 1$、サービス分布は表 15.2 に同じ $E_4(5)$.

表 15.6　　ζ に対応した積率

率には大きな n の確率が強く影響する。このため $p_{1,n}^{T前}$ より $p_{1,n}^{busy}$ は大きくなる。参考までに、7 次までの積率を図 15.6 に示した。これを見ると高次ではより大きく $p_{1,n}^{busy}$ から離れている。

$p_{1,1}^{T前}$ と $p_{1,1}^{busy}$ の間には無視しえない差があるならば、現実を $p_{1,1}^{M/G/1}$ で表現するのは過大評価になると思われる。現実を想定してみよう。客対応のある部門があって、客を待たせないのが経営上重要と考えているとしよう。ここにあるメーカーの営業マンが来て、自社の機械を導入すれば待ち客を減らせると主張したとする。現状のデータをとると、到着率 $\lambda = 1$ のポアソン到着で、サービス分布はアーラン分布 $E_4(5)$ がぴったりの M/G/1 になった。表 15.6 から期待値は $p_{1,1}^{busy} = 3.5$ である。機械化で、$\kappa = 6$ になるとする。これで計算すると、$p_{1,1}^{busy} = 2.25$。ならば、$2.25/3.5 = 0.64285$ なのでかなり減らせることになる。

この営業マンの主張は正しいとして受け入れるべきであろうか。一時解に関心を失った後の教科書では正しかった。しかし、時間がくれば、この事業所は閉店するとしよう。それは $\zeta = 0.125$ で近似できるとすると、表 15.6 から期待値は $p_{1,1}^{T前} = 2.3245$ である。$\kappa = 6$ になると $p_{1,1}^{T前} = 1.93029$ になる。確かに減ってはいるが、$1.93029/2.3245 = 0.83041$ であり、2 割も減っていない。劇的に減ったとは言えないであろう。

一時解のある面が $\{T前\}$ で見られるのは前進である。続きは 15.5 節で話す。

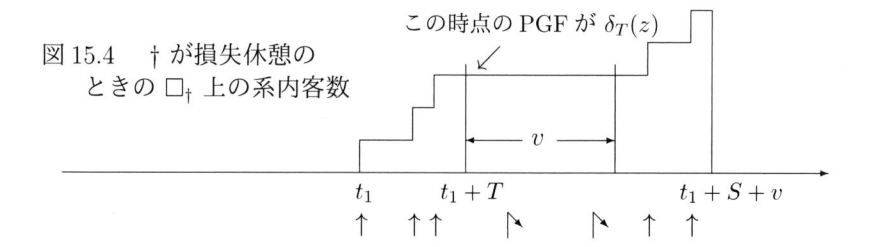

図 15.4　　† が損失休憩の
　　　　ときの $\square_\dagger$ 上の系内客数

15.3　短過程法による定理 14.2 の証明

定理 14.2 に示した $\Pi(z:N_T)$ と $\{T\,前\}$ の一致を短過程法で証明しよう。短過程法でこれを一般的に証明するのは無理である。しかし、モデルが特定できれば証明できるようである。ここでは何が求まれば、証明できるかを示す。

ある短過程 $\square$ が生む稼働期間上の短過程を Δ とする。出来事 † は v 時間の損失休憩とし、T 時間後に † が起きるとその間は、系内客数は変化せず、終了すると、もとの状態から再開するとする。Δ に † が起きうることを加えた短過程が $\Delta_\dagger$ である。このモデルでは定理 14.1 が成立する。他方、$\Pi(z:\Delta_\dagger)$ を $\Pi(z:N_T)$ を使って表し、二つの結果から $\Pi(z:N_T)$ の方程式を作ろう。

$\square$ に † が起きる可能性をもった短過程を $\square_\dagger$ で表す。図 15.4 は、サービス時間上の累積過程にこの出来事が起きた場合を示している。$\square$ に † が起きた条件下で、この時点における $\square$ の個体数の PGF を $\delta_T(z)$ とする。この客数が休憩区間では一定に保たれる。よって時間平均では、

$$m_{\square_\dagger} = m_\square + (1 - C_\square^*(\zeta))v,$$
$$m_{\square_\dagger}\Pi(z:\square_\dagger) = b \times \Pi(z:\square) + \{1 - C_\square^*(\zeta)\}v\delta_T(z)$$

$\Delta_\dagger$ は Δ の † による分断形である。† が生じる確率は $1 - \xi$ であるから

(15.15)　　　　$m_{\Delta_\dagger}\Pi(z:\Delta_\dagger) = (1-\xi)v\Pi(z:N_T) + m_\Delta\Pi(z:\Delta).$

となる。左辺は定理 14.1 から

$$m_{\Delta_\dagger}\Pi(z:\Delta_\dagger) = \frac{z-\xi}{z-\alpha(z)}\Big[m_{\square_\dagger}\Pi(z:\square_\dagger)$$
$$+ \Big\{\frac{(1-C_\square^*(\zeta))K_1(z)-1+\alpha(z)}{z-1} - \frac{\alpha(z)-\xi}{z-\xi}\Big\}m_\Delta\Pi(z:\Delta)\Big]$$

とも書ける。(15.15) に代入し、両辺に $(z-1)(z-\alpha(z))$ を掛けると、

$$(z-1)(z-\xi)m_{\square_\dagger}\Pi(z:\square_\dagger) = (1-\xi)v(z-1)(z-\alpha(z))\Pi(z:N_T)$$
$$- \Big\{(1-C_\square^*(\zeta))(z-\xi)K_1(z) - (z-\xi)(z-\alpha(z))\Big\}m_\Delta\Pi(z:\Delta).$$

さらに左辺を上記の v を使った式で表すと、v についての恒等式が得られる。右辺の v の無い項は 0 で、v の係数は等しくならねばならない。ここから

$$\Pi(z:N_T) = \frac{\big(1-C_\square^*(\zeta)\big)(z-\xi)}{(1-\xi)(z-\alpha(z))}\delta_T(z)$$

が得られる。よって与えられたモデルで $\delta_T(z) = \Pi(z:I_{D\wedge T})$ が示せるならば、定理 14.1 の系から定理が言える[4]。

M/G/1 で例示しよう。$T < S$ の条件下での T の分布の LST は補助定理 11.1 の (3) にあるので、この条件下で、$t_1 + T$ 時点での客数分布は、1.14 節から

$$\delta_T(z) \equiv \frac{\zeta z(1-\alpha(z))}{\{1 - B^*(\zeta)\}(\lambda - \lambda z + \zeta)}.$$

これは 15.1 節の $\Pi(z:I_{D\wedge T})$ である。

15.4 M/G/1 の諸変量の分布

本節ではタイマーが鳴る条件下で、鳴る時点でサービス中の**残余サービス時間**の分布の LST、そのサービスの開始時点における系内客数 N_{T^0} の PGF、終了時点直後の系内客数 N_{T^*} の PGF を求める。それらに N_T、$\{T\ 前\}$、$\{T^*前\}$ の PGF を加えて、図 15.5 にまとめる。これらの PGF は、他の証明や特殊出来事の $\{T(\dagger)\}$ を調べる際に有益である。

15.4.1 タイマーが鳴るときの残余サービス時間

タイマーが鳴る時点でサービス中の**残余サービス時間** $\tilde{S}$ の分布を求めておこう。稼動期間開始からのサービス時間を $S_1, S_2, \dots$ とし、$S_n^\Sigma = \sum_{i=1}^n S_i$ とおく。稼動期間内にサービスを受ける客数が n 人を越える事象、換言すれば、n 人が続けてサービスを受け、かつその n 番目のサービスの終了直前に少なくとも一人待ち客

---

[4]PASTA が証明済ならば、PASTA ではこれは明らか。図 14.9 の稼働期間を D に置き換えればよい。

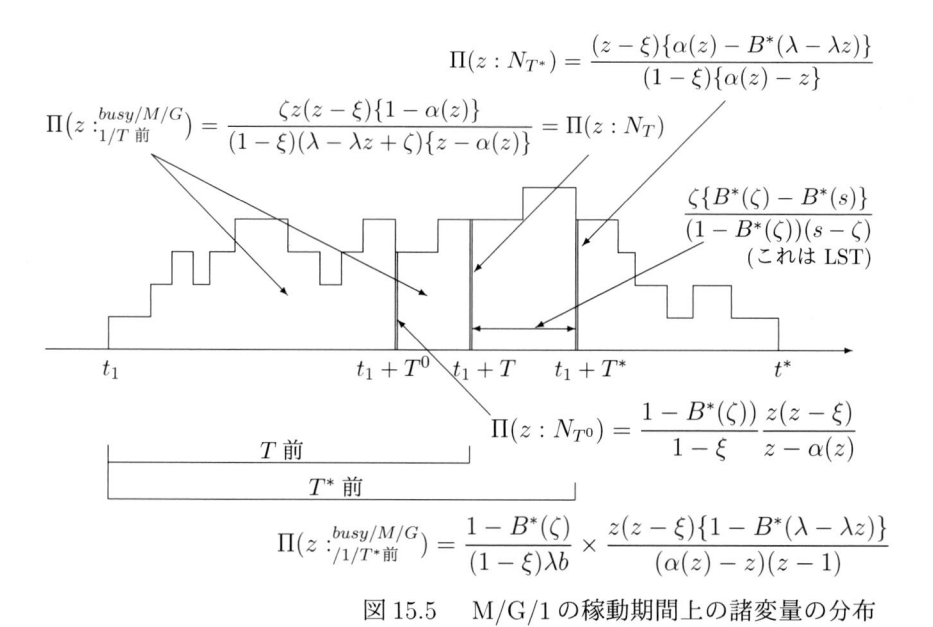

$$\Pi(z:N_{T^*}) = \frac{(z-\xi)\{\alpha(z) - B^*(\lambda - \lambda z)\}}{(1-\xi)\{\alpha(z) - z\}}$$

$$\Pi\left(z:\begin{smallmatrix}busy/M/G\\1/T\ \text{前}\end{smallmatrix}\right) = \frac{\zeta z(z-\xi)\{1-\alpha(z)\}}{(1-\xi)(\lambda - \lambda z + \zeta)\{z - \alpha(z)\}} = \Pi(z:N_T)$$

$$\frac{\zeta\{B^*(\zeta) - B^*(s)\}}{(1-B^*(\zeta))(s-\zeta)}$$
(これは LST)

$$\Pi(z:N_{T^0}) = \frac{1 - B^*(\zeta))}{1-\xi}\frac{z(z-\xi)}{z-\alpha(z)}$$

$$\Pi\left(z:\begin{smallmatrix}busy/M/G\\/1/T^*\ \text{前}\end{smallmatrix}\right) = \frac{1 - B^*(\zeta)}{(1-\xi)\lambda b} \times \frac{z(z-\xi)\{1-B^*(\lambda - \lambda z)\}}{(\alpha(z) - z)(z-1)}$$

図 15.5　M/G/1 の稼動期間上の諸変量の分布

がいる事象を Q_n とする。$Q_0 = \Omega$ とする。稼働期間内にタイマーが鳴る事象を Ξ^*、$i+1$ 番目のサービス中にタイマーが鳴る事象を $\Xi_i = Q_i \bigcap \{S_i^\Sigma \le T < S_{i+1}^\Sigma\}$ とする。ならば

$$Pr(\Xi^*,\ \tilde{S} \le x) = \sum_{i=0}^{\infty} Pr(\Xi_i)Pr(S_{i+1}^\Sigma - T < x|\Xi_i)$$

と書ける。Ξ_i は互いに排反である。$S_i^\Sigma \le T$ の下で、$T - S_i^\Sigma$ は指数分布をし、S_{i+1} は Q_i とは独立であるから、$Pr(S_{i+1}^\Sigma - T < x|\Xi_i)$ は i に依存しない。よって

$$Pr(\Xi^*,\ \tilde{S} \le x) = \sum_{i=0}^{\infty} Pr(\Xi_i)Pr(S_1 - T < x|T < S_1)$$
$$= Pr(\Xi^*)Pr(S_1 - T < x|T < S_1).$$

ここから求める条件付きの残余サービス時間の分布は

$$\frac{Pr(\Xi^*,\ \tilde{S} \le x)}{Pr(\Xi^*)} = Pr(S_1 - T < x|T < S_1).$$

λ = 1、サービス分布は $E_4(4.1)$、$\zeta = 2$、
稼働期間を1千万回繰り返す。内、タイマー
が鳴った回数、8809585回。標本平均は小数
点以下第6位を四捨五入。(15.16) の期待値
は 0.72577。この表の意味は、例えば、タイ
マーが鳴ったとき系にいる客数が10人の場
合は1千万回のうち15回。この場合の残
余サービス時間の総和をこの数で割ると、
0.46668 になったということ。

客数 (N_T)	回数	標本平均
1	6337683	0.76440
2	1821522	0.64650
3	486942	0.58272
4	123861	0.53821
5	30153	0.52202
6	7137	0.51326
7	1775	0.50881
8	411	0.55561
9	86	0.47868
10	15	0.46668
11 人以上	0	0

表 15.7　　N_T に対応する残余サービス時間

このLSTと期待値は、補助定理 11.1 の (5) から

$$(15.16) \qquad \frac{\zeta\{B^*(\zeta) - B^*(s)\}}{(1 - B^*(\zeta))(s - \zeta)}, \qquad \frac{b\zeta - 1 + B^*(\zeta)}{\zeta(1 - B^*(\zeta))}$$

である。

残余サービス時間は、N_T とは独立ではない。なぜなら大きい ζ ではタイマー
は最初のサービス時間に鳴りやすい。この時間帯は累積過程なので、鳴ったとき
客が少なければ、早く鳴った可能性が高く、残りサービス時間は大きくなりがち
である。つまり独立ではない。表 15.7 はその計算機実験である。

15.4.2　残余サービス終了時点での初期化

タイマーが鳴る時点では何も起きず、そのとき遂行中のサービスが終了する時点
$t_1 + T^*$ での初期化を † にしてみよう。ならば、$\{T(†)\}$ は稼動期間開始から $t_1 + T^*$
までの短過程である。これを $\{T^* 前 \}$ と呼ぼう。そのPGF を $\Pi\big(z : {}^{busy/M/G}_{/1/T^* 前}\big)$ と
表す。この場合 $E_\diamond = m_\diamond = 0$、かつ $\square_†$ は $\square$ と変わりなく、サービス時間上の
累積過程である。定理 14.1 より、

$$(z - \alpha(z))m_{T^* 前}\Pi\big(z : {}^{busy/M/G}_{/1/T^* 前}\big) = (z - \xi)b\frac{z\{1 - B^*(\lambda - \lambda z)\}}{\lambda b(1 - z)}.$$

両辺に $z = 1$ を入れると、$m_{T^* 前} = \dfrac{(1 - \xi)b}{1 - B^*(\zeta)}$. PGF は

$$\Pi\big(z : {}^{busy/M/G}_{/1/T^* 前}\big) = \frac{z(z - \xi)\{1 - B^*(\lambda - \lambda z)\}}{\lambda m_{T^* 前}(\alpha(z) - z)(z - 1)}.$$

n	$E_4(5)$		$E_4(2)$	
	実験	$p_{0,n}^{T*}$	実験	$p_{0,n}^{T*}$
0	0	0	0	0
1	0.52813	0.52795	0.31156	0.31169
2	0.26893	0.26922	0.24296	0.24304
3	0.11964	0.11961	0.16931	0.16943
4	0.04983	0.04982	0.10986	0.10993
5	0.02007	0.02013	0.06836	0.06809
6	0.00811	0.00802	0.04101	0.04091
7	0.00320	0.00318	0.02425	0.02409
8	0.00125	0.00125	0.01398	0.01400
9	0.00050	0.00049	0.00805	0.00807
10	0.00020	0.00019	0.00457	0.00462

$\lambda = 1$, $\zeta = 0.5$. 計算機実験で、初期化モデルの稼動期間を繰り返して作った標本路を間隔 1 で一千万回観察した相対度数を示す。

表 15.8　$t_1 + T^*$ で閉鎖するモデルの稼動期間上の短過程

$\{T^*前\}$ の PGF の分母分子をそれぞれ $C(z)$, $D(z)$ とおくと[5]、

$$C^{(n)}(z) = (z-1)\{\alpha^{(n)}(z) - \chi_n(z)\} + n\{\alpha^{(n-1)}(z) - \chi_{n-1}(z)\},$$

$$D^{(n)}(z) = A\sum_{i=0}^{n}\binom{n}{i}\frac{d^{n-i}}{dz^{n-i}}\{z(z-\xi)\}\frac{d^i}{dz^i}\{\chi_1(z) - B^*(\lambda - \lambda z)\}.$$

ただし、$A = (\lambda m_{T^*前})^{-1}$.

$$\tilde{C}_{0,0} = -B^*(\lambda + \zeta) \neq 0, \quad \tilde{C}_{1,0} = 0, \quad \tilde{C}_{1,1} = B^*(\zeta) - 1 \neq 0,$$

$$\tilde{C}_{I,n} = (I-1)\{f_n^B(\lambda_I + \zeta) - \chi_n(I)\} + f_{n-1}^B(\lambda_I + \zeta) - \chi_{n-1}(I),$$

$$\tilde{D}_{I,n} = A\Big[I(I-\xi)\{\chi_{n+1}(I) - f_n^B(\lambda_I)\} + (2I-\xi)\{\chi_n(I) - f_{n-1}^B(\lambda_I)\}$$
$$+ \chi_{n-1}(I) - f_{n-2}^B(\lambda_I)\Big], \quad n \geq 2.$$

これらを $p_{I,n}$ 導出式に代入して、$\Pi\big(z : {}_{/1/T^*}^{busy/M/G}\big)$ の $p_{I,n}(= p_{I,n}^{T*}$ と表す。) の繰り返し式が求まる。計算機計算もその式を使えばよい。

　稼動期間が長くても、いつかは初期化されるからサービス分布に制約はない。表 15.8 は $\lambda b < 1$ と $\lambda b > 1$ の両例で、理論が合うことを確かめている。

　$\lambda b < 1$ のとき、ロピタルの定理より、$\lim_{\zeta \to 0} \Pi\big(z : {}_{/1/T^*前}^{busy/M/G}\big) = \Pi\big(z : {}_{/M/G/1}^{busy}\big)$ である。$\Pi\big(z : {}_{/1/T前}^{busy/M/G}\big)$ もそうである。

---

[5]細かいことであるが、14.2.1 節では $I = 1$ では $q = 0$ なので、$\tilde{D}_{1,1}$ が必要であったから $h(n, I)$ と表記した。ここは $q = 1$ なので、それは必要ない。

15.4.3　$\Pi(z:N_{T^0})$ と $\Pi(z:N_{T^*})$

　タイマーが鳴ったサービスのサービス時間を S とする。この開始時点 t_1+T^0 における系内客数 N_{T^0} の PGF $\Pi(z:N_{T^0})$ を求めよう。N_{T^0} は S とは独立であり、その上の到着時点とも独立である。サービス S の進行中にタイマーが鳴るので、鳴るまでの時間は、$T-T^0<S$ の条件下での $T-T^0$ である。この分布の LST は補助定理 11.1 の (3) で与えられている。一方、N_T は (t_1+T^0,t_1+T) 間に到着した人数と N_{T^0} の和であるから、

$$\Pi\big(z:{}^{busy/M/G}_{/1/N_T\ 前}\big)=\Pi(z:N_T)=\Pi(z:N_{T^0})\frac{\zeta\{1-\alpha(z)\}}{(1-B^*(\zeta))(\lambda-\lambda z+\zeta)}$$

が成立する。(15.2) を代入すると次の簡潔な式が得られる。

$$(15.17)\qquad \Pi(z:N_{T^0})=\frac{1-B^*(\zeta)}{1-\xi}\frac{z(z-\xi)}{z-\alpha(z)}$$

$$E(N_{T^0})=1+\frac{1}{1-\xi}-\frac{1+\lambda B^{*\prime}(\zeta)}{1-B^*(\zeta)}.$$

　次に $\Pi(z:N_{T^*})$ を求める。$N_{T^0}+\{$ 区間 (t_1+T^0,t_1+T^*) での到着数 $\}-1=N_{T^*}$ であるから、補助定理 11.1 の (2) を使って

$$(15.18)\qquad \Pi(z:N_{T^*})=\Pi(z:N_{T^0}-1)\frac{B^*(\lambda-\lambda z)-\alpha(z)}{1-B^{(}\zeta)}$$

$$=\frac{(z-\xi)\{B^*(\lambda-\lambda z)-\alpha(z)\}}{(1-\xi)\{z-\alpha(z)\}}.$$

$$(15.19)\qquad E(N_{T^*})=\frac{1}{1-\xi}-\frac{1-\lambda b}{1-B^*(\zeta)}.$$

となる。これらを次に入れれば (定理 3.2)、$\{T^*$ 後 $\}$ の PGF が得られる。

$$(15.20)\qquad \Pi\big(z:{}^{busy/M/G}_{/1/T^*後}\big)=\Pi^R(z:\Pi(z:N_{T^*}))\Pi\big(z:{}^{busy}_{/M/G/1}\big)$$

$$=\frac{1-\Pi(z:N_{T^*})}{E(N_{T^*})(1-z)}\Pi\big(z:{}^{busy}_{/M/G/1}\big).$$

　参考までに $\zeta\to 0$ としてみると、

$$\lim_{\zeta\to 0}\Pi(z:N_{T^0})=\frac{(1-\lambda b)z(z-1)}{z-B^*(\lambda-\lambda z)},$$

$$\lim_{\zeta\to 0}\Pi(z:N_{T^*})=\frac{(z-1)B^*(\lambda-\lambda z)}{\theta(B^*(\lambda-\lambda z)-z)},$$

$$\lim_{\zeta\to 0}E(N_{T^*})=\frac{2\lambda-\lambda^2 b}{2b(1-\lambda b)}B^{*\prime\prime}(0).$$

これらを (15.20) に代入すれば、$\{T^*後\}$ の極限が得られるであろう。

次節のために述べておく。$t_1 = e(1)$ とする。$e(n) < t_1 + T \leq min\{e(n+1), t_1 + \tau_1^S\}$ かつ $e(n+k-1) < t_1 + \tau_1^S \leq e(n+k)$ ならば、稼働期間が $e(n)$ で終わらないから、$N_{T^*} = n + k - 2$ である。この事象の確率は正であるから、N_{T^*} は $0, 1, 2, \cdots$ のどの値も正の確率でとる。これを階乗積率の定義に照らせば、全ての n に対し $p_{1,n}^{NT^*} > 0$ である。

15.5　$p_{1,n}^{T 前} < p_{1,n}^{busy} < p_{1,n}^{T 後}$ と $\lim_{\zeta \to 0} p_{1,n}^{T 前} = p_{1,n}^{busy}$ の証明

15.2.3節の命題を証明する。M/G/1 の稼働期間 (t_1, t^*) 内の区間 $(t_1 + T, t_1 + T^*)$ 上の短過程を $\{TT^*\}$ と表す。まず (15.12) を証明しよう。

定理 15.3　$B^{*(n+1)}(0) < \infty$ ならば、

$$p_{1,n}^{T 前} < p_{1,n}^{busy} < p_{1,n}^{T 後} < \infty, \qquad n = 1, 2, \cdots.$$

（証明）　$p_{1,n}^{busy} < \infty$ の必要十分条件は、5.2 節で述べたように $B^{*(n+1)}(0) < \infty$ である。$(t_1 + T^*, t^*)$ 上の短過程の PGF は、(15.20) で表現できるから、$\{T^*後\}$ の積率は定理3.3から、

$$(15.21) \qquad p_{1,n}^{T^*後} = \left(p_{1,1}^{NT^*}\right)^{-1} \sum_{i=0}^{n} p_{1,n-i+1}^{NT^*} p_{1,i}^{busy}$$

$$= p_{1,n}^{busy} + \left(p_{1,1}^{NT^*}\right)^{-1} \sum_{i=0}^{n-1} p_{1,n-i+1}^{NT^*} p_{1,i}^{busy}.$$

前節末から、$p_{1,n}^{NT^*} > 0$. 仮定から $p_{1,n}^{busy} < \infty$. よって

$$(15.22) \qquad p_{1,n}^{T^*後} > p_{1,n}^{busy}, \qquad n \geq 1.$$

(t_1, t^*) を $t_1 + T^*$ で分割すると

$$\theta \Pi\left(z : \begin{smallmatrix} busy/M \\ /G/1 \end{smallmatrix}\right) = m_{T^*前} \Pi\left(z : \begin{smallmatrix} busy/M/G \\ /1/T^*前 \end{smallmatrix}\right) + m_{T^*後} \Pi\left(z : \begin{smallmatrix} busy/M/G \\ /1/T^*後 \end{smallmatrix}\right).$$

これから、$\theta p_{1,n}^{busy} = m_{T^*前} p_{1,n}^{T^*前} + m_{T^*後} p_{1,n}^{T^*後}$ が言えるので、(15.22) から

$$(15.23) \qquad p_{1,n}^{busy} > p_{1,n}^{T^*前} \qquad n \geq 1.$$

サービス区間 $(t_1 + T^0, t_1 + T^*)$ 上では累積過程になっている。そこで

$$p_{1,n}^{T\,\text{前}} = p_{1,n}^{NT} < p_{1,n}^{TT^*} \qquad n \geq 1.$$

これと $m_{T^*\,\text{前}} p_{1,n}^{T^*\,\text{前}} = m_{T\,\text{前}} p_{1,n}^{T\,\text{前}} + m_{TT^*} p_{1,n}^{TT^*}$、さらに (15.23) とから

$$p_{1,n}^{T\,\text{前}} < p_{1,n}^{T^*\,\text{前}} < p_{1,n}^{busy} \qquad n \geq 1.$$

したがって $\theta p_{1,n}^{busy} = m_{T\,\text{前}} p_{1,n}^{T\,\text{前}} + m_{T\,\text{後}} p_{1,n}^{T\,\text{後}}$ より

$$p_{1,n}^{busy} < p_{1,n}^{T\,\text{後}} < \infty \qquad n \geq 1$$

が言えるので定理が成立する。 □

次に (15.13) を証明しよう。

定理 15.4　$B^{*(n+1)}(0) < \infty$ ならば、

$$\lim_{\zeta \to 0} p_{1,n}^{T\,\text{前}} = p_{1,n}^{busy}, \qquad n = 1, 2, \cdots.$$

(証明)　$\lim_{\zeta \to 0} m_{T\,\text{後}} = 0$ であるから (15.4) から $p_{1,n}^{T\,\text{後}}$ が ζ に関し有界ならば、$\lim_{\zeta \to 0} p_{1,n}^{T\,\text{前}} = p_{1,n}^{busy}$ が言える。そこで $p_{1,n}^{T\,\text{後}}$ の有界性を示そう。まず、$N_{T^0} \leq N_T$ より、$p_{1,n}^{NT^0} \leq p_{1,n}^{NT}$. 一方、前定理より $p_{1,n}^{T\,\text{前}} = p_{1,n}^{NT} < p_{1,n}^{busy} < \infty$ である。$p_{1,n}^{busy}$ は ζ に依存しないから $p_{1,n}^{NT^0}$ は有界である。

区間 $(t_1 + T^0, t_1 + T^*)$ の到着数の PGF は補助定理 11.1 の (2) より $A(z) \equiv \{B^*(\lambda - \lambda z) - \alpha(z)\}/(1 - B^*(\zeta))$ であるから

$$p_{1,n}^{A} = \frac{1}{n!} A^{(n)}(1) = \frac{(-\lambda)^n}{n!(1 - B^*(\zeta))} \{B^{*(n)}(0) - B^{*(n)}(\zeta)\}.$$

分母分子を ζ で微分し、$\zeta \to 0$ とすると、$B^{*(n+1)}(0) < \infty$ ならば、$p_{1,n}^{A}$ は極限をもち、それゆえ ζ に関し有界である。

一方 (15.18) より

$$p_{1,n}^{NT^*} = \sum_{i=0}^{n} p_{1,i}^{NT^0-1} p_{1,n-i}^{A}.$$

これに $p_{1,n}^{A}$ の有界性を適用すれば、$p_{1,n}^{NT^*}$ も有界である。よって (15.21) から $p_{1,n}^{T^*\,\text{後}}$ も有界である。 □

2.7 節末の反例のように、PGF が収束しても積率が収束するとは限らない。積率を式に表記できるならば、原理的にはロピタルの定理で、$\zeta \to 0$ のときの極限が得られる。しかし、$\{T\ 前\}$ の (15.3) に試みたところ $n=1$ は出来たが、$n=2$ は大変な計算で断念した。

15.6　$\{T\ 後\}$ についての計算機実験

(15.12) はタイマーが鳴ると、その後の系内客数は大きくなりがちになることを示している。それは本当だろうか。$p_{1,1}^{T\ 後}$ は時間経過の情報を示さないから、わかりにくい。そこで実験で確かめた。ただし、乱数節約のため[6]と残余サービス時間を避けるため、$t_1 + T^*$ 以後の発生で実験することにした。

確率 $p_{0,n}^{NT^*}$ を出すために、$\Pi(z : N_{T^*})$ の分母分子を $C(z)$、$D(z)$ とする。

$$\tilde{C}_{I,n} = (1-\xi)\{f_n^B(\lambda_I + \zeta) - \chi_n(I)\},$$
$$\tilde{D}_{I,n} = (I-\xi)\{f_n^B(\lambda_I + \zeta) - f_n^B(\lambda_I)\} + f_{n-1}^B(\lambda_I + \zeta) - f_{n-1}^B(\lambda_I).$$
$$\tilde{C}_{0,0} = (1-\xi)f_0^B(\lambda + \zeta) \neq 0, \qquad \tilde{C}_{1,0} = (1-\xi)\{f_0^B(\zeta) - 1\} \neq 0.$$

これを $p_{I,n}$ 導出式に代入すれば、$p_{I,n}^{NT^*}$ が出る。

実験としては、1 個乱数 rnd を出し、$\displaystyle\sum_{j=0}^{n-1} p_{0,j}^{NT^*} < rnd \leq \sum_{j=0}^{n} p_{0,j}^{NT^*}$ で n を定める。$n=0$ ではその時点で稼動期間が終了する。$n>0$ の場合、1.10 節のようにしてその後の M/G/1 の系内客数の標本路を空になるまで作る。これを一定間隔 $t_1 + T^* + jH (j = 0, 1, 2, ...)$ で観察する。このようにして標本路を何本も出す。$t_1 + T^* + jH$ まで到達した標本路の数を $NH(j)$、この時点での系内客数を標本路ごとに和をとり $DH(j)$ として、算術平均 $DH(j)/NH(j)$ を計算した。図 15.6 はそれを滑らかな曲線で結んでいる。

この図を見ると $t_1 + T^*$ 時点では、$p_{1,1}^{busy} = 3.5$ 以下。その後はその 2 倍以上になる。これは不思議ではない。なぜなら $t_1 + T^*$ 時点で新しいサービスが生む稼働期間が開始する。その上の期待値は $p_{1,1}^{busy} = 3.5$ なので、これが $N_{T^*} - 1$ に加わるからである。不思議なのは、容易に下がらないことである。実際稼働期間の期待値 $(\theta = 4)$ もこの図ではわずかの間である。

---

[6]BASIC の乱数は同じ数を繰り返す。筆者のソフトではその周期は 16777216 個

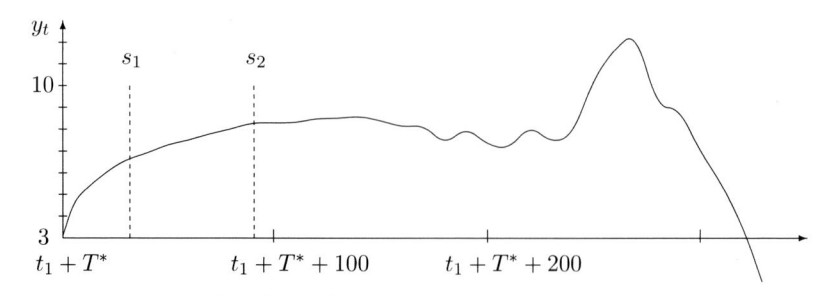

$\lambda = 1$、サービス分布は表 15.1 に同じ。$\zeta = 0.025(E(T) = 40)$. $s_1(s_2)$ 時点までに 99(99.9) %の標本路が 0 に到達する。

図 15.6　　$t_1 + T^*$ 後の標本路の算術平均

s_1, s_2 に注目すると、ほとんどの標本路は早々と空になり、算術平均の勘定から外れる。また $t_1 + T^* + 300$ 近辺では急速に落ちている。この近くでは本数も少ない。これらから判断すると $t_1 + T^* + 300$ 以前では巨大標本路が数本あって、それらが算術平均を押し上げているように思われる。

15.2.3 節の「ふと見ると少ない。少し経ってみると多い。」の前半は定常解と比べて正しいが、後半はめったに起きない巨大標本路のために積率が大きくなっているとしたら「少し経ってみると多い。」は言い過ぎで、ほとんどの場合、早々と初期状態に戻る。

M/G/1 は、n がどんなに大きくとも $p_{0,n} > 0$ なので、巨大標本路は起きる。その頻度を、直感的に理解するために模擬実験を行ってみた。稼働期間の長さで示すのが便利そうなので、0 時点から開始して、稼働期間の長さがそれまでの最大を超えたところを記録したのが、表 15.9 である。この表を見ると、長い稼働期間が現れるが、L/T は小さいので、極めて長く観察しないと現れない。そのため有限時間の現実では、極端に長いのは現れようがない。$p_{l,n}^{M/G/1}$ は、無限時間を土台にしたものであるから、それでもって現実の代用にすれば、過大評価になる。その過大さの度合いは決して無視できないことを図 15.3 は示している。

表15.9　M/G/1の稼働期間の最長記録

$\lambda = 1$、サービス分布は $E_4(5)$。稼働期間に発生順に番号を付ける。それまでの最長よりさらに長いならば、ここに記す。40万番まで調べた。

稼働期間の番号	稼働期間の開始時点 (T)	稼働期間の長さ (L)	L/T
1	1.8578	1.4280	0.76869
2	4.3240	1.5056	0.34819
6	17.568	1.9695	0.11211
7	26.854	7.5392	0.28075
9	58.479	28.322	0.48431
20	133.90	49.406	0.36898
40	269.18	56.537	0.21004
69	462.62	80.152	0.17326
75	563.49	88.007	0.15618
341	2175.5	124.01	0.05700
762	4954.6	233.98	0.04723
30600	155071	474.73	0.00306

第十六章　その他の出来事

$\{T(\dagger)\}$ の PGF $\Pi(z:\Delta)$ は定理 14.1 を使って得られるが、書き下ろしは、出来事の複雑さにつれて、困難になる。応用上は、$p_{I,n}$ が得られれば十分なので、PGF を書き下ろさない方法を模索する。ここでは $\Pi^R(z:\Gamma)$ が多くの PGF に出てくることを利用する。

$\{T(\dagger)\}$ の $p_{I,n}$ のみを述べる。$\{T$ 後 $(\dagger)\}$ に興味があれば、それは (14.7) から得られる。最初に一般論を述べ、その後四つの典型的出来事を論じる。

紙数もかなりになったので、最終章とする。

16.1　$\Pi\big(z:{}^{busy/M/G}_{/1/T(\dagger)}\big)$ の $p_{I,n}$ を求める一般式

即時初期化以外では、$\Pi(z:\Delta)$ の書き下ろしは煩雑になる。そこで、PGF は単なる手段と割り切って、直接 $p_{I,n}$ を計算機で求める方法を考えよう。

基礎モデルは M/G/1 とする。我々が $p_{I,n}$ を求めたい $\{T(\dagger)\}$ が定理 14.1 の条件を満たせば、(15.9) 式

$$(z-1)(z-\alpha(z))m_\Delta\Pi(z:\Delta) = (z-1)(z-\xi)m_{\oplus_\dagger}\Pi(z:\oplus_\dagger)$$
$$+ \Big\{(1-B^*(\zeta))(z-\xi)K_1(z) - (1-\xi)(z-\alpha(z))\Big\}m_\diamond\Pi(z:\diamond)$$

が成立する。左辺を $C(z) = (z-1)(z-\alpha(z))m_\Delta$、右辺を $D(z)$ にすれば、$\Pi(z:\Delta) = D(z)/C(z)$ の形になる。これらの $\tilde{C}_{I,n}$、$\tilde{D}_{I,n}$ から、求める $p_{I,n}$ が得られ、$\Pi(z:\Delta)$ を書き下ろす必要はない。

m_Δ は直接求める。$\tilde{C}_{I,n}$ は、

$$(16.1) \quad \tilde{C}_{0,0} = m_\Delta B^*(\lambda+\zeta) \neq 0, \quad \tilde{C}_{1,0} = 0, \quad \tilde{C}_{1,1} = m_\Delta(1-B^*(\zeta)) \neq 0,$$
$$\tilde{C}_{I,n} = m_\Delta\Big[(I-1)\{\chi_n(I) - f_n^B(\lambda_I+\zeta)\} + \chi_{n-1}(I) - f_{n-1}^B(\lambda_I+\zeta)\Big].$$

となる。これから $q = I$ である。

他方、$\tilde{D}_{I,n}$ を求めるに当たっては

$$p_{I,n}^{\oplus_\dagger} = \frac{1}{n!}\Pi^{(n)}(I:\oplus_\dagger), \quad p_{I,n}^{KTS} = \frac{1}{n!}K_1^{(n)}(I), \quad p_{I,n}^\diamond = \frac{1}{n!}\Pi^{(n)}(I:\diamond)$$

とおく[1]。

$$D^{(n)}(z) = m_{\oplus_\dagger} \sum_{i=0}^{n} \binom{n}{i} \left[\frac{d^{n-i}}{dz^{n-i}} \{(z-1)(z-\xi)\} \right] \Pi^{(i)}(z : \oplus_\dagger)$$

$$+ (1 - B^*(\zeta))m_\diamond \left[(z-\xi)\frac{d^n}{dz^n}\{K_1(z)\Pi(z:\diamond)\} + n\frac{d^{n-1}}{dz^{n-1}}\{K_1(z)\Pi(z:\diamond)\} \right]$$

$$- (1-\xi)m_\diamond \sum_{i=0}^{n} \binom{n}{i} \left\{ \frac{d^{n-i}}{dz^{n-i}}(z-\alpha(z)) \right\} \Pi^{(i)}(z : \diamond)$$

であるから、

$$(16.2) \quad \tilde{D}_{I,n} = m_{\oplus_\dagger}\left\{ (I-1)(I-\xi)p_{I,n}^{\oplus_\dagger} + (2I-\xi-1)p_{I,n-1}^{\oplus_\dagger} + p_{I,n-2}^{\oplus_\dagger} \right\}$$

$$+ (1 - B^*(\zeta))m_\diamond\left\{ (I-\xi)\sum_{i=0}^{n} p_{I,n-i}^{KTS}p_{I,i}^{\diamond} + \sum_{i=0}^{n-1} p_{I,n-1-i}^{KTS}p_{I,i}^{\diamond} \right\}$$

$$- (1-\xi)m_\diamond\sum_{i=0}^{n}\left\{ \chi_{n-i}(I) - f_{n-i}^{B}(\lambda_I + \zeta) \right\}p_{I,i}^{\diamond}.$$

よって各出来事に応じて $p_{I,n}^{\oplus_\dagger}$、$p_{I,n}^{KTS}$、$p_{I,n}^{\diamond}$ のみ計算すればよい。

16.2 休憩モデル

突然の機械故障による修理、サーバーの突然の交代による中断等々を休憩と見なしてみよう。休憩時間の LST を $V^*(s)$、その期待値を v とする。タイマーが鳴った時のサービス終了直後に休憩を取る非割込み型 (第十一章の規則 1-1) とただちに休憩を取り、休憩後に残りのサービスを行う割込み型 (同規則 2-1) を扱う。その後はそれまでの M/G/1 に戻る。稼動期間に高々一回限りなので、第十一章の時間制限式サービス規則とは異なる。

タイマーが鳴りうるサービス時間上の短過程 $\oplus_\dagger$ をまず調べる。その長さの LST $C_{\oplus_\dagger}^*(s)$ と期待値 $m_{\oplus_\dagger}$ は両規則で同じで (第十一章)、

$$C_{\oplus_\dagger}^*(s) = B^*(s+\zeta) + \left(B^*(s) - B^*(s+\zeta) \right)V^*(s),$$
$$m_{\oplus_\dagger} = \tilde{b} \equiv b + v(1 - B^*(\zeta)).$$

---

[1] $p_{I,n}^{KTS}$ の右肩の TS は ”$T < S$ の条件下” の意味で付けた。

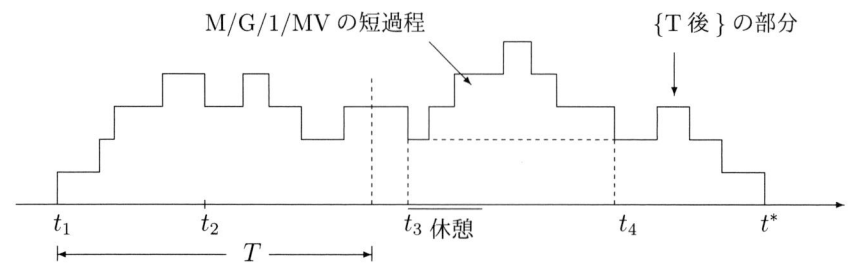

図 16.1 非割り込み型休憩の出来事

補助定理 11.1 の (2) では、$T < S$ の条件下で $S + V$ の LST を示している。これを使うと $K_1(z)$ とその期待値は、両規則とも

$$K_1(z) = \frac{\{B^*(\lambda - \lambda z) - \alpha(z)\}V^*(\lambda - \lambda z)}{1 - B^*(\zeta)}, \quad k_1 = \lambda\left\{\frac{b + B^{*\prime}(\zeta)}{1 - B^*(\zeta)} + v\right\}$$

で与えられる。

m_Δ については定理 14.1 の (1) を利用してもよいが、非割込み型後着順では、図 16.1 の (t_3, t_4) 間のように、M/G/1/MV の再生区間が挿入される。割込み型は、そうは言えないが、稼動期間は同じである。よって

$$m_\Delta = \frac{b}{1 - \lambda b} + \frac{v}{1 - \lambda b}(1 - \xi).$$

このモデルは図で理解すれば十分と思われるが、$\Pi(z : \Delta)$ の $p_{I,n}$ を求めるためには、$\Pi(z : \oplus_\dagger)$ が必要である。規則 1-1 では定理 11.4 の証明中において

$$\alpha_1 = \frac{1}{\tilde{b}}, \qquad \alpha_2 = \frac{1 - B^*(\zeta)}{\tilde{b}}, \qquad \Pi^l(z) = \frac{B^*(\lambda - \lambda z) - \alpha(z)}{1 - B^*(\zeta)}$$

であるから、

$$\Pi(z : \oplus_\dagger) = \frac{b}{\tilde{b}}z\Pi^R(z : B^*_\lambda) + \frac{v}{\tilde{b}}\beta(z)\Pi^R(z : V^*_\lambda).$$

規則 2-1 では、

$$\Pi(z : \oplus_\dagger) = \frac{z\{1 - \alpha(z) - \beta(z)V^*(\lambda - \lambda z)\}}{\lambda\tilde{b}(1 - z)}.$$

非割込み型休憩のみより詳しく述べる。$\Pi^R(z : B^*_\lambda)$, $\Pi^R(z : V^*_\lambda)$ の $p_{I,n}$ をそれ

ぞれ $p_{I,n}^{RB}$, $p_{I,n}^{RV}$ と表す。$K_1(z)$ と $\Pi(z : \oplus_\dagger)$ の式から

$$p_{I,n}^{\oplus_\dagger} = I p_{I,n}^{RB} + p_{I,n-1}^{RB} + \sum_{i=0}^{n} \left\{ f_{I,n-i}^{B}(\lambda_I) - f_{I,n-i}^{B}(\lambda_I + \zeta) \right\} p_{I,i}^{RV},$$

$$p_{I,n}^{KTS} = \frac{1}{1 - B^*(\zeta)} \sum_{i=0}^{n} \left\{ f_{I,n-i}^{B}(\lambda_I) - f_{I,n-i}^{B}(\lambda_I + \zeta) \right\} p_{I,i}^{V}(\lambda_I),$$

$$p_{I,n}^{\diamond} = p_{I,n}^{busy}.$$

これらを使って、$\tilde{D}_{I,n}$ を求めれば良い。

非割込み型は条件 9.1 を満たすので、待ち時間分布の LST も求まる。

議論は省略するが、ゲート式も考えられる。タイマーが鳴るとゲートが閉まり、ゲート内の客が全てサービスされると休憩をとるのである。

16.3　追加客

タイマーが鳴ると客が追加されるとしよう。準備をする。M/G/1 の最初のサービス時間を S とする。$T < S$ の下での区間 (T, S) の長さの期待値 $m_2 = \dfrac{b\zeta - 1 + B^*(\zeta)}{\zeta(1 - B^*(\zeta))}$ は補助定理 11.1 の (5) で得た。そこでこの区間上の短過程の PGF $\Pi_2(z)$ を求める。S 上の累積過程を $(0, S \wedge T)$ と $(S \wedge T, T)$ 上に分けると、

$$\alpha_1 \frac{1 - B^*(\zeta)}{\zeta} z \Pi(z : S \wedge T) + \alpha_2 m_2 \Pi_2(z) = \frac{z(1 - B^*(\lambda - \lambda z))}{\lambda b(1 - z)},$$

$$\alpha_1 : \alpha_2 = 1 : Pr(T < S), \qquad \alpha_1 \frac{1 - B^*(\zeta)}{\zeta} + \alpha_2 m_2 = 1.$$

これを解くと

$$\alpha_1 = \frac{1}{b}, \qquad \alpha_2 = \frac{1 - B^*(\zeta)}{b}$$

$$\Pi_2(z) = \frac{\zeta z}{b\zeta - 1 + B^*(\zeta)} \left\{ \frac{1 - B^*(\lambda - \lambda z)}{\lambda(1 - z)} - \frac{1 - \alpha(z)}{\lambda - \lambda z + \zeta} \right\}.$$

追加人数の PGF を $H(z)$ とし、追加客のサービス分布は一般客と同一とする。追加客がいる場合の $\Pi(z : \oplus_\dagger)$ を求めると、

$$\Pi(z : \oplus_\dagger) = \frac{1 - B^*(\zeta)}{b\zeta} z \Pi(z : S \wedge T) + \frac{b\zeta - 1 + B^*(\zeta)}{b\zeta} H(z) \Pi_2(z)$$

M/G/1 の {T 後} の部分が二人分上方に移動したもの。

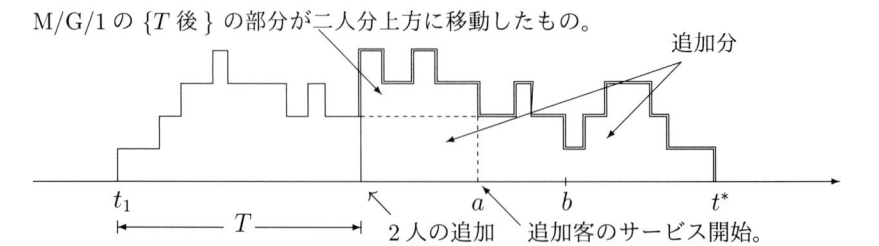

図 16.2　追加客は他の客がいなくなってからサービスを受ける場合

と表される。さらに補助定理 11.1 の (2) から

$$K_1(z) = H(z)\frac{B^*(\lambda - \lambda z) - \alpha(z)}{1 - B^*(\zeta)}, \qquad k_1 = \frac{b - B^{*\prime}(\zeta)}{1 - B^*(\zeta)} - H'(0).$$

　追加客のサービス時間を休憩と考える (図 16.2 の (a, b) 間) と、稼動期間の増分は、M/G/1/MV の再生区間の長さ (図の $t^* - a$) となる。

16.4　サービス分布の変更

　タイマーが鳴っても遂行中のサービスが終了すると、その後のサービス時間分布が $B(x)$ から $B_0(x)$ へと変更するとしよう。例えば、ある生産現場で地震が起きたため半製品を一つ一つ傷んでいないか確認してから機械にかける作業を空になるまで続ける場合である。$\Pi(z : \Delta)$ は次のように容易に求まる。この場合は最初のサービス時間には何の変更もないので、$m_\diamond$ と $\Pi(z : \diamond)$ を

(16.3)　　　　$$\Pi(z : \diamond) = \frac{(1 - \lambda b)z\{1 - B_0^*(\lambda - \lambda z)\}}{\lambda b_0\{B_0^*(\lambda - \lambda z) - z\}}, \qquad m_\diamond = \frac{b_0}{1 - \lambda b_0}$$

とするだけでよい。ただし、b_0, $B_0^*(s)$ は $B_0(x)$ の期待値と LST である。

　サービス中の客の残りサービス時間も $B_0(x)$ に変更される場合には、$\Pi(z : \diamond)$ は (16.3) で、$\Pi(z : \oplus_\dagger)$ は $V^*(s) \equiv 1$ とおいた第十一章規則 1-2 であるから、

$$m_{\oplus_\dagger} = (\zeta^{-1} + b_0)(1 - B^*(\zeta)),$$
$$B_{\tilde{S}}(s) = B^*(s + \zeta) + \frac{\zeta(1 - B^*(s + \zeta))B_0^*(s)}{s + \zeta},$$
$$\Pi(z : \oplus_\dagger) = \frac{z\{1 - B_{\tilde{S}}(\lambda - \lambda z)\}}{\lambda m_{\oplus_\dagger}(1 - z)}$$

$$= \frac{\zeta z(1-\alpha(z))\{\lambda - \lambda z + \zeta - \zeta B_0^*(\lambda - \lambda z)\}}{\lambda(1+\zeta b_0)(1-B^*(\zeta))(1-z)(\lambda - \lambda z + \zeta)},$$

$$K_1(z) = \frac{\zeta(1 - B^*(\lambda - \lambda z + \zeta))B_0^*(\lambda - \lambda z)}{(\lambda - \lambda z + \zeta)(1 - B^*(\zeta))},$$

$$k_1 = \lambda\Big\{\frac{B^{*\prime}(\zeta)}{1 - B^*(\zeta)} + \frac{1}{\zeta} + b_0\Big\}.$$

16.5 到着率の変更

到着率 $\lambda = \lambda_1$ の M/G/1 において、タイマーが鳴ると、その時点から稼動期間が終了するまで到着率が $\lambda = \lambda_2$ に変更される図 14.5 のモデルを考える。この $\Pi(z:\Delta)$ を求めるのは前節までに較べるとかなり面倒である。

まず、$\Pi(z:\diamond)$ は到着率が λ_2 なので、

$$\Pi(z:\diamond) = \frac{(1-\lambda_2 b)z\{1 - B^*(\lambda_2 - \lambda_2 z)\}}{\lambda_2 b\{B^*(\lambda_2 - \lambda_2 z) - z\}}, \qquad m_\diamond = \frac{b}{1 - \lambda_2 b}.$$

$\oplus_\dagger$ についてはタイマーが鳴ってもサービス時間に変更はないから、$m_{\oplus_\dagger} = b$ である。$\Pi(z:\oplus_\dagger)$ は準備が必要である。0 時点からサービス時間 S とタイマー時間 T が始まるとして、$\oplus_\dagger$ を二つの区間 $(0, S \wedge T)$ と $(S \wedge T, S)$ に分けて考える。$S \wedge T$ の分布の LST $F_{S \wedge T}^*$ は 11.3.1 節で求めた。区間 $(0, S \wedge T)$ に到着する客数の PGF は

$$F_{S \wedge T, \lambda_1}^*(z) \equiv F_{S \wedge T}^*(\lambda_1 - \lambda_1 z) = \frac{\zeta + (\lambda_1 - \lambda_1 z)B^*(\lambda_1 - \lambda_1 z + \zeta)}{\lambda_1 - \lambda_1 z + \zeta}$$

である。これの $\tilde{C}_{I,n}$, $\tilde{D}_{I,n}$ は

$$\tilde{C}_{I,0} = \lambda_1 - \lambda_1 I + \zeta, \quad \tilde{C}_{I,1} = -\lambda_1, \quad \tilde{C}_{I,n} = 0(n \geq 2),$$

$$\tilde{D}_{I,n} = \zeta\chi_{n+1}(I) - \lambda_1\{(I-1)f_n^B(\lambda_1 - \lambda_1 I + \zeta) + f_{n-1}^B(\lambda_1 - \lambda_1 I + \zeta)\}$$

であるから、$q = 0$ である。(4.11) に入れると、$p_{I,n}$ が得られる。

$(0, S \wedge T)$ 上の短過程は累積過程であるから、サービス中の客を除くと、その PGF は $\Pi^R(z : F_{S \wedge T, \lambda_1}^*)$ である。この $p_{I,n}$ を $p_{I,n}^{R1}$ とする。$F_{S \wedge T, \lambda_1}^*(z)$ の $p_{I,n}$ を定理 4.2 に適用すると $p_{I,n}^{R1}$ が得られる。

続いて、$(S \wedge T, S)$ 上の短過程の PGF を求める。$(0, S \wedge T)$ 間に到着した客数を l_1、$(S \wedge T, S)$ 間に到着した客数を l_2 として、l_1 と l_2 の同時分布の PGF

$\Pi_{l_1, l_2}(z_1, z_2)$ をまず求める。$u = \lambda_1(1 - z_1) - \lambda_2(1 - z_2)$, $v = \lambda_2(1 - z_2)$ とおく。l_1 と l_2 は独立ではないが、S と T が確定すると独立になるので、

$$
\begin{aligned}
\Pi_{l_1, l_2}(z_1, z_2) &= \int \sum_{m,n} z_1^m z_2^n Pr(l_1 = m, l_2 = n | t, s) dPr(T \le t, S \le s)) \\
&= \int_0^\infty \Big\{ \int_0^s \sum_{m,n} z_1^m z_2^n \frac{(\lambda_1 t)^m}{m!} e^{-\lambda_1 t} \frac{\{\lambda_2(s-t)\}^n}{n!} e^{-\lambda_2(s-t)} \zeta e^{-\zeta t} dt \\
&\qquad\qquad + e^{-\zeta s} \sum_m z_1^m \frac{(\lambda_1 s)^m}{m!} e^{-\lambda_1 s} \Big\} dB(s) \\
&= \int_0^\infty \Big\{ \int_0^s e^{-ut} e^{-vs} \zeta e^{-\zeta t} dt + e^{-s(\lambda_1 - \lambda_1 z_1 + \zeta)} \Big\} dB(s) \\
&= \zeta \int_0^\infty e^{-vs} \int_0^s e^{-(u+\zeta)t} dt dB(s) + B^*(\lambda_1 - \lambda_1 z_1 + \zeta) \\
&= \frac{\zeta}{u + \zeta} \int_0^\infty \{ e^{-vs} - e^{-(u+v+\zeta)s} \} dB(s) + B^*(\lambda_1 - \lambda_1 z_1 + \zeta) \\
&= \frac{\zeta B^*(\lambda_2 - \lambda_2 z_2) - \zeta B^*(\lambda_1 - \lambda_1 z_1 + \zeta)}{\lambda_1 - \lambda_1 z_1 - \lambda_2 + \lambda_2 z_2 + \zeta} + B^*(\lambda_1 - \lambda_1 z_1 + \zeta) \\
&= \frac{\zeta B^*(\lambda_2 - \lambda_2 z_2) + (\lambda_1 - \lambda_1 z_1 - \lambda_2 + \lambda_2 z_2) B^*(\lambda_1 - \lambda_1 z_1 + \zeta)}{\lambda_1 - \lambda_1 z_1 - \lambda_2 + \lambda_2 z_2 + \zeta}.
\end{aligned}
$$

$\delta_z = 1 - z$ とおく。$l_1 + l_2$ の PGF は

$$
\begin{aligned}
\Pi_{l_1 + l_2}(z) &= \sum_{i=0}^\infty z^i Pr(l_1 + l_2 = i) \\
&= \sum_{i=0}^\infty \sum_{j=0}^i z^i Pr(l_1 = j, \, l_2 = i - j) \\
&= \Pi_{l_1, l_2}(z, z) \\
&= \frac{\zeta B^*(\lambda_2 \delta_z) + (\lambda_1 - \lambda_2)(1 - z) B^*(\lambda_1 \delta_z + \zeta)}{(\lambda_1 - \lambda_2)\delta_z + \zeta}
\end{aligned}
$$

で与えられる。この $p_{I,n}$ を $p_{I,n}^{l_1 + l_2}$ と表し、求めておく。

(16.4)
$$
\tilde{C}_{I,0} = (\lambda_1 - \lambda_2)(1 - I) + \zeta, \qquad \tilde{C}_{I,1} = -\lambda_1 + \lambda_2,
$$
$$
\tilde{C}_{I,n} = 0 (n \ge 2)
$$

であるから、$\{I = 0, \, \lambda_1 - \lambda_2 + \zeta = 0\}$ ならば、$q = 1$、そうでないならば、$q = 0$ である。$\lambda_{iI} = \lambda_i(1 - I)$ とすると、

$$
\tilde{D}_{I,n} = \zeta f_n^B(\lambda_2 I) - (\lambda_1 - \lambda_2) \Big\{ (I - 1) f_n^B(\lambda_1 I + \zeta) + f_{n-1}^B(\lambda_1 I + \zeta) \Big\}.
$$

よって (1.11.2) 式から $p_{I,n}^{l_1+l_2}$ が計算できる。$\Pi^R(z : \Pi_{l_1+l_2})$ の $p_{I,n}$ を $p_{I,n}^{R2}$ とすると、$p_{I,n}^{R2}$ は $p_{I,n}^{l_1+l_2}$ を使って定理5.1から得られる。

　区間 $(S \wedge T, S)$ 上の短過程は、サービス中の客と l_1 に $(S \wedge T, S)$ 上の累積過程が加わったものである。しかし、l_1 と l_2 は独立ではないから定理2.6は使えない。そこで、$l_1 = n$ なる条件下で、l_2 の PGF を $\Pi_{l_2}(z | l_1 = n)$ とすると、$(S \wedge T, S)$ 上の短過程の PGF は $z^{n+1}\Pi^R(z : \Pi_{l_2}(\ | l_1 = n)) = z^{n+1}\dfrac{1 - \Pi_{l_2}(z | l_1 = n)}{\lambda_2 E(X | l_1 = n)\delta_z}$ となる。ただし、$X = S - S \wedge T$ である。よってサービス中の客を除いて、l_1 の確率を考慮した $(S \wedge T, S)$ 上の短過程の PGF は、定理2.4より

$$\Pi(z :(S \wedge T, S)) = \frac{1}{E(X)} \sum_{n=0}^{\infty} E(X | l_1 = n) z^n \frac{1 - \Pi_{l_2}(z | l_1 = n)}{\lambda_2 E(X | l_1 = n)\delta_z} Pr(l_1 = n)$$

$$= \frac{1}{E(X)\lambda_2 \delta_z} \sum_{n=0}^{\infty} z^n \left\{ 1 - \sum_{m=0}^{\infty} z^m Pr(l_2 = m | l_1 = n) \right\} Pr(l_1 = n)$$

$$= \frac{1}{E(X)\lambda_2 \delta_z} \left\{ F_{S \wedge T}^*(\lambda_1 \delta_z) - \sum_{n=0, m=0}^{\infty} z^{m+n} Pr(l_1 = n, l_2 = m) \right\}$$

$$= \frac{1}{E(X)\lambda_2 \delta_z} \left\{ F_{S \wedge T}^*(\lambda_1 \delta_z) - \Pi_{l_1, l_2}(z, z) \right\}.$$

ここから

$$\Pi(z : \oplus_\dagger) = \frac{z}{b} \left\{ E(S \wedge T)\Pi(z : S \wedge T) + E(X)\Pi(z : (S \wedge T, S)) \right\}$$

$$= \frac{z}{b} \left[\frac{1 - F_{S \wedge T}^*(\lambda_1 \delta_z)}{\lambda_1 \delta_z} + \frac{1}{\lambda_2 \delta_z} \left\{ F_{S \wedge T}^*(\lambda_1 \delta_z) - \Pi_{l_1, l_2}(z, z) \right\} \right]$$

$$= \frac{z}{\lambda_2 b \delta_z} \left[\frac{\lambda_2 - \lambda_1}{\lambda_1} \left\{ 1 - F_{S \wedge T}^*(\lambda_1 \delta_z) \right\} + 1 - \Pi_{l_1+l_2}(z, z) \right]$$

$$= \frac{z}{\lambda_2 b} \left\{ (\lambda_2 - \lambda_1)E(S \wedge T)\Pi^R(z : F_{S \wedge T, \lambda_1}^*) + E(l_1 + l_2)\Pi^R(z : \Pi_{l_1+l_2}) \right\}.$$

よって[2]、$G_{I,n} = \dfrac{1}{\lambda_2 b} \left\{ (\lambda_2 - \lambda_1)E(S \wedge T)p_{I,n}^{R1} + E(l_1 + l_2)p_{I,n}^{R2} \right\}$ とおくと、$p_{I,n}^{\oplus_\dagger} = IG_{I,n} + G_{I,n-1}$ が得られる。なお、$E(S \wedge T)$ は 11.3.1 節、$E(l_1 + l_2)$ は $p_{1,1}^{l_1+l_2}$ で与えられる。

---

[2]$\Pi(z : \oplus_\dagger)$ はかなり煩雑なので、累積過程を利用した。5.4 節で説明したように、$p_{I,n}^\Gamma$ から $p_{I,n}^{R\Gamma}$ を求めるサブルーチンを作っておけば、電算機計算は容易だからである。

次に $K_1(z)$ を求めよう。これは $T < S$ の下での $l_1 + l_2$ の PGF である。$u = \lambda_1(1 - z_1) - \lambda_2(1 - z_2),\ v = \lambda_2(1 - z_2),\ \eta = \zeta/(1 - B^*(\zeta))$ とおくと、$T < S$ の条件下で、$l_1,\ l_2$ の同時分布の PGF が次のように求められる。

$$
\begin{aligned}
\Pi_{l_1,l_2}^{T<S}(z_1, z_2) &= \int \sum_{m,n} z_1^m z_2^n Pr(l_1 = m, l_2 = n|t,s) dP_{T,S}(\bullet|T<S) \\
&= \int \sum_{m,n} z_1^m z_2^n \frac{(\lambda_1 t)^m}{m!} e^{-\lambda_1 t} \frac{\{\lambda_2(s-t)\}^n}{n!} e^{-\lambda_2(s-t)} dP_{T,S}(\bullet|T<S) \\
&= \frac{1}{1 - B^*(\zeta)} \int \int_0^s e^{-ut} e^{-vs} \zeta e^{-\zeta t} dt dB(s) \\
&= \eta \int e^{-vs} \int_0^s e^{-(u+\zeta)t} dt dB(s) \\
&= \frac{\eta}{u + \zeta} \int \left\{ e^{-vs} - e^{-(u+v+\zeta)s} \right\} dB(s) \\
&= \frac{\eta}{u + \zeta} \left\{ B^*\big(\lambda_2(1 - z_2)\big) - B^*\big(\lambda_1(1 - z_1) + \zeta\big) \right\}.
\end{aligned}
$$

これから $K_1(z)$ は

$$
\begin{aligned}
K_1(z) &= \sum_{n=0}^{\infty} z^n Pr(l_1 + l_2 = n|T < S) \\
&= \sum_{k=0}^{\infty} z^k \sum_{i=0}^{\infty} z^i Pr(l_1 = k, l_2 = i|T < S) \\
&= \Pi_{l_1,l_2}^{T<S}(z, z) \\
&= \eta \frac{B^*\big(\lambda_2 \delta_z\big) - B^*\big(\lambda_1 \delta_z + \zeta\big)}{(\lambda_1 - \lambda_2)\delta_z + \zeta}.
\end{aligned}
$$

$p_{I,n}^{KTS}$ を求めるために、$K_1(z)$ の分母、分子を $C(z),\ D(z)$ とおくと、$\tilde{C}_{I,n}$ と q は $\Pi_{l_1+l_2}(z)$ の場合 (16.4) と同じである。よって $\tilde{D}_{I,n} = \eta\{f_n^B(\lambda_{2I}) - f_n^B(\lambda_{1I} + \zeta)\}$ を $p_{I,n}^{KTS} == \frac{1}{\tilde{C}_{I,q}} \Big\{ (\lambda_1 - \lambda_2)(1 - q)p_{I,n-1}^{l_1+l_2} + \tilde{D}_{I,n+q} \Big\}$ に代入すればよい。

以上から (16.2) の $\tilde{D}_{I,n}$ が得られる。(15.8) から

$$
m_\Delta = \frac{b\{\zeta + (1 - \xi)(\lambda_1 - \lambda_2)\}}{\zeta(1 - \lambda_2 b)}, \quad 又は \quad m_\Delta = m_\diamond\{1 + \theta_{T\,前}(\lambda_1 - \lambda_2)\}.
$$

であるから (16.1) の $\tilde{C}_{I,n}$ も得られる。

以上より $\Pi(z:\Delta)$ が得られる。表 16.1 の計算結果は計算機実験に合った。

系内人数	$\zeta = 0.1$	$\zeta = 0.5$	$\zeta = 1$	$\zeta = 5$	$\zeta = 10$
0	0	0	0	0	0
1	0.055392	0.145113	0.190089	0.271279	0.291102
2	0.070191	0.162941	0.197358	0.232022	0.233556
3	0.075580	0.151395	0.167951	0.166401	0.161679
4	0.075522	0.128547	0.130353	0.112602	0.107601
5	0.072438	0.103630	0.096130	0.074663	0.070845
6	0.067768	0.080773	0.068676	0.049157	0.046513
7	0.062375	0.061479	0.048030	0.032286	0.030517
8	0.056780	0.045971	0.033090	0.021187	0.020019
9	0.051288	0.033906	0.022548	0.013900	0.013132
10	0.046075	0.024733	0.015239	0.009118	0.008614
11	0.041228	0.017880	0.010235	0.005981	0.005650
12	0.036786	0.012830	0.006840	0.003924	0.003706
13	0.032754	0.009147	0.004554	0.002573	0.002431
14	0.029120	0.006487	0.003023	0.001688	0.001595
15	0.025860	0.004578	0.002002	0.001107	0.001046
20	0.014157	0.000760	0.000250	0.000134	0.000127
30	0.004192	0.000018	0.000004	0.000002	0.000002

$\lambda_1 = 2$、$\lambda_2 = 1$、サービス分布は $E_3(4)$。

表 16.1　到着率変更モデルの系内客数分布

本書は多くの短過程やモデルの μ 平均 PGF を求めた。短過程を元にした集合が考えられる。短過程の μ 平均 PGF を使えば、この集合に距離を定義でき、距離空間になる。二つの短過程 A, B があるとすると、短過程の終了のたびに、A, B が確率的に選ばれるならば、A が選ばれて次に A が選ばれるまでを短過程とみなすと、それはこの確率の選び方によって、A にも、B にも近くなる。すなわち、AB 間はこの距離で連続に繋がっている。このように短過程の空間は無限である。

本書で扱っていないモデルにも思いを馳せていただきたい。計算量の飛躍的な増大が避けられず、一人の人生では不可能なものもある。この空間は限りがないのである。

索　　引

記　　　号 (ギリシャ語、その他)

（別冊）

私 の 研 究 史

別冊

私の研究史

　読者にとって不要かも知れないが、打ち込んできた者にとっては、その苦労話や思い出話、そして若い人に伝えたいことなどを誰かに話したくなるものである。一方、科学では過去を調べても、重要文献の背景はほとんどわからない。著者が余り記録を残さないからである。そのため創造の源泉がわからない。自費出版の初版なので、書かせてもらおう。何かの役に立つかもしれない。

　高校生の頃から始めよう。私は理系科目は成績は良かったが気持ちは向いていなかった。というのも数学の勉強をしてみて、解けるのは素直な問題ばかりなので、自分には合わないと感じ始めていた。先生とも相談し、経済学部に行こうと決めた。苦手科目は、国語、英語、暗記科目なので文系を望むならば、数学などやる暇がない。幸い両親が協力してくださったので、調子を保って勉強し、本番に臨んだ。久々のためか、数学の問題用紙を開いたとき、ああ、数学ができると喜びの感情が湧き上がったのを覚えている。

　ついでながら受験勉強で、役に立たなかったのは日本史である。なんと言っても勉強したことがことごとく間違いとその後判定されたからである。しかし、同時に一番役に立ったのも歴史であった。日本史も世界史も学ぶと、歴史に対する抵抗感などなくなり、むしろ古いものにあこがれさえ抱く。応用数学をやっていても、何か古い文献を読みたくなり、一つのテーマを始めた最初の人の論文を探したくなるのである。それが重なると回りの研究者とは少し異なった見方をするようになった。

　私の本には以上のことが色濃く現れている。数学では素直な問題しか解けないという一種の無能さを背景にしているから、素直な問題にするために、コツコツと基礎固めをしてその上に自然な花を咲かせようという思想を実践している。また新しい結果が多いのに、古くからある歴史的発展史の中に位置付けようとしているのがそれである。

　大学1，2年生の時は悲惨であった。語学は私には苦手以上のものである。苦痛が高じると精神的にもおかしくなる。ともかく語学の時間帯は、体が硬直して大学に行けなくなるのである。通常ならば、留年であるが、救われたのは大学紛争が起こり、そもそも授業が開かれなくなり、精神的に開放された。そしてその後何とか専門に進むことができた。このためクラスの友達は一人もできなかった。

　教員になってから語学の先生と話し合う機会も数回あったが、何となくサラリーマン先生の感じを受けた。私のような苦しみは予想もできないであろう。制度としても先生と大学のことのみが考えられているようである。語学は必修からはずすべきである。どうしても必修を続けたいならば、講義にあまり出てこない学生には気を付けて、時々呼び出し、話を聴き、時には学生相談専門家の意見も聴いて対処すべきである。また講義のやり方も昔とほとんど変わらないようだ。私は確率論の歴史を調べたが、日本語訳だけでは済まないので原典にも挑戦した。英語は何とかなる。独語は狙いを付けた文章のみを辞書片手に解読する。しかし、仏語、露語、ギリシャ語、ラテン語となるとお手上げである。ヒヤリングを重視する風潮であるが、各国の文法のみを教える講義があれば、私などは喜んで受けるであろう。

　ところで紛争中はバイトを多くした。世の中を知りたかったこともある。もちろん紛争に関心がないわけではないが、騒いでいる人々が言っていることが全くわからない。彼

255

らに近づくことさえ不可能であった。バイトもいろいろだった。予定通り仕事をし、予定通りバイト代をいただくようなことは少なかった。私がトラブルを起こしたこともあれば、働いたにもかかわらず、賃金を貰えなかったこともある。労働者が無茶をやる現場に遭遇したこともあれば、事故が起きたこともある。少し感動したこともあれば、店を実質上任されたこともある。ジーパンで働くこともあれば、スーツ姿であったこともある。

寮で"登ろう会"の部屋にいたものだから、山や海にもよく行った。夏に南アルプスの、アップダウンの激しい稜線を歩いた時のこと、小休止したとき振り返ると、今降りてきた山がかなり遠くに見えたのは感動だった。その後困難なときには、この景色をよく思い出した。遅くても歩いていれば、展望が開けてくると。実際応用確率論はそんなものである。

こんなことをやりながら、自分は社会に出ないのが良いのではとぼんやり感じるようになった。といって経済学はわからない。経営学は才能外である。消去法で行けば統計学しかない。先輩に相談すると、あんなもの出来上がっていて勉強に値しないという。しかし、選ぶものはないので鈴木雪夫先生のゼミに入れてもらった。ゼミでは統計的決定理論と多変量解析を勉強した。確率論もちゃんとやらねばと思い、伊藤清三の「ルベーグ積分」から始めたが、最初は全くわからなかった。大学院には先生の推薦で入れてもらった。次の年からは試験があることをお聞きし、ぞっとした。試験と言えば、語学、まず私は入れない。たとえ入れても、そのために無駄な時間を費やすことになるからである。

決定理論や多変量解析は勉強しやすいが、数学的にはもうできている感じがして、そのころ言われだした時系列解析に手を出した。本はわずかしかなかった。論文を探したがまともな論文がない。多変量解析では、有限次元の行列理論を基礎にしているからであろうが、難しい証明でもきっちり記述している。しかし、時系列解析では、時間の無限性を扱わねばならない。それを無理押しするのであろう、論理が滅茶苦茶なのである。そんな中で"有限階の自己回帰過程は無限回の移動平均過程に表されるから …"という文章があった。これぐらいはちゃんと証明しとけよなと思ったのであるが、どこの文献に証明しているのかわからない。そこで自分で考えてみようと思い立った。どうやら関数解析のスペクトル理論なるものが関係しているようである。そこで吉田耕作の「Functional Analysis」を読み始めた。

これが良かったかどうかはわからないが、大変であった。一日一頁は絶対無理。三日で一頁がやっとである。修士課程でも講義がある。しかし、そのような講義に出ても上の空であった。そんな状態がいつまでも続くわけはない。苦痛は最高潮に達し、授業にも出なくなった。

そのころある方が仏教、特に禅の本を紹介してくださった。それは心打つものであり、何度も涙した。これがきっかけで自分の心の中を知りたいと思い、いろいろな本を読むようになった。そのため1年留年することになった。つまり修士を3年過ごしたことになる。この留年時代は大きな意味があったと思う。数学とは心の中の話である。その心はいろいろなもので満たされていて、数学だけではない。そこを整理できてくれば、数学だけでなく、様々なことを落ち着いて考えられるようになる。

読んだのは日本語がほとんどなので、日本が古来から文化を積み重ねてきたことや翻訳が盛んなことに助けられたとも言える。

修士3年目が終わりかけていた頃、これからのことを考えていると、3年あれば、論文が一つ書けるかもしれないと思った。それで博士課程に進むことにした。ところが修士課程修了のための単位が足りない。どんなに打ち込んでも授業に出なければ単位はも

らえない。何も考えず、故宮沢光一先生の研究室を尋ね、単位をくださいと言った。3年後博士号をいただいたとき、

「博士号おめでとう。それにしても君は … 」

とおっしゃって絶句された。なつかしい思い出である。

博士課程に進んですぐの頃、スペクトル分解がやっとわかった。それは作用素を分解表現することで、これにはリーマン積分による表現とルベーグ積分による表現がある。ところががっかりすることに、Functional Analysis はリーマンで書かれている。時系列分析に利用するにはルベーグ式でなくてはならない。このためルベーグ式の関数解析の本を探したが、いい本が見つからない。そこでやむなく自分でやったところ1日もかからず、あっけなくできた。

修士課程に入ってから、スペクトル分解のルベーグ式表現に至るまでの自分は顔つきも暗い、深刻そうなものだったと思う。ところが、基礎が証明付きでわかれば、他にもわかることが出てくる。気分も前向きになった。論文も専門誌に掲載された。そして博士課程3年目の秋に、今なら間に合うと気づき、猛烈に博士論文を書いた。主査は竹内啓先生を含め4人、荒っぽい論文であったが、竹内先生と数学科の副査の先生が理解してくださり、経済学部課程博士としては最初だとか、博士号をいただくことができた。

当時定常時系列論の基礎は混乱していて、私はそれを調べたので、これは社会貢献のために本にしなければならないと思い、一年打ち込んだ。つまり就職しなかった。金もないのによくやったと思う。一年後ありがたいことに都立大学経済学部に採用された。本もしばらくして発行できた[3]。大絶賛されるのは当然ぐらいの感覚であったが、誰も褒める人はいなかった。けなす人は何人かいた。”社会貢献など、やめとけば良かった。”それが偽らざる私の感想となった。

それからは、統計学はやめて、経営科学のみに打ち込んだ。経営科学で採用されたからである。数年後、岩波書店が基礎数学選書を出した。本格的なシリーズ版である。何気なく、その藤田、黒田、伊藤著「関数解析」を開くと、スペクトル分解をリーマン積分ではなく、ルベーグ積分で書いているではないか。驚いた。思わず巻末を見たが、私の本は参考文献にはない。まあそうだろうな、と気を取り直して、本文をもう一度見た。単位の分解（第11章 p.379）のところで従来と異なった形式で論理展開することを丁寧に述べている。しかし、”従来はリーマン式であったが、ここではそれを捨ててルベーグ式で展開する。”とは述べていない。私は二つのことを感じた。一つは、著者たちは私と面識がないので確証はできないが、私の本が影響したことである。数学者にとってリーマンは神様のような存在なのだろう。彼らが、純理論的にはルベーグ式で展開すべきだと考えても、それだけではリーマンを捨てる勇気は起きない。それを私が、応用ではリーマンは何の役にもたたない、ルベーグが当然だと例証したのだから、もう進む以外なかったのであろう。ともかくも数学者の背中を押して、世界に先駆けて教科書を変えたと私は思っている。

もう一つ、私の本は歴史的使命を果たすとともに、それを終えたと思った。数学者など全く眼中になかったが、彼らに影響を与え、関数解析の本が一新された。これからは、まず関数解析を学び、それから自然な成り行きとして時系列解析に進んでいく。私の本などもう読む必要はない。ほんの数年間だったなあ。そんな感じを受けた。また正しい論理を表現する仕事は数学者からも応用の人々からも、重箱の隅をつつくようなものと見られることも感じた。しかし、私にはそれ以外の才能があるとも思えない。

---

[3] 「時系列解析の数学的基礎」教育出版 1978 年

待ち行列論で論文を書こうとしたのは、それが手っ取り早いからであるとともに、確率論の重要な応用と感じたからである。経営科学であるから、もっと経営らしいもの、例えば経営分析などを選ぶこともありえたし、ある方に相談に乗っていただいたときも、社会から要請される仕事をするのがよいので経営分析にしたらどうかと勧められた。重要な決断に当たって、人は決断していないのかもしれない。そのときはっきり感じていたわけではないが、確率論の正しい応用という本質的なテーマが私を引きずり込んだようだ。

　宮沢政清先生という有能で、親切な、そして尊敬する先生に出会い、いろいろ教えてもらった。おかげでかなりのスピードで入って行けた。感謝である。テーマは安定性を選んだ。選んだというより、論理的基礎なので、私にとっては必然であった。

　ここで論文を読むことの大変さを述べておこう。初期の多変量解析、決定理論、線形計画法の教科書の数学的記述は完璧である。しかし、それから外れてくると、そのような期待は持てなくなる。一流の専門雑誌に、中学生でも驚く初歩的間違いを犯しているものもあった。無茶苦茶な論理もよく見かけた。こんなこともあった。あるとき私と関係している論文が出た。読まねばならないと思い、コピーをとってカバンに入れ、気分が向いたとき、眺めていた。すぐにわかるような論文ではないからである。そのうち、記号にも慣れ、主旨もわかるようになり、重要箇所らしきところを睨んでいると、著者が根本的な間違いをしていることに気づいた。本当にほっとした。もうこの論文を読まなくても良いからである。次の日再確認してから、著者にメールした。無しのつぶてである。私はこのようにして４人ほどにメールしたが、返事をくださったのは一人だけであった。

　時代背景がわかることとして Doob の話をしておこう。彼は”Stochastic Process” なる本格的な本を発表した。私も読んだが、大変で、定常過程のスペクトル分解では論理矛盾を感じていた。ただし、だまされたつもりで読めば、私には役立った。数年後彼の回顧録がネットで見つかった。それによると、この本を出したとたん世界中から間違いを指摘する手紙が読み切れないほど届いたそうである。細部を全く気にしないで全体像にせまれる才能をもった人たちが活躍できた時代であったと私は総括している。

　さて、あるテーマを勉強しようと思えば、まず関連文献を集める。時にはそれが困難なときもあるが、それが手に入ってからがもっと大きな困難である。一つ一つの論文が読めないのである。専門用語がわからない、引用している論文が手にはいらない、記号や用語の定義がない、モデルや主旨がわからない、なぜ抽象化するのかわからない、式の意味がわからない、何を証明しているのかもわからない。かつて吉田先生の本に涙したが、時間をかければともかくわかった。しかし、論文は本当にわからない。

　頑張って論文を書いて投稿すると、”お前が引用している … の論文は間違っていることを知らないのか。（一から出直せ。）”と言われたこともある。( ) は多分審査員の気持ち。

　ほとんどの研究者はこの困難を個人的才能によって乗り切って行かれるようである。そのような方々をうらやましく思うが、私にはそのような才能はない。通常ならば、つぶれてしまうであろうが、一冊の専門書を出すところまでやり遂げた者には、冷静に考える心が芽生える。私は考えた。この困難は大きな弊害であり、損害である。時間が関係している応用確率論は参入障壁が高い。一つのテーマがあって、それが勉強しても解るものでなければ新規参入者はいなくなる。以前からそれをやっている者もアイデアが枯渇し、あるいは年老いて去っていく。残るのは山ほどのわかりにくい論文ばかりである。50 年も経てば、完全に忘れられる。研究に費やされる多大な頭脳、エネルギー、資金、すべてが無駄になる。これを最初に感じたのは吉田先生の本を読んでいたときで、余りにも難しく、時間がどんどん過ぎていくあせりをいつも感じていたからである。わかりやすい良い本があれば、苦労もしないし、不安もない。余裕ができた時間を創造的な仕

事に向けられる。

　最初の本は社会貢献のためであったが失敗した。読む人のことが考えられなかったからであろう。その後も良い本を書くことは頭の片隅に常にあった。私の経験から、良い本とは単純に時間短縮と思っている。20才の若者を自分の分野に引き込もうとして次のように説得したとする。

　　「君は優秀だ。君ならば、70年ぐらい努力すれば、世界のトップレベルの研究者になれる。やってみないか。」
偽らざる真実として話しても、その若者が意欲をもつであろうか。一流になっても90才かと思えば馬鹿にされたように聞こえるであろう。

　本人が頑張れば、70年はかかる。良い専門書とは20才の若者を一気に90才にすることである。若者は本当に90才になるであろうか。なるわけはない。肉体は20才のままであろうから。参入障壁をなくす専門書を与えれば、その余生に必ず良い仕事をするであろう。目的はただ一つ、参入障壁をなくすことである。

　チャンスは偶然訪れた。私の大学は都立大学なので、都知事が少し言うだけで、大学が揺れる。それがこともあろうか。都知事自身が大学改革を激しくやりだした。そのやり方に立腹した。何に立腹したのか現在は全く覚えていない。ただそのときその怒りが数学者に向けられた。そもそも数学者がいい本を書かないのは問題だというわけである。そのときひらめいた。「根本の確率論」という本の題名である。心の深い所にある何かが、一気に現れたのであろう。その日から原稿を書き始めた。本の構成をどこまで掴んでいたのかさえ覚えていない。とにかく夢中になって書いた。半年ほどで仕上げた。そこで立ち止まった。第一作目の失敗を繰り返したくない。時間を置こう。そうだ、時間稼ぎに、誰が Probability を確率と訳したのか調べてみよう。それから数年かけて歴史を調べ、専門の歴史論文まで書くとは夢にも思わなかった。この調査は面白かった。確率論関係者は多いが、確率を一番楽しんだのは私であろう。申し訳ないほど面白かった[4]。

　5年ほど経ってもういいだろうと判断したが、すぐには出版社に持ち込まず、10名以上の方に読んでもらった。ほとんどが学生さんである。わかってもらえない、誤解される、そもそも数頁しか読んでもらえない等々、どうも芳しくない。しかし、そのたびに、なぜわかってもらえないのか、なぜ誤解するのか、そもそもなぜ読めないのか、考え、訂正を重ねた。出版社の担当者にも頼んだ。この方は有能で、徹底的にやってくださったのは幸運であった。そのためかなり良くなり、私にとっても勉強になった。発売されるとかなりの反響である。ただし、専門家は黙したままで、書評の一つもなかった。二冊目のこの本「応用のための確率論入門」は、ルベーグ積分を余りにもわかりやすくしてしまった。18才の青年を40才ぐらいにはできたようだ。できるならもう一度書き換えて、もっとわかりやすく、もっと面白くしたいが、その希望はかなえられそうにない。

　一言主張させてもらおう。この本の一番良いところは第一章である。ここで濃度を説明している。これがわかれば、その後の章は、ごく当たり前の話のように感じられるであろう。現代の数学教育は受験に特化している。濃度とか、代数学とか、もっと根本的なものに移行していくべきである。今の高校数学は100年以上前のもので、再検討が必要だと思う。

　第三作「待ち行列と短過程」の直接のきっかけを述べよう。待ち行列論の勉強をするに当たって、数学的な論理一貫性を自分は捨てないことを心掛けていた。周りを見回し

---

[4]静岡大学の上藤教授が、不明であった明治の陸軍の確率論の教科書を発見された。大変な朗報で、日本の戦前の確率論史はほとんど解明されたことになる。

てもそのような人がいるとも思えないので、一人で研究するのは当然であった。そして多くの方に嫌われたかもしれないが、そんな発表を多くした。20年ほど前その一つを日本OR学会で発表したとき、予稿集にM/G/1を例に書いたところ、宮沢政清先生に間違いを指摘された。そのころM/G/1は易しいモデルと認識していて、勉強などしていなかったのである。これではいかんなあと心替えして、読みもしないで棚に置いてあった高木英明先生の著書を読むことにした[5]。

　この本は読みやすくもあり、やろうとしていることもわかった。しかし、土台の数学的取扱いには不満があった。読み終えたとき、私ならどうするかと、本書第十三章の店番をする奥さんのモデルで考えた。というのも、学会開催地に行ったときのこと、みやげでも買おうと、土産物屋に入ると誰もいない。気まずい思いがして店を出た。ケンドールの隠れマルコフ法を勉強したとき、これをモデル化し、適用してみた。こんな簡単なモデルは楽勝だと思いきや、均衡方程式が解けない。そこでケンドールの方法は汎用性がないことを知るとともに、このモデルが頭に残ったのである。そこで紙に標本路を書こうとすると、気づいた。なんだ、異種の再生サイクルが混在しているだけじゃないかと。それと同時に、高木先生の本を全て書き換えたものが頭に浮かび、とてもいい本ができると直感した。

　こんなことであるから、第二作と同様、式の一行も書かないで、本のイメージが出来上がっていたのである。それまで安定性の問題に苦しんでいたことも役立った。M/G/1/MVは極限分布を持たない場合があることは、私には自明であった。これも含めて極限分布よりも時間平均分布を出すべきだということも当然と感じた。つまり集合論から始まる数学の基礎と、人間の願望に基づく目標、例えば、一時解の獲得との間には数段階あって、前者から出発すると、それに最も近いのは時間 (到着) 平均分布であるから、それを通過しないと、最終目標へは、多分たどりつけないであろう。この分布は概念上も数学上も一番易しいが、数学論理だけで進めていかねばならないので、直感は通用しない。幸い、日本OR学会の論文誌に2本載せていただくとともに[6]、参入障壁をなくすために本にしようと早々と原稿を書き始めた。

　こう言えば、簡単そうに見えるが、確認しながらの本の作成は時間がかかる。定年の日が刻々と迫ってくる。毎日努力してやっと原稿を書き上げた。それを高木英明先生と一人の大学院生に読んでもらい、ご意見を承った。残念ながら再就職はできなかった。大学に在職中ならば、出版助成金を出してもらえる。だが、原稿を読み返して、何かしら物足りなさを感じる。それが何かわからない。申請する気持ちが起きず、退職の日が来てしまった。

---

[5]Queueing Analysis: A Foundation of Performance Evaluation, Volume 1 (Elsevier, 1991) "
先生は、第三作の発行支援者向け推薦書を書いてくださり、その中に次のように振り返っていらしゃる。
「私の執筆動機は、指導教授であったカリフォルニア大学ロサンゼルス校（UCLA）の Leonard Kleinrock 教授の著書 Queueing Systems, Volume 1: Theory（Wiley, 1975）の一章で触れられていた M/G/1 の解析を勉強し、当時、技術開発が急速に進んでいたコンピュータと通信ネットワークの性能評価への広範な応用が予期されたサーバ・バケーションモデルの分かりやすい理論的解説があれば、多くの研究者や学生に便利であろうと考えたことである。
思えば、Kleinrock 教授の本も、それまでの数学者らによる待ち行列理論を工学研究者向けに紹介した嚆矢である。こうして見ると、それぞれの本の著者は、既存文献の記述に飽き足らず、黙し難い思いと自身の思索の成果を世に問いたい熱意が相俟って、執筆に向かうようである。」
[6]Journal of the Operations Research Society of Japan の Vol.46(2003 年) と Vol.59(2009 年)所収。

最後の日、長くお世話になったので、研究室の掃除をした。書棚を拭いていたとき、雑誌が一冊まだ処分せず残っていた。何気なく開くと笹原他３名の論文 (14.2 節) が目に留まり、しばし手を休めて読んだ。
　「結論は複雑だなあ、簡単に、稼働期間に一回だけにしたらどうかな。」
このときこれは大きな仕事になると感じた。そして本の出版ももちろん延期することにした。

　退職はしたが、大学に机を一つお借りし、研究を続けた。最後の授業は内心涙が出るほどだった。その後は 24 時間を、日曜も、祭日も、正月も研究に没頭した。やったことは本書の第十四、十五、十六章とさらなるモデル拡大である。特に多倍長プログラミングは本格的な脳トレのようだった。そしてその結果には、本文で書いたようにいろいろ考えさせられた。

　変わったメールが来た。外国の雑誌社からである。ＯＲ学会論文誌の論文が大変面白い。仲間を集めて特集を組んでみないか、スペースを提供するというものである。どうも論文が集まらない雑誌のようである。とてもうれしかったが、このテーマに関する私の仲間などいない。現在やっている研究もまだ数年かかりそうである。結局断らざるを得なかった。このメールは自信を与えてくれた。第一作目が数学者に影響を与えたように、どこかでだれかが読んでくれる、頭の中でいくら大発見してもダメ、形にしなければ。形にする以上は読んで解るものにしなければ。このような気持ちを強くもち、ますます打込んだ。

　全くの無職であり、面白い研究なので科研費がもらえると予想し、申請したが、大学を通さないといけないとか。退職しているので、そのためには教授会の許可を得なければならない。しかも年度を跨ぐので、２回も。こっそり研究したかったので、後輩の先生方に知られたくなかったのである。しかし、やむを得ない、申請した。１年後に結果が出た。４人も審査員が付いた。そして４人とも私の研究は最低評価であった。信じられなかった。これだけ有意義な研究を最低評価にするなど私にはできない。

　科研費申請はしなければ良かった。この結果を知って、若い学系長が、机貸しに期限を設けた。管理上やむを得ないのであろう。困難はさらに増していく。

　第十五章の ”ふと見ると少ない、しばらく経って見ると多い。”を一時解との関連で考えるとわかりやすく、かつ役立つ見方になると確信を持ちだしていたので、ここらあたりで終わりにするのが運命と感じた。

　振り返れば、私はずっと努力してきた。しかし、不可能を可能にする強い意志で継続し、困難を乗り切ってきたことなど一度もない。研究はいつも一人だった。誰も踏み込んだことのない世界を歩いてきた。その道すがら、いつも何かしら運命を感じていた。本書をここらあたりでやめて、残り数カ月をより読みやすくすることに費やし、何とか発行にもっていく。それが自分に与えられた使命なのだろうと思った。調べてみて、この分野は日本人が意外と活躍しているので、それもできるだけ記したいとも思った。

　なお東京都立大学、改名して首都大学東京にはお世話になった。計算すると 41 年間である。どこかの仏教の本に四十年山門を出でずとあったが、期間だけでみるとそれ以上である。

　完成した原稿は、片山勁先生に評価してもらった。この機会に片山先生のご著書を読むと、LST $(1 - B^*(s))/(sb)$ が待ち時間を主にするか、系内客数を主にするかの研究の分岐点のように感じられた。ある程度一般的に言えることであるが、一つの事をとことん考えた後に、足元が見えてくる。

　出版も紆余曲折を経た。読者層の少なさのため自費出版はやむを得ない。ところが自

費出版でもかなりの出版社に断られた。専門書の出版の大変さを知らされた。受け入れてくださる出版社もその費用は、年金生活者には難関である。クラウドファンディングの一社に相談にのってもらうと、知り合い等で応援団を結成してもらえとのこと。一人でやってきて、今までにもお世話になっているのに応援団は夢の話だろう。がっかりした。一人になって考えた。そもそも本は何冊必要なんだろう。読みたい人は、どんなことをしても探し出すであろう。国会図書館、東大図書館、首都大学東京図書館は寄贈すれば受け入れてくださるであろう。それに自分がもつ一冊、計四冊で十分だ。まるで江戸時代の絵師若冲だなと苦笑した。昔印刷所に、ある印刷物を頼んだことを思い出し、ネットで印刷屋を探すと、本形式に印刷してくれそうである。索引までも自分でやって、小部数ならば値段もかなりやすい。これでやろうと決断した。

　三点追加させてほしい。第一に、第三作が生まれることは奇跡である。私が数学科に入学したら、大学紛争が起きなかったら、山で遭難していたら、大学院の入学試験が実施されていたら、戸水武史氏が仏教の本を紹介してくださらなかったら、先生方にタイミングよく出会えなかったら、高田清朗先生たちに経営科学で採用されなかったら、高木先生が本を書いていてくださらなかったら、退職の日掃除をしなかったなら、……絶対に本書は生まれなかった。私の代行もありえない。なぜなら、現代の研究には必然性が薄らいでいる。ニュートンが万有引力を発見しなくても誰かが発見したであろう。待ち行列論に関しても、20世紀中ごろまでの重要論文は、著者はたまたまで、早い者勝ちであった。しかし、その後はそうでなくなっている。本書はその典型で、私が思いつかなかったならば、短過程法も本書も生まれなかった。今後も生まれない。

　第二に、本を書く重要さを多くの方が認識してほしい。昔も今も、学問における参入障壁をなくすには、形式的には、論文を読むより、あるいは先生の講義を聴くより、本を読むのが最適である。それなのに多くの分野で論文が重視され、本に価値を見出す人は少なくなっている。

　本を書くには良い本にしなければならない。この点で、大事なのが、原稿段階で読みにくいところや間違った証明をチェックする作業である。この作業が現在ほとんどなされていないから折角発行しても、読みにくく、つまらないミスがあり、結局用をなさず、本の価値を下げている。原稿を書き上げるとほっとするものであるが、そこからスタートだと思い、何度も読み返して修正すべきである。特に応用数学はこれが大事である。読み返しは調べ直しや考え直しも含むので時間がかかる。この時間は節約しないのが良い。また知人に読んでもらうのが良い。しかし、この点検作業を知人に謝礼もなく頼むのは後ろめたい気持ちになる。また頼んでも、身近な知人では厳しいことを言ってもらえないことが多い。それでいて発行すると、反発する人たちが出てくる。一度発行すると訂正はまず不可能である。思うに発行前に読む人を斡旋する機関を政府が作ったらどうか。読む人は、審査員ではないから、全く自己中心的に意見を述べればよい。著者はその意見を参考にして書き換えるが、賛同する必要はなく、無視しても構わない。軌道に乗れば、読んで改善点を指摘する能力が高い人たちが現れるであろう。読む人は専門家でなくても良い。わからないところを指摘してくださるのが一番有益である。学生さんであれ、退職された人であれ、どなたでもよいのである。わずかの謝礼でやってくださる方がいると思う。

　そして最終的な発行支援は民間に任せたらどうか。政府系のチェック機関を通しているとなれば、少しは信用が高まるので、支援者も安心できるのではないか。本が、音楽、絵画、スポーツ等と比べて有利なのは支援者リストを載せられることである。これによって後世の人も支援者の行為を讃えるであろう。筆者もこのことに気づき、知人たちにこ

ちらの気持ちを伝えたところ、多数の方が支援してくださり、出版社からの正式出版の形にすることができた。

　現在の政府のやり方は、審査方式が多い。審査方式は良し悪しをはっきりさせるために審査員を必要とし、大方の場合、優れた常識人が選ばれる。常識人は異常な申請を排除する。科学の場合、価値のない異常と価値ある異常を区別しなければならない。有名であるが、応用数学者は余り知らない一例を書いておこう。かなり昔、ヒュームという若者が、確率を哲学に持ち込み「人間本性論」なる本を出した。彼はこれによって一躍有名人になると思い込んだようであるが、関心を抱く者はいなかった。時は経ち、晩年になり、「あれは若気のいたりだった。」と述べて亡くなった。しかし、その後徐々に読む人が増え、ついには指折りの哲学者に列せられ、この本は何か国語にも翻訳されている。本の本当の審査員は読者である。しかもそれは多数決ではなく、心に響いた一人の読者から評価が始まるのである。「人間本性論」の原稿を当時の一流の人たちに審査させていたら、出版されることはなかったであろう。

　第三に、いい本を発行しようと思えば、多くの困難が立ちふさがる。私はその多くを経験した。一番の困難は時間である。第三作のような低評価のものでも50年の努力、書き始めて20年、そして直近6年の24時間打込みが必要であった。それを思うと文科大臣が特定の人を選び、その人に5年ぐらい、それだけに熱中できる環境を与えるのが良い。大学の先生ならば、授業を行ってはいけない。雑用もやってはいけないと命令する。退職者ならば、若干の研究費と活動拠点を提供する。かつてこの方法で成功した例がある。ガリレオ・ガリレイである。彼の場合、中世キリスト教支配の理不尽さを示す例として否定的に取り上げられるが、宗教裁判の結果、幽閉され、いはば、暇になったので、一冊の本を書いた。これが何か国語にも訳され、その後の物理学にも大きな影響を与えた。当時の支配者のやり方は荒っぽかったが、彼らの理不尽な決定がなければ、ガリレオは歴史に名を留めたかどうか疑問である。学問的には良かったのである。

　もっともっと話したいし、若い者には負けないと言いたいが、ここらで止めよう。20才のとき鈴木雪夫先生に拾われてから、70才の今日までの私の集大成を成し遂げたことを喜びます。私の三つの本が応用確率論への参入障壁をなくし、社会に何らかの影響を与えることを願っています。多くの方々のご支援ご協力に感謝します。私を育ててくださった両親と子供二人育ててくれた家内にも感謝します。

平成30年夏七十歳の誕生日　　　　　　　　　　　　　　　　　　　　　　　　　著者

著者略歴
　1948 年 8 月 18 日岡山県に生まれる。
　1977 年東京大学大学院経済学研究科修了
　経済学博士
　現在、首都大学東京名誉教授
　著書　時系列解析の数学的基礎、1978 年、教育出版
　　　　応用のための確率論入門、2010 年、岩波書店
　専門　応用確率論、待ち行列論、確率論史、統計学

待ち行列と短過程

2018 年 11 月 24 日　発行

著　者　中塚　利直

発行者　中西印刷株式会社出版部松香堂書店
　　　　京都市上京区下立売通り小川東入る西大路町146番地
　　　　電話　075-441-3155